インターネットの新しい未来 電網新世紀

Mark Stefik 編著
石川千秋 監訳
近藤智幸 訳

パーソナルメディア

Internet Dreams: archetype, myths, and metaphors
by Mark Stefik

目次

目次

序文

「どうしてメタファー[*1]なんだろう」本書を手にとったのは、おそらくインターネット[*2]に関心を持っているからだろう。インターネットについての本なのに、どうしてメタファーや元型[*3]や神話などを持ち出さなくてはならないのか、と不思議に思っているのではないだろうか。

それは、インターネットが、わたしたちが想像し企図したとおりのものになるからである。インターネットは、もっとも変容性と発展性に富んだ情報インフラの一つだといえる。『スター・トレック・ネクスト・ジェネレーション』[*4]の艦隊が活躍する宇宙と見まごうほど、果てしなく続く広大なフロンティアである。これまでインターネットの発展を阻害してきたコンピュータの性能とネットワークの通信容量も、最近は急速な進歩を見せている。

このように、どんな形にもなりうるからこそ、わたしたちがインターネットをどのように見るかが問題となる。将来の情報インフラの運命を左右するのは、現時点で経済的、技術的な決定を下す人々のビジョンだけである。コンピュータの性能とネットワークの通信容量の限界などは、わたしたちが直面する問題のなかでも、ごくごく小さいものといえるかもしれない。

1　メタファー
(Metaphor)

隠喩。

2　インターネット
(Internet)

世界中のコンピュータをひとつのネットワークで結んだもの。

大学、企業などの世界中のLANを相互に接続したものでネットワークのネットワークといってもよい。

インターネットは、六十年代後半に米国国防省の高等研究計画局（ARPA）が導入したARPAnetからはじまり、大学や研究機関を中心に発展した。日本においては、一九八四年に大学などの研究機関を中心にしたJUNETが始まりである。

3　元型
(archetype)

archetypeは原型という意味であるが、ユング心理学の概念においては、元型と訳される。

ユングは、宗教・神話などの中には、時代や文化を超えた普遍的なイメージが存在し、それらは、人間の無意識の中にある集合的無意識の中に祖先から受け継がれているとしている。たとえば、英雄、大地母（グレートマザー）、老賢者、悪魔、トリックスター、アニムス、アニマなどがあげている。

インターネットは、そこに作用する力に応じて姿を変えていく。あらゆるものが混在するインターネットでは、種類の異なるアプリケーションを連動させたり、デジタルコンテンツ[*5]をやりとりしたり、機能やサービスを統合したりする必要性が高まっている。電子メール[*6]やリアルタイム会議[*7]にはビデオ機能を統合できる。互換性、セキュリティ、金融取引といった緊急の課題についても、コンピュータ同士の通信を可能にするプロトコル[*8]が活路を開き、インターネットの生命線ともいえる標準を作り上げることになるだろう。

インターネットは確かに活動している。しかし、それは現在どのような姿をしていて、将来どのようなものになるべきなのだろうか。インターネットが膨張し、コンテンツと可能性の両面で豊かになっていくにつれ、その将来像への関心も高まってくる。プロトコルやビデオや会議といった観点だけからインターネットを考えていたのでは、焦点を絞りきれないし、混乱はしないまでも、議論がごく狭い範囲に限られてしまう。

それでは、何をよりどころにインターネットについて考えればよいのだろうか。一時、「情報スーパーハイウェイ」というメタファーがメディアを席巻していた。しかし、インターネットがどこで生まれ、どこへ行こうとしているのかを説明するには、このメタファーは力不足と言わざるをえない。ステフィックは、このメタファーに代わる四つのメタファーをインターネットに関する文献から探し出し、分析を加えた。

ステフィックの文章は明晰な思考力を感じさせる。含蓄と説得力に満ちた事例は、たちまちのうちに読者を引きつけ、表面的な意味にとらわれずにインターネットについて考えるきっかけを与えてくれるだろう。インターネットとウェブという新しい文化の隆盛が社会にもたら

---

4 スター・トレック・ネクスト・ジェネレーション
(STAR TREK THE NEXT GENERATION)
一九八七―一九九四にアメリカで放映された人気TVシリーズ。二四世紀。クルーとその家族を乗せたUSSエンタープライズ号が、宇宙を探査していく物語。一九六六―一九六九に放映された「STARTREK」(THE ORIGINAL SERIES 邦題：宇宙大作戦)の次シリーズとして製作された。

5 コンテンツ
(contents)
内容の意。インターネットでは、情報の内容、情報サービスを指す。

6 電子メール
(electronic mail)
E-mail。インターネット、パソコン通信、LANなどのネットワークを利用し、メッセージをやりとりする電子郵便。短時間で相手に届く点やコンピュータで処理できるため、編集や保存が簡単な点が特徴である。電子メールでは、住所と宛名のかわりに、電子メールアドレス(E-mail address)を使用する。

す影響は、多岐にわたる複雑なもので、今はまだおぼろげにしかわかっていない。このサイバースペース[*9]をステフィックとともに探検することは、胸躍る体験である。あまりネットワークに詳しくない読者にとっては、知識を吸収する絶好の機会になるだろう。ネットワーキング世界を黎明期から知っているわたしのような人間（専門家）も、思考を豊かにし、事実をより明快にしてくれる新しいメタファーに出会い、新鮮な驚きを覚えるはずだ。

ヴィントン・G・サーフ（Vinton G. Cerf）

一九九六年四月　キャメロットにて

7　リアルタイム会議
ネットワークを利用して、リアルタイムで行われる会議形式の通信。リアルタイム処理とは、端末などからの入力信号や、プログラムなどからの処理要求にしたがって、即時に処理を行って結果を出力したり応答する方式。

8　プロトコル
(protocol)

データ通信を行うための通信規約。デバイスやコンピュータシステムの接続方法、データの受け渡しを行う際の手順の取り決めのこと。

9　サイバースペース
(cyberspace)

コンピュータネットワークによって作られる電脳空間・仮想世界。インターネット上に展開する仮想のショッピング・モール〈電子モール〉などが存在する。

謝辞

「スーパーハイウェイを表すメタファーの用例」を募るわたしの呼びかけに応えてくれたゼロックスの人々、そしてネットワーク上の人々に、格別の謝意を表する。ブレーンストーミングに参加し、本書の草稿に目を通し、意見やURLなどの情報をくれた、以下の友人、同僚にも、心から感謝したい。エリック・ビアー（Eric Bier）、ダン・ボブロウ（Dan Bobrow）、スチュワート・カード（Stu Card）、ヴィントン・サーフ（Vint Cerf）、ジム・デイビス（Jim Davis）、マルティ・ハースト（Marti Hearst）、ジュリアナ・ラヴェンデル（Giuliana Lavendel）、マーク・S・ミラー（Mark S. Miller）、マット・ミラー（Matt Miller）、ジェフ・ナンベルグ（Geoff Nunberg）、ピーター・ピロリ（Peter Pirolli）、ボブ・プライアー（Bob Prior）、ラマナ・ラオ（Ramana Rao）、ジョージ・ロバートソン（George Robertson）、ダン・ラッセル（Dan Russell）、ジョナサン・シアー（Jonathan Sheer）、スティーブン・スモリアー（Stephen Smoliar）、ベッティ・シュタイガー（Bettie Steiger）、バーバラ・ヴィグリッツォ（Barbara Viglizzo）、ジョン・ヴィッタル（John Vittal）、コリン・ウィリアムズ（Colin Williams）。

はじめに

全米情報インフラ（National Information Infrastructure：NII）は、一九五〇年代に建設が始まったインターステート・ハイウェイのような高速道路網と考えれば、わかりやすいだろう。

――アメリカ合衆国副大統領アルバート・ゴア、一九九三年一二月二一日、ナショナル・プレス・センターにて[1]

メタファーの本質とは、ある物事を別のものを通して理解し、感じることである。

――ジョージ・ラコフ、マーク・ジョンソン共著『生きる糧としてのメタファー』[2]より

わたしたちは自分たちの物語の創作に参加している。誰しも、戦士、女神、永遠の青年、王、女王、主人、召使い、聖職者の従者などの物語を作ることができる。物語の中で、わたしたちは選び、そして選ばれる。けれども、わたしたちは必ず問いかける。「これが自分の望む姿なのか」と。

――ジャック・コーンフィールド『心とともにある道』[3]より

全米情報インフラ[4]（ＮＩＩ）、あるいはそれを世界的な規模にまで拡大したGlobal Information Structure[5]（ＧＩＩ=世界情報インフラ）は、現代人の生活、仕事、そして遊びまでも根底から変えると言われている。しかし、その情報インフラがどのようなものになるかをはっきり示せる者はいない。なぜなら、それはまだ発案の段階にしかないからだ。それがどのようなものになるかは、わたしたちがそれをどう考えるかにかかっているのである。

現在のコンピュータネットワーク[6]がＮＩＩのプロトタイプだという人がいる。そうかと思え

---

1 Vice President Albert Gore, National Press Club, December 21,1993

2 George Lakoff and Mark Johnson, *Metaphors We Live By*

3 Jack Kornfield, *A Path with Heart*

4 **全米情報インフラ**
（NII：National Information Infrastructure）

全米情報基盤。A・ゴア副大統領が一九九三年に提唱した「情報スーパーハイウェイ構想」による情報通信政策。通信ネットワークの構築などは民間中心で行われている。

5 **Global Information Structure**
（GII：世界情報インフラ）

世界情報基盤。アメリカの全米情報インフラストラクチャ（情報スーパーハイウェイ）の全世界版。

6 **コンピュータネットワーク**
複数のコンピュータをつないで情報やデータを伝送する通信網のこと。ローカルエリアネットワーク（LAN：同一建物や会社単位の規模の小さいネットワー

ば、NIIはケーブルテレビ[*7]か電話回線網のようなものになるという人もいる。こうした意見に従えば、NIIは、コンピュータシステムが発展したものか、テレビや電話が進化したものになるということだ。しかし、こうした既存の技術とは根本的に異なるまったく新しいものになる可能性もある。それは、わたしたちが抱く共通の夢と結びついたものである。

NIIの将来像や可能性について誰も考えていないわけではない。事実、関心が高まり、議論の的になっている様子も見られる。新聞の日曜版特集、新刊本、国会の議案、政府機関のヒアリング、企業の計画立案会議などでは、NIIがテーマとして取り上げられている。しかし、論文や法案、外部から閉ざされた分科会などが、情報インフラの将来像を作り上げられるとは思えない。情報インフラの実像は、今まさに、わたしたちの想像力や対話の中から生まれようとしているのである。

人が情報インフラについて話すとき、どのような言い方をしているだろうか。有名なNII構想の一つとして、クリントン(Clinton)が一九九二年の大統領選で発表した技術方針書がある。そこには、「われわれは情報スーパーハイウェイ[*8]を構築しなければならない。その目的は、先進的な通信ネットワークを構築することにある。それは、企業が高度な製造システムの研究・設計において協力したり、全国の医師が情報を交換したり、アメリカ国内の教師や学生が指先一つで膨大な情報を仕入れるなど、さまざまなことに役立つ」と書かれていた。ここでは、NIIは「情報スーパーハイウェイ」というもっとも代表的なメタファーで表されている。もちろん、NIIは文字どおりのハイウェイではないが、このメタファーはNIIがハイウェイのようなものであることを暗示している。では、それはどのような意味でなのだろうか。

ク)、ワイドエリアネットワーク(WAN:複数のネットワークをつなげたもの。インターネットなど)がある。

7　**ケーブルテレビ**
(cable television)
CATV。有線放送のひとつ。電送容量が大きく、多数のチャンネルの放送ができる。また双方向CATVもあり、電気通信ネットワークとしての利用もある。

8　**情報スーパーハイウェイ**
(information super highway)
一九九三年二月にアメリカのA・ゴア副大統領が提唱した、高度情報通信ネットワーク構想。
アメリカ全土に光ファイバーによる高速情報網を張り巡らすという計画。自動車のハイウェイがアメリカの社会基盤となったことから、二一世紀の社会基盤となるハイウェイとして、情報ネットワークを整備するという構想である。

わたしたちが日常会話で使うメタファーは、わたしたちの行為に計り知れない影響を与える。それは、メタファーがわたしたちの認識を形づくるからである。ジョージ・ラコフ(George Lakoff)とマーク・ジョンソン(Mark Johnson)によれば、メタファーが多くの人々に使われるようになるのは、それがわたしたちの考え方を反映しており、潜在意識のなかにある個性やビジョンの元型を具現しているからだという。ということは、メタファーが変われば、わたしたちの考え方も変わることになる。メタファーは、新しい技術に対するわたしたちの想像を導くものだからこそ、技術が実用化される前であっても、そのイメージを左右するのである。わたしたちはメタファーが暗示する観念を瞬時に理解してしまうため、それがメタファーであることすら気づかない。メタファーについての理解は無認識の底へと沈み込んでしまうのである。

ジャイアントブレーン

一九五〇年代、コンピュータを表す代表的なメタファーは「ジャイアントブレーン(giant brains)」だった。「ジャイアント」というのは、ある意味で真実を言い当てている。当時のコンピュータは見るからに巨大だったからだ。一九六〇年代から一九七〇年代にかけて、コンピュータとはほとんどの人々にとって、安全対策と空調設備が整った室内で専門家によって操作され、光を発したりテープを回したりしている大がかりな機械のことだった。

しかし、このジャイアントブレーンというメタファーは、正確ではなく、誤解を招きやすい。人間がコンピュータでやりたいことやできることを表していないからだ。コンピュータの未来を予測していないし、進歩の方向性も暗示していない。実際、パーソナルコンピュータ[*9]、ワードプロセッサ[*10]、スプレッドシート[*11]などが登場したときに、このメタファーは何のビジョンも提示できなかった。コンピュータは確かに巨大だったが、この巨大というイメージには、人間が自分たちよりも大きなものに対して抱く威圧感や畏怖の念がつきまとう。ジャイアントブレーンというメタファーは、コンピュータがより大きく、よりパワフルになっていくという印象を与える。ところが、この二〇年のあいだに、コンピュータはどんどん小さくなってきている。しかも、小型化に比例して性能が低下しているわけではない。最近のラップトップコンピュータは、一九六〇年代の巨大コンピュータよりはるかに高性能である。

このメタファーの「ブレーン」という表現も、あまり的確とはいえない。ブレーン、つまり頭脳は考えるものであるのに対し、コンピュータは通常わたしたちが思考と呼ぶようなことはほとんどしていない。しかも、頭脳という言葉は恐怖を起こさせる。もしコンピュータが頭脳を持っているとしたら、いったい何を考えているというのだろうか。人間の脳より優れているのだろうか。信用はできるのだろうか。結局、ジャイアントブレーンというメタファーは力を失っていった。人間の自尊心を傷つけ、社会の認識をあらぬ方向へ導くものでしかなかったからだ。

---

9 **パーソナルコンピュータ**
(personal computer)

パソコン。

個人が所有できる小規模なコンピュータシステムの総称。

10 **ワードプロセッサ**
(Word Processor)

ワープロ。

文章の入力から編集、印刷までを行う、文書作成のためのアプリケーション・ソフトウェア、もしくは文書作成の専用機をさす。

最近では、DTP的な側面の強化、多機能化が図られているものも多い。

11 **スプレッドシート**
(spreadsheet program)

表計算アプリケーション・ソフトウェア。

計算を主としたデータ処理、処理結果のグラフ表示などを行う。

情報スーパーハイウェイ

「情報スーパーハイウェイ」というメタファーが初めて登場したのは、ロバート・カーン(Robert Kahn)が高速コンピュータネットワークの構築を提唱した一九八八年のことだった。カーンはよく、このネットワークをアメリカ全土に広がるインターステートハイウェイにたとえていた。彼は、NIIの研究開発の指揮および出資を目的として発足した非営利団体、Corporation for National Research Initiativesの創立者であり、社長でもある。コンピュータサイエンスの世界では、インターネットとその前身である高等研究計画局ネットワーク[*12](ARPANET)の推進者として名を知られている。

最近は、アル・ゴア副大統領が演説のなかで情報スーパーハイウェイに言及し、有名になった。彼は、情報スーパーハイウェイという新語を自分が一九七九年に造ったと言っているが、これはあながちでたらめではなさそうだ。アル・ゴア副大統領の父親、アルバート・ゴア・シニアは、一九五九年から一九七一年までテネシー出身の上院議員を務め、Federal Aid to Highways Actsという法律の制定を推し進めた人物である。この法律によって、インターステートハイウェイ[*13]や防衛用ハイウェイの建設予算が大幅に増大した。ハイウェイの建設はゴア家の伝統なのだろう。

情報スーパーハイウェイのイメージは、アメリカの地図上でコンピュータサイトを無数の線でつないだものとして描かれることが多い。アメリカの国土にあらゆる地点を結ぶコンピュータネットワークのイメージを重ねたイラストは、人々の心を揺さぶらずにはおかない。イラ

---

12 **高等研究計画局ネットワーク(ARPANET)**
アーパネット。米国国防総省の高等研究計画局のもとに進められた世界初の研究機関間のネットワーク。インターネットの起源となった。

13 **インターステートハイウェイ**
アメリカ合衆国の各都市を結ぶ高速道路網。
アメリカの物流・文化・国防の基盤として計画、建設された世界最大の高速道路網である。

ストの脇には、ネットワーク上を行き交う膨大な量のデータについて記述してある。救命医療のデータもあれば、電子図書館から発信された画像や情報もある。このイメージが暗示しているのは、コンピュータネットワークがハイウェイと同じようにわたしたちを結びつけるということである。ところで、なぜハイウェイを建設するかといえば、それは物を輸送するためである。では、情報ハイウェイは何のために構築するのだろうか。それは、情報を伝送するためである。このことは誰もはっきりとは言っていないが、「それはインフラじゃないか」という声は、どこからともなく聞こえてくる。コンクリートのハイウェイはこれまで確かに役に立ってきた。しかし、移動するものは乗用車やトラックだけだろうか。「それは父が乗っていたオールズモビルとは違う」という自動車の宣伝コピーのように、コンピュータネットワークが描かれた地図は、来るべき情報化時代を物語っている。情報ハイウェイは将来へ向けたインフラなのである。

　情報スーパーハイウェイというメタファーは、NIIについての談話や著作では必ずといっていいほど使われている。

全米情報インフラストラクチャーは、一九五〇年代に建設が始まったインターステートハイウェイのような高速道路網と考えれば、わかりやすいだろう。

意味　情報ネットワークは、国内をくまなく連絡し、経済的な繁栄をもたらすものであるべきだ。

スーパーハイウェイへの入口
意味　商取引を目的とした情報ハイウェイへのアクセス

「混雑と渋滞」
意味　ネットワークの混雑。情報ハイウェイ上をあまりに大量の情報が流れると、送受信の速度が遅くなる。

高速車線と低速車線のどちらに入りたいですか。
意味　高速通信にするか、低速通信にするか

インターネットの追いはぎ
意味　デジタル出版物の違法コピー

貧しい人々は情報スーパーハイウェイを迂回する。
意味　金に余裕のない者にはネットワークを利用する権利がない。

情報ハイウェイの裏道
意味　ビジネスチャンスの少ない田舎道

情報スーパーハイウェイでは、国境など減速バンプでしかない。
意味　ネットワーク上の情報は、速度を落とすことも税関を通ることもなく、簡単に国境を越えることができる。

二の足を踏む企業は、情報スーパーハイウェイの屍になりかねない。

意味　情報ハイウェイ上のビジネスは急速に発展しているため、投資をためらっている企業は、機先を制した他社にひき殺されるだろう。

ここに挙げた例はどれも、ハイウェイというメタファーを使って情報インフラの将来像を描き出している。たとえば、インターステートハイウェイはアメリカの繁栄に貢献したという評価を得ているため、ハイウェイのメタファーを使用することで、インターネットへの大規模な投資が、それと同じような利益を社会資本にもたらすと暗黙のうちに約束することになる。また、ハイウェイというメタファーは、混雑、渋滞、八車線の料金所、有料道路、迂回路、連絡道路、一方通行路、減速バンプ、制限速度など、ハイウェイをドライブするときの経験も表現している。自動車のダッシュボードもＮＩＩのユーザーインターフェイスを表すメタファーになる。「情報スーパーハイウェイ」という言葉が喚起するイメージは、ほかにもいろいろあるだろう。

このメタファーはあまりにもポピュラーになりすぎ、コンピュータネットワークについて語るときに大きな弊害をもたらすほどだった。道路との関連で、誤ったイメージを連想してしまうからだ。コネチカット在住の技術コンサルタント、マシュー・ミラー（Mathew Miller）は、いわゆるハイウェイと情報ハイウェイの違いをいくつか挙げている。たとえば、ハイウェイはきちんとした計画のもとに建設されるが、情報ハイウェイは自然にできあがっていくものであり、中央で管理しているわけではない。ハイウェイは国民の税金で造られるが、情報ハイウェイは主として民間が出資することになるだろう。ハイウェイは決まった場所を通るだけで、ルートが変わることはありえないが、情報ハイウェイの場合は、サイトがめまぐるしく変化しており、一瞬たりとも同じ姿でいることはない。ミラーは、こうした相違点を明らかにすることで、クライアントが情報ハイウェイについて考えるときに、ハイウェイから連想するイメージに邪魔されないようにしている。彼は特に、政府が中心となって計画を進めるようなことは、情報ハイウェイにもっともふさわしくないと考えているようだ。

このような指摘があるにしろ、情報を交通に見立てるときには、ハイウェイというメタファーがしっくりくる。一方通行路、二車線道路、有料道路などを引き合いに出すと、ビットやバイトがどのように回線上を移動するかがわかりやすくなるし、情報が世界中を駆けめぐっているようすもイメージできる。このように、ハイウェイのメタファーは、接続、速度、通信料金、インフラなどに思いをめぐらすときに便利である。ところで、こうしたビットやバイトの目的とはそもそも何だろうか。日常の生活においてどのような役割を果たすのだろうか。ハイウェイのメタファーは本当に的を射ているのだろうか。

同じ論理で、電話を「音声スーパーハイウェイ」というメタファーで表すことはできないだろうか。このメタファーを使えば、音声が回線を伝わるようすを表現できる。しかし、電話が日常生活で果たす役割を考えるときには、呼び出しのベルが鳴っているところや、携帯電話、留守番電話、長距離通話料金、時間の節約、仕事、休日に親戚に電話をすることなどを思い浮かべることが多い。電話が人間の生活にどのような形でとけ込んでいるかを考えようとすると、音声スーパーハイウェイというメタファーでは都合が悪い。同じように、情報スーパーハイウェイというメタファーでは、NIIが生活に与える影響に光を当てることは難しいといえるだろう。

もし、わたしたちがNIIの構築に関わっているのに、それを認識しなければ、わたしたちの貢献は無意識のものになる。反対に、NIIが人々の総意で作り上げられるものであることを認識すれば、NIIの可能性に気づき、自分たちの意見を主張することができるのである。

たくさんのメタファーが思索を豊かにする

本書では、情報インフラについて考えるときに大きな力となるメタファーを紹介する。さまざまなメタファーを通し、情報インフラの可能性を見つめることで、自分たちの力で新しいものを生み出すという意識を高めることができる。今わたしたちが注目すべきことは、現政権の政策などではなく、情報インフラがどのようなものになるべきかを理解することである。毎年のように新世代のデジタルエレクトロニクス製品が現れ、毎日のように新しい流行についてのニュースが伝えられる現代にあっては、古くさく感じられるメタファーもあるかもしれない。本書に取り上げたメタファーは、さまざまな文化圏で何千年にもわたって生き続け、少なくともこの五〇年はコンピュータのビジョンに影響を与えてきたものである。本書では、このようなメタファーを「情報ハイウェイのメタファー」と呼ぶことにする。ここで、本書の四つのパートで論じる情報ハイウェイのメタファーについて詳しく見ていくことにしよう。

●電子図書館[*14]（The Digital Library）——活字文化と人間社会の記憶としての情報ハイウェイ。このメタファーは、電子図書館やデータベース[*15]といった情報の蓄積という文脈のなかで用いられる。知識を書物として残し、誰もがふれられるようにすることを主眼とする。

●電子メール（Electronic Mail）——通信媒体としての情報ハイウェイ。このメタファーは、人々が互いに個人的なメッセージを送りあったり、団体に公的なメッセージを送ったりするという、電子メールのイメージのなかで現れる。

●電子市場（Electronic Marketplace）——商品やサービスを買う場所としての情報ハイウェイ。このメタファーは、電子商取引[*16]（digital commerce）、電子マネー[*17]（digital money）、電子財産（digital property）といった問題について考えるときに使われる。

●電子世界（Digital Worlds）——新しい世界への入口としての情報ハイウェイ。このメタファーは、ネットワーク[*18]（network）、グループウェア[*19]（groupware）、バーチャル・リアリティ[*20]（virtual reality）、オーグメンテッド・リアリティ[*21]（augmented reality）、テレプレゼンス[*22]（telepresence）、ユビキタス・コンピューティング[*23]（ubiquitous computing）などを背景とする社会環境について論じる場面で登場する。

　本書がめざしているのは、的確な情報ハイウェイのメタファーを一つだけ見いだすことではない。なぜなら、ただ一つのメタファーに固執してしまったのでは、多様な意味や可能性

14　**電子図書館**
オンライン上の仮想図書館。電子図書館における情報には、図書館の書籍情報のデータベース化と本の内容の電子化がある。

15　**データベース**
組織的に大量に蓄積されたデータのこと。データベースシステムのことをデータベースということもある。データベースシステムは、データを処理するソフトウェアを加えたシステムであり、データベースとデータベース管理システムとで構成される。

16　**電子商取引**
(electronic commerce)

EC。コンピュータネットワーク上で受発注、契約、決済などの商取引を行い、電子化による電子データ交換を基盤とする。一般消費者を対象とするインターネットを利用したオンライン・ショッピングなどもある。

17　**電子マネー**
インターネットなど通信ネットワーク上で流通する電子貨幣。実際の貨幣と同様に扱われる。

を見逃してしまうからである。

元型と神話

メタファーは、いろいろな形で人間の意識とつながっており、いろいろなやり方で人間の意識を呼び覚ます。こうした覚醒は、ユング心理学や神話学で論じられている元型、つまり自覚されない精神の内的要素と関わっている。「元型」[*24]とは、さまざまな事物のもとになるモデルのことである。ユング（Jung）が指摘した元型には、英雄、子供、トリックスター[*25]、神、悪魔、故老、母、自然現象、動物、物などがある。元型は固定化されたものではなく、文化や文脈によって形を変える。人間は無意識のうちに元型の影響を受けている。そのため、元型は集合的無意識の一部であるといわれ、神話のなかに組み込まれている。ほとんどの神話は起源が定かでない。ギリシャ語では、神話（myth）は「世の中でいわれていること（what they say）」を意味するという。

ミルチャ・エリアーデ（Mircea Eliade）は、神話の役割について述べた著作のなかで、神話の時間的な特性を強調している。神話やおとぎ話は、「昔々あるところに」とか「昔こんなことがあったとさ」などという書き出しで始まる。こうした文句は、時代をあいまいにし、現実の時間とは質的に異なる架空の時間感覚を作りだそうとしている。このあいまいさが、過去のようでもあり、現在のようでもあるという神話に特有の雰囲気を作り出している。神話は、

18　ネットワーク
コンピュータネットワーク（二三ページ）参照。

19　グループウェア
グループで共同作業を行うためのコンピュータシステム。コンピュータネットワークの機能を活かし、電子メール、データベース、電子会議システムなどによる情報の共有、データの交換を行いグループの生産性を向上させる。

20　バーチャル・リアリティ
（VR：virtual reality）
仮想現実、仮想体験。コンピュータの三次元シミュレーションなどを利用して現実感のある仮想的な世界をつくること。センサーを備えたグローブなどの装置を用いて、あたかも現実世界にいるような体験をすることができる。

21　オーグメンテッド・リアリティ
拡張現実感

22　テレプレゼンス
遠隔現実、遠隔操作。時間や空間を隔てた事象をあたかもその場にいるように体験できる技術のこと。通信などで遠隔地とPCを結び、仮想現実感のなかで、現実に存在する世界を操作することなど。

たとえ古代に生まれたものであっても、現代とのつながりを失ってはいない。それは、人間の世界観を表現していて、現実の時間に縛られていないからである。

わたしたちが子供に話して聞かせるおとぎ話は、誰もがなりたいと思うようなタイプの人間を描いている。多くの神話には中心人物がいて、それらの人物がすることや、その身に起こることは、人々が世界と関わるなかで大切なことがらを物語っていることが多い。心理学は、神話の中心人物が元型であるとしている。

インターネット・ドリームの元型

本書で取り上げる四つのメタファーは、それぞれ異なる元型と結びついている。それらの元型は、長きにわたって技術に対する考え方を導いてきたし、現在もインターネットの将来像を思い描くなかで登場している。また、新しい技術の方向性を定める役割も果たし、わたしたちが個人として、また社会として、どうなりたいのかという未来へのビジョンを作り出している。

第一部では、電子図書館というメタファーについて考える。このメタファーは、「知識の守護者」という元型を呼び覚まし、子孫のために知識を蓄積、保存することの重要性を気づかせてくれる。人間は会話する動物である。会話するなかで、周囲の人々や祖先が手に入れた情報や知識を自分のものにしていく。これは、ヒトという種の立場から考えると、進化にと

23 ユビキタス・コンピューティング
XEROX PARC研究所のMark Wiserが最初に提言した。ユビキタスとはあちこちにある、遍在するという意味。コンピュータが人間には見えない形で生活の中のあらゆるものの中に入り、相互に接続され、人間の活動を助ける電脳環境（Ubicomp）や、ユーザーが移動した先々でその場のコンピュータを自分のコンピュータとして使うことができる環境などを意味する。

24 ユング心理学
スイスの心理学者・精神医学者であるカール・ユングによる心理学。ユングは、パーソナリティ理論や心理療法で多くの研究を行い、独自の心理学を樹立した。彼自身は自分で確立した心理学を「分析心理学」と呼んでいた。

25 トリックスター
(trickster)
神話や民話に登場するいたずらもの。また文化的英雄的な側面といたずら好きな反社会的な側面をもったりする。ギリシア神話のプロメテウス、ヘルメス、日本神話のスサノオ、北欧神話のロキなどがトリックスターとみられる。

ってこのうえない武器だといえる。大人へと成長し、いろいろな人間から知識を学んでいくほど、この「知識の守護者」という元型を理解し、敬うようになる。この元型に類するものとしては、古来からの知恵の守護者、長老、口承文学の語り部、博物館長、学者、図書館司書などがある。

第二部では、電子メールというメタファーを取り上げる。このメタファーは、「通信者」という元型に光を当て、友人や周囲の人々と意見を交換することの必要性を訴える。この元型にも、人とのつながりを大切にする「ネットワーカー」[*26]、人と人とを引き合わせる「仲介者」、社会に対して警鐘を鳴らす「警世家」など、多くの種類がある。わたしたちは誰もが通信者である。その証拠に、休日などには友人と会い、近況を報告しあっている。政治に関心の高い人なら、社会に影響のある問題を広く知らしめようとする。インターネット社会で使われている「ネチズン」[*27]という言葉は、まさにこのようなネットワーク市民を指している。こうした人間はすべて、「通信者」という元型のカテゴリーに属しているのである。

第三部では、電子市場というメタファーについて考える。このメタファーが表すのは「交易者」であり、それは人々のために行動や取引の手はずを整える人間の元型である。この元型は、人が物事を成し遂げるのに手を貸すという点で、食料を調達するために外の世界へ出ていく原始的な人間の元型にも関連している。たとえば、兵士、農民、狩猟民、採集民などである。商人、貿易商、セールスマン、実業家なども、この交易者という元型のカテゴリーに属している。

第四部では、電子世界というメタファーに着目する。このメタファーは、人間の内なる

26 ネットワーカー
インターネットやパソコン通信が好きで、頻繁に利用する人をさす。

27 ネチズン
(netizen)
network と citizen を合成した造語。ネットワーク世界の市民を意味する。ネットワーク上の仮想社会で社会生活をおくる市民のこと

「冒険者」を呼び起こし、新天地をめざしたり、想像をかき立てるような刺激を求める心を思い出させる。冒険者という元型のカテゴリーには、探検家、レンジャー隊員、開拓者、登山家、難破船の財宝を探す冒険家なども含まれる。どんな年代の人でも、新しい経験を求めることが必要だと感じているものだが、特に落ち着く前に世界を見て回りたいと熱望しているのが若い世代である。何度も転職する中堅世代や、長年勤めた会社を退職し、地域社会の役に立ちたいと考える熟年世代の人々も、冒険者という元型に属しているといえる。

知識の守護者、通信者、交易者、冒険者という四つの元型は、男性の場合もあれば、女性の場合もある。情報インフラのように重要な社会基盤を生み出すためには、わたしたちの最良の精神を最大限に発揮することが必要である。多くの文化に古くから存在するこの四つの元型は、それぞれの人が他者のなかに見いだすものであると同時に、自分自身の内部にも存在する。この元型に対する共通感覚が、わたしたちの自我を作る要素の一つとなっている。こうした元型を念頭におくことで、想像力が豊かになり、情報インフラの方向性を決するような選択を迫られたときに、あらゆる人々の立場に立って判断を下すことができるのである。

ハイウェイの建設

もし、世間でいわれているとおり、情報インフラがわたしたちの生活、仕事、遊びに途方もない影響を与えるのだとしたら、求められているのは、技術というものをどう捉えるかだけではないはずだ。わたしたちが望んでいる人間像をどのように描き出すかということのほうが、ずっと緊急性を帯びているのではないだろうか。いま論じるべき問題は、わたしたちが技術をどう考えるかよりも、自分自身をどう見るかなのである。情報ハイウェイというメタファーは、コンピュータネットワークのユーザーであり、オンライン世界の住人である、わたしたち自身に跳ね返ってくる。わたしたちは、情報ハイウェイを利用する自分自身をどう思っているのだろうか。さまざまなオンライングループに属している自分自身をどう見ているのだろうか。情報ハイウェイを理解しようとすれば、結局のところ、自分自身を探し求め、わたしたちが望む未来とは何かを探ることになるのである。

ハイウェイは、文明社会をくまなく結びつける。人、物、サービスを運ぶうえで重要な役割を果たすハイウェイは、多くの人々に利益をもたらす社会基盤であり、それゆえに国家予算を使って建設される。一八九〇年代の終わりに、ロバート・ルイス・スティーブンソン(Robert Louis Stevenson)がサモアの族長たちに荒野を走る道路を造るように勧めた。その道路が開通したとき、スティーブンソンはこう言った。「われわれは何千年も先まで残そうと考えて道路を造るわけではない。しかし、ある意味ではそうなのだ。一つの道路が完成すると、いつのまにか車が走り、毎年のように延長され、歩く人の数はどんどん増えていき、たびたび補修され、最後には永遠に存続することになる」(『ヴェイリマ便り』[*28])。

現在、建設されている道路のなかでもっとも重要性の高いものの一つが、情報ハイウェイである。情報ハイウェイはすでに、わたしたちの生活に入り込みはじめている。わたしたちを互いに結びつけ、人と人との距離を短くしている。情報ハイウェイを利用すれば、電子社会

28 Robert Louis Stevenson, *Vailima Letters*

を作り上げ、そこで現実の地域社会とは比べものにならないほど交際範囲を広げることができる。「グローバルな視点で考え、ローカルな立場で行動する」ことも可能にしてくれる。情報インフラの将来像を形作っていくなかで、わたしたちは自分が望む人間像も選択しているのである。

第I部

電子図書館

――出版と人間社会の記憶としての情報ハイウェイ

現代は、いまだに終わっていない印刷革命から、まだ本格的には始まっていない電子革命へと移る過渡期にある。その真っただ中に投げ込まれたのが図書館員たちだ。

――ジュリアナ・A・ラベンダル、仮想図書館についての談話[*1]より

グーテンベルク計画[*2]の目的は、二〇〇一年一二月三一日までに数にして一兆の電子テキストファイルを作ることである。これは一億の人々がそれぞれ一万もの作品を手にする計算になる。

――グーテンベルク計画についてのオンライン情報[*3]より

本書に挿入された警句は架空の賢人カフーナ・ヌイ（Kahuna Nui）が言った言葉だ。その中にさまざまな時代に生きた偉大な哲人たちの言葉が混じっていても驚くことはない。彼らはみな、言ってみれば「真理の守護者」にすぎないからだ。

――マックス・フリーダム・ロング『光への進化』[*4]より

わたしは最近になってやっと、小さいころから聞かされてきた教訓や言い伝え、生活上のならわしなどの大切さがわかるようになってきた。祖母の世代の生き方に共感できる人がもっと増えてくれないものだろうか。人々がみな自分のおばあさんはもとより、他人のおばあさんをも敬愛し、その生き方に価値を見いだせるようになれば、現代社会はもっとましなものになると思う。

――ビバリー・ハングリー・ウルフ『祖母たちの生き方』[*5]より

1　Giuliana A. Lavendel, speaking on virtal libraries

2　グーテンベルグ計画
イリノイ・ベネディクティン大学のマイケル・ハート教授が推進している。著作権の切れた古今東西の公文書類を電子テキストにして公開しようという運動の代表格であり、一九七一年にはじまった。

3　From on-line information about Project Gutenberg

4　Max Freedom Long, *Growing into Light*

5　Beverly Hungry Wolf, *The Ways of My Grandmothers*

わたしたちが生まれたこの現代には、芸術、発明、そして知識が満ちあふれている。ところで、この知識とはいったいどこから来たのだろうか。多くの古代神話では、知識を表すものは火であり、それは神から授かり、火の使者によって人間にもたらされている。西欧の神話では、この火の使者はオリンポス山で神から火を盗んだタイタン族のプロメテウス(Prometheus)である。ギリシア神話によると、プロメテウスは炎をウイキョウの茎の中に隠し、人間の友人に与えたとされている。ギリシアでは、この伝説がイースターの祝祭として今も生きている。その日、人々は教会でもらった火をウイキョウの茎に入れ、家まで運ぶのだという。このプロメテウスの伝説では、火が人間に永遠の力を与えてしまったことを、それを神は許さなかった。ゼウス(Zeus)は罰としてプロメテウスを永久に岩に縛り付けることとし、鷲を送って内臓をえぐり取らせた。不死であるプロメテウスの内臓は次の日には元に戻ってしまうので、プロメテウスは毎日、鷲の餌食になったのだった。

アレキサンダー・エリオットは『普遍な神話』[*6]の中で、火の使者の伝説を七つ紹介している。ペルー、オーストラリア、メキシコでは、ハチドリが火の使者とされている。ペルーの原住民ヒバロ・インディアンの神話では、タケアという男が火を発見し、秘密にしていたという。ある日、タケアの妻が道ばたで寒そうに羽を震わせているヒンブイ(ハチドリ)を見つけた。彼女はそのヒンブイを家に入れ、秘密の火で暖めてあげていた。ところが、彼女が目を離したすきに、ヒンブイは自分の尾に火をつけ、外へ飛び立つと、人間たちに火を分け与えたのだという。オーストラリア北部に住むジュアン族にも同じような火の使者の神話があり、ハチドリの尾に二つの長い鮮やかな羽が付いている理由を説き明かしている。これらの神話では火

6　Alexander Eliot, *Universal Myths*

の使者は罰を受けていないが、火を重要な秘密と見なしていることは明らかだ。アメリカ北西部に住む原住民の間ではワタリガラスが火の使者であり、プレーンズ・インディアンの間ではコヨーテが火の使者になる。ベンガル湾のアンダマン諸島では、カワセミが火の使者とされている。

金属細工、治癒力《ヒーリング・パワー》、機織り、農業、漁業などの起源を綴った神話もある。こうした言い伝えでは、知識は必ず初めは秘密であり、それを人間が発見したか、神から盗んだことになっている。このようにして手に入れた知識は大切に保存しなければならなかったので、昔は知識を祭祀や口承文芸の中に残すことにより、神話や物語を記憶し、世代から世代へと伝えていたのである。

知識の守護者を甦らせる神話と元型

このような知識に対する畏敬の念は、そのまま知識の守護者である語り部、古老、歌い手、僧侶などへの敬意となって表れている。現代においても、小説の中では図書館が聖なる場所として描かれたり、何年にもわたって研究に身を捧げている学者が尊敬すべき人間として登場している。わたしが勤務しているゼロックス社には、コピー技術の発明者、チェスター・カールソン（Chester Carlson）がニューヨーク市立図書館で何年間も研究に没頭していたという話が残っている。今日、人々は図書館をあらゆる知識を保存し広めるものと認めているし、そのことに信仰にも似た信頼を寄せている。

図書館とは、過去から情報を集め、未来へ向けて保存するものだといえる。図書館とは暖かで居心地のよい読書室だというのなら、アメリカの高級住宅街でときどき見かける喫茶コーナーのある書店と同じようなものということになる。もちろん、図書館を図書館たらしめているものはそんなことではない。図書館を利用すれば、好きな本を選び、自宅へ持ち帰って読み、読み終わったら返すだけだ。お金を出して本を買う必要がない。図書館には蔵書目録があるので、主題、書名、著者名などを頼りに目的の本を探すことができる。書店も本をテーマごとに分類しているので同じようなものかもしれないが、ほとんどの書店にはきちんとした目録があるわけではなく、著者名に従って「ＡＢＣ」順に並んでいるにすぎない。そのうえ、図書館が誇る包括性は、どんな書店だろうと対抗しうるものではない。図書館には、時代遅れだとか専門的すぎるという理由でとても売れそうにない本や資料もたくさんある。希少な書物や古文書を保管する書庫をもった図書館もある。このように、図書館は営利主義の書店などとは違い、わたしたちの文化や社会の知的遺産を保存するうえで重要な役割を果たしているのである。

デジタルネットワークが広がりを見せている今日、この「知識の守護者」という人間の元型に基づいた電子図書館の構想もまた、新時代の情報インフラを思い描くよりどころとなるにちがいない。

電子図書館計画

一九九三年九月、全米科学財団（NSF）、高等研究計画局（ARPA）、米国航空宇宙局（NASA）というアメリカの三大科学研究機関が電子図書館の共同研究計画を発表した。「電子図書館」という言葉の発祥は、少なくとも、Corporation for National Research Initiatives のロバート・カーンとヴィントン・サーフが「電子図書館システムのオープンアーキテクチャ」[*7]を発表した一九八八年まで遡る。

ところで、電子図書館とはどのようなものをいうのだろうか。大都市の公立図書館に慣れ親しんでいる人にとっては、図書館とは入口の階段を上がって入る壮大な建造物のことだ。中には、蔵書目録が入った引き出しと書棚がずらりと並んでいる。「図書館」という言葉は、知識を蓄積し、保存する公共施設を意味する。しかし最近は、カリフォルニア州パロアルト[*8]のようなコンピュータに対する意識の高い都市を中心に、蔵書目録が登録されたコンピュータが並ぶ小ぢんまりとした図書館が多くなっている。とはいえ、図書館の基本的な使命は変わっていない。価値のある知識や情報を集め、分類して保存し、公開することである。

アメリカの電子図書館計画は、従来の図書館のあり方を基本とし、そのデジタル化をめざしたものといえる。この計画の開始にあたって発表された文書は、インターネットで利用できる情報源の例示から始まっている。

現在、ネットワークに接続している情報源には、公共的な情報（有料もあれば無料もある）と個

7　Robert Kahn and Vinton Cerf, Open Architecture for a Digital Library System

8　カリフォルニア州パロアルト
アメリカ合衆国、カリフォルニア州の中西部に位置する都市。スタンフォード大学（Stanford University）やパロアルト研究所（米ゼロックス社の研究所：PARC）があり、南のほうには、シリコンバレー（アメリカの有力半導体メーカー、コンピュータメーカーが集っている）がある。

人が仲間どうしで共有する私的な情報の両方がある。公共的な情報としては、参考情報、本、雑誌、新聞、電話帳、音声データ、画像、ビデオクリップ、科学データ（生のデータと加工された情報）などがあり、私的な情報としては、株式市況や個人的なニュースレターなどがある。これらの情報ソースをネットワークを介して電子的に接続することによって、世界のどこからでも利用できる電子図書館の根幹ができあがる。

この計画書は、対応すべき研究課題についても述べている。それは、人々をどうやってネットワークに組み込むか、つまり「いかに情報ハイウェイの支線を増やすか」という問題ではない。いかに多くの情報をデジタル化し、検索しやすく分類するかである。この計画は現在、テキスト、画像、サウンド、音声といった情報のデジタル化と分類の研究を進めると同時に、情報の検索、分類、索引付け、内容説明、要約、取り出し、表示を行う新しい手法の考案にも力を入れている。

このように電子図書館の大規模な研究計画が発足したことは、全米情報インフラ（ＮＩＩ）[*9]の構築において、電子図書館というメタファーが強力な先導役になっていることを示している。このメタファーは、新しい情報インフラの設計に対し、図書館が伝統的に担ってきたさまざまな価値やイメージを投げかけているのである。

9　ＮＩＩ（National Information Infrastructure）一三ページ参照。

電子図書館というメタファーの深層

わたしたちにとってあまりに身近な存在であるせいか、図書館についてそれほど深く追究することはない。しかし、わたしたちが図書館に対して抱くイメージや社会生活における図書館の位置づけにこそ、電子図書館というメタファーの深層が潜んでいるのである。

そこで、図書館に所蔵された本についての考察から議論を始めることにしよう。まず、本の制作過程から見ていくことにする。図書館という文脈のなかに著者と編集者がいることは、明白な事実である（しかし見落としやすいことも確かだ）。著者は本を執筆し、編集者はどのような本を出版すべきか考える。編集者は、印刷機と販売経路を独占している。出版社は、執筆を依頼し、原稿を印刷にかけ、卸売業者、図書館、書店などに出荷する。著者と出版社がいなければ、図書館も存在しないだろう。図書館の側も、専門家が本を選択し、購入して、蔵書目録に追加する。

人々は図書館へ行き、目当ての本を探す。目録を調べることもあれば、書架をまわって探したり、図書館員に尋ねることもある。人に薦められた本を探す場合もあるだろう。学校や地方都市にある図書館の多くはデューイ十進法分類法[*10]を採用しているが、大学や研究機関の図書館は、ほとんどが議会図書館（LC）分類法[*11]を採用している。書籍分類法[*12]では、それぞれのジャンルに番号を付ける。どの分類法も完璧とはいえないが、ほとんどの利用者には十分役に立っている。探している本の書名がわからないときは、同じジャンルの本を調べる。どれか一冊を選び出し、その番号の付いた書架のところへ行く。たとえ目的の本が貸し出し中で

10　**デューイ十進法分類法**
(Dewey decimal classification)

DC、DDCと略される。米国の教育学者 Melvil Dewey が一八七六年に発表した書籍の分類方法。書籍を九項目と総記の合計一〇項目に分類していく方法。

11　**LC分類法**
(Library of Congress Classification)

アメリカ議会図書館分類法。

アメリカ議会図書館で用いられている書籍分類法。十進法をとらない書籍分類法で、アルファベットと序数の組み合わせを用いて分類している。

12　**書籍分類法（日本の場合）**
日本十進分類法
(Nippon Decimal Classification)
NDCと略す。デューイ十進分類法を日本の図書館用に取り入れ作成したもの。和書・洋書を共用することができるようにもなっている。また、状況に応じて改訂が加えらている。

あっても、その隣におもしろそうな本が見つかるかもしれない。その本が探していた本より優れていることだってある。このように、探している本について正確なことがわからなくても、最後には必要な情報を見つけ出せるのである。ほとんどの図書館には、専門的な教育を受けた図書館司書が作成した蔵書目録もある。こうした目録は、昔ながらの方法で、カードに分類され、引き出しに収められている。それぞれのカードには、似たような綴りの見出しと相互参照も記載されている。たとえば、Peter Ilich Tchaikovsky のような名前が見出しになっているカードには、Pjotr Iljics Csajkovszkij や Petr Il'ich Chaikovskii のように同じような綴りの見出しがあるカードの番号も書いてある。bog（沼地）という見出しのカードを探すと、「See also: Peatlands; Fens; Swamps; Northern; Muskeg; Forests, Semi-Open Lowland Needleleaf; Carbon Sinks; Carnivorous Plants; Sphagnum Moss; Vertical File: Bogs（参照：沼地、泥炭地、北アメリカの湿地帯、沼沢地、半開の低地針葉樹林、炭素を吸収するところ[13]、食虫植物、ミズゴケの繁殖地、バーティカルファイル：Ｂｏｇｓ）」という記載があるかもしれない。ニコルソン・ベイカー（Nicholson Baker）とマイケル・ゴーマン（Michael Gorman）は、『ニューヨーカー』誌の一九九四年四月号[14]に発表した論文のなかで、何十年あるいは何百年という歳月をかけて作られた、まれにみる学問的偉業であると、カード形式の蔵書目録を称えている。蔵書目録とは、図書館司書たちが何世代にもわたって築き上げた真の知的財産なのである。

リテラシー（読み書きの能力）がなければ、本の存在は無意味になってしまう。そこで、デジタルリテラシー[15]というものが、その意味はどうであれ、電子図書館について考えるうえでの基本的な前提となる。リテラシー、つまり識字能力は、まったく意識されないほど、現代社会

13　Carbon Sinks
（訳注）石油、石炭を燃やすこと、あるいは生物の呼吸等で二酸化炭素が大気中に放出されるが、一方、この二酸化炭素を植物は吸収するので森林とか、海洋はそれを全体としては吸収するところとなっている。これらの二酸化炭素を吸収するところをCarbon Sinkとよぶ。

14　*The New Yorker*, April 1994

15　デジタルリテラシー
「リテラシー（literacy）」とは、本文中の説明の通り「読み書き能力」のこと。ここでは、デジタル的なものを使うための基礎能力。基礎知識。

では当たり前のことになっている。読み書きができる人間は、世界中の誰もが字を読めると思いこみがちである。読み書きができない人がいることなど思いもつかない。実際には、高度な教育システムがなければ、社会の識字率を高め、維持することはできない。アメリカが高い識字率（それでも一〇〇%には届かない）を達成できた大きな要因は、一九世紀に公立学校を建設したことである。学校は読み書きを教えるだけではない。情報の探し方を教えるのも学校の役割である。本それ自体にも多くの深い意味があるが、それらはつい見逃しがちである。著者と読者のあいだには、力の非対称性が存在する。本がいくつもの障害と品質審査をクリアして出版にこぎつけ、世に出ると、「活字になった言葉」として一種の永続性を獲得する。作家は「子孫のために書く」とよく言われる。酷評された本であっても、活字になった言葉はいつまでも残り、罵声よりも長く生き続ける。「author（著者）」と「authority（権威）」は、同じ語源から派生している。活字が時を経ても変わらず存在することによって、社会が著者に権威を与えるのである。

教育水準の高い社会では、出版物を支えるものとして「知的財産[*16]」という観念がある。知的財産は、著作権[*17]、特許権[*18]、企業秘密などに関する法律によって守られている。このなかで出版物ともっとも関わりが深いのは著作権である。出版物の制作は多大な努力と資金を必要とするため、別の出版社が作品を複写し、廉売することを著作権法によって禁じている。このような違法行為は、昔から取り締まっていたわけではない。良質の著作物を世に出すという社会正義の確立をめざし、試行錯誤を重ねたすえに、著作権法が生み出されたのである。

したがって、これまで述べてきたように、図書館は知識を集めて保存しておくだけの場所

16　知的財産権
知的所有権、無体財産権。著作権および工業所有権（特許権、商標権、意匠権、実用新案権）の総称。物理的財産でなく、人間の知的活動によって生み出された生産物に伴う権利で、それぞれ著作権法や特許法などによって保護される。

17　著作権
著者が自らの著作物に対して所有する権利。著作物とは「思想又は感情を創作的に表現したものであって、文芸、学術、美術又は音楽の範囲に属するものである」と定義されている。現在、ソフトウエアプログラムも著作権によって保護されている。
著作権には、著作財産権（複製権、上演権・演奏権、放送権・有線放送権、口述権、展示権、上映権・頒布権、貸与権、翻訳権・翻案権・二次著作物の利用権など）と著作人格権（公表権、氏名表示権、同一性保持権）があり、著作者の同意なしには、使用・利用、作品の改変等を行ってはならない。

18　特許権
工業所有権の一つ。
新規発明に対する独占的権利。特許権

ではない。社会的な役割、リテラシー、知的財産権といった問題を内包する社会システムの一部なのである。そして、こうしたテーマは、すべて電子図書館というメタファーの中に暗示されているのである。

図書館に対する固定観念を打ち破る

この電子図書館というメタファーも、電子世界の特異性を見落としてしまうと、社会をミスリードすることになりかねない。図書館のイメージをそのままデジタル化しても、NIIの理想像を反映したイメージにはならない。電子図書館というメタファーを通して将来の情報インフラを描き出し、理解するためには、図書館の普遍的な面と変化していく面とをはっきり区別する必要がある。

まず、デジタル作品を書くことの社会的な役割から明らかにしていこう。従来の図書館にまつわる文脈では、いわゆる著者と呼ばれる人間が本を書く。一方、電子図書館の場合は、さまざまなタイプの「著者」がデジタル作品を記録する。文章や画像だけでなく、音楽、アニメーション、デジタルムービー、ビデオゲーム、ソフトウェアなども、「著作物」となる。電子世界では、こうした作品は「ビットとバイト」[*19]でしかない。さまざまなビットを混ぜ合わせたものがマルチメディア作品[*20]である。このような多様性がリテラシーの問題と深く関わってくる。映画を見たり、音楽を聴いたり、コンピュータのプログラムを使ったりするのに必要な能

は、著作権と異なり、特許庁へ特許出願を行い、審査経て付与される。特許権は出願の日より二〇年間保護されるが、特許料の支払が必要となる。

19　ビットとバイト
(bit と byte)

情報量の単位。

1bitは2進法の1(オン)、0(オフ)を表すことができる。8ビットで1バイト。

20　マルチメディア
文字、画像、映像、音声、データなどの情報が複合してできたメディア。

力は、本を読むのに必要な能力とはまったく異なっているからだ。

図書館自体が読み書きの教育という役割を果たしていることもあり、図書館を利用する人々が読み書きの能力を身につけているのは当たり前だという意識がある。電子図書館の場合も、利用者は、デジタルリテラシー、つまりデジタル作品を鑑賞する能力を前もって身につけているものだと考えがちだ。しかし実際には、これまでそうした教育は行われてこなかった。デジタルリテラシーの教育がないがしろにされているがゆえに、誰もがコンピュータネットワークを初めて使ったときに、わかりにくさや歯がゆさを感じるのである。扱いにくさや技術的な難しさが、多くの人からネットワークを試そうという気持ちすら奪っている。電子図書館を利用するための教育を軽視しすぎている。図書館の利用方法を教えている学校の数と比べて、電子図書館の使い方をカリキュラムに取り入れている学校はあまりに少ない。その一方で、読み書きの能力があまりなくても電子図書館を利用できる新しい技術も生み出されている。たとえば、テキストを読み上げるソフトウェアも登場している。これを使用すれば、目が不自由な人や文字が読めない人でも、電子図書館を利用できるようになるだろう。

情報ネットワークを着々と作り上げている技術革新は、出版業界のあり方を根底から変える可能性がある。現在の紙に文字を印刷する出版では、出版社が高価な印刷機を所有し、出版する本を決めている。それに対して、デスクトップ・パブリッシング[*21]の世界では、それほどの資金を投じなくても、本を制作し、流通させることができる。このことは電子世界ではもっと顕著になる。現在の出版業にとって経済的なネックとなっているのが、印刷コスト、保管コスト、そして輸送コストである。デジタル作品は、少ないコストでコピーでき、保管スペ

21　デスクトップ・パブリッシング（DTP：DeskTop Publishing）
雑誌・書籍などの出版物製作工程をパソコンで行うこと。または、その工程（文書の編集や印刷など）を統合的に行うシステムを指す。

ースがほとんど必要なく、世界中のどこへでも瞬時に転送できる。つまり、どんな人間でも自分だけの出版社を持つことができるのだ。

ただし、電子図書館の利用者側から見れば、作品の質を保証してくれる編集者や出版社がいなくなることで、値打ちが定かでないデジタル作品があふれかえることになる。そのうえ、図書館には図書館司書という専門家がいて、社会にとってふさわしく、価値のある本を選んでくれるが、編集者や出版社はもとより、図書館司書もいない電子図書館では、作品の評価がまったくなされない。出版社や図書館司書がいなければ、電子図書館の蔵書はきわめて価値の低いものにならざるをえないだろう。

従来の図書館と同じように、電子図書館にも蔵書目録が必要である。最近は、コンピュータで作成したデジタル目録を使っている図書館が増えている。これは、二六〇〇万ものエントリが登録されたデータベースをアメリカ全土の図書館に提供しているオハイオ大学図書館センター（OCLC）の努力に負うところが大きい。ただ、デジタル目録といっても、Peter Ilich Tchaikovsky と似た綴りの見出しがいくつも記載されていたり、「沼地」の関連項目がずらりと並んでいるような目録のように、詳細極まるものばかりというわけでもない。それでも、コンピュータを使った目録には、見逃せないメリットが二つある。一つは、図書館司書が作った目録に自動単語解析の機能を付け加えられることである。たとえば、CD-ROM版の『グロリア・マルチメディア百科事典』[*22]で沼地（bog）という単語を指定して情報を検索すると、「湿地、沼地、泥炭地、入り江、荒野、排水システム、干潟、湿地、泥炭ゴケ（swamp, marsh, and bog; bayou; heath; drainage systems; L'Anse aux Meadows; marsh; and peat

---

22　*Glolier's Multimedia Encyclopedia*

moss)」などのように、三三もの記事が見つかった。この単語解析機能は、人間の連想能力には及ばないが、何よりも自動であり、目録の増強に役立つ。もう一つのメリットは、OCLCのようにデータベースを共有したり、オンラインサービスが競い合うことで、詳細な目録の作成コストを下げられることである。「情報の海への入口」をスローガンとするオンライン情報サービスを行っている『ブリタニカ百科事典』[*23]は、デジタル百科事典を単なる出発点としか見ていない。通信社やオンラインニュース雑誌などのオンライン情報サービスと接続できる百科事典をめざしているようだ。これが実現すれば、百科事典のブラウズや索引付けといったサービスを介して、大量の情報にアクセスできるようになる。たとえば、情報を検索するときに、指定したキーワードと同義語も検索できるようになるかもしれない。つまり、「暴動」に関する情報を検索すると、「騒乱」、「反乱」、「大学紛争」などの情報も自動的に出てくるし、ソマリアについての情報を検索すれば、宗主国統治の歴史的経緯、考古学や宗教の面から見た土着文化の考察、最新情勢のニュースなども読むことができるのだ。このような知識ベースの検索サービスは、まだ一般には普及していないが、もう一息で使えそうになるところまで技術は進歩している。

社会における図書館の役割とは、人々に情報を提供すること、そして選び抜いた情報を保存することである。インターネットには、電子図書館の蔵書となりうる情報が集まっている。しかしその一方で、すぐに消えてしまう一過性の情報も多い。正式のアカウントを持っている人であれば、誰でも電子メールやウェブページ[*24]としてインターネットに情報を発信できる。ところが、こうした発信者のなかで、図書館司書のように情報を保存しておくことの大切さ

23　*Encyclopedia Britannica*

24　ウェブページ
(web page)
WWW上にあるドキュメントのこと。一方、ホームページとは厳密にはタイトルページのことを指すが、ウェブページと同意味で使用されることも多い。

を認識している人は、ほんの一握りしかいない。インターネットは、たくさんの情報ソースが結びついた巨大なデータベースになる可能性を秘めている。しかし、それにしては、リンクをたどっていくと情報がすでに消えていたという例が多すぎる。このように見てくると、インターネットにしても、電子図書館というよりデジタル掲示板といったほうがふさわしいのかもしれない。

出版業界は、どの分野でも採算性を優先するため、専門家しか買わないような本は出版しにくくなっている。それに対し、電子出版は採算性を考慮に入れる必要がない。電子雑誌の場合を考えてみよう。印刷コストがかからない雑誌であれば、ごく少数の専門家しか読まないような堅い内容の記事でも、語数が二万語を超えようと、難なく掲載することができる。一般の読者が不必要な情報の洪水に悩まされないようにするには、対話型のユーザーインターフェイス*[25]を用意すればよい。専門性の高い情報については、読むかどうかを選択できるようにしておけば、興味のある情報だけをクリックして読むことができる。

本は、誰でも手軽に親しめるようにできている。図書館から本を借りるにも、貸し出しカードさえあれば、あとは何もいらない。快適で明るい場所であればどこでも読むことができる。それに対し、デジタルブックを読むためには、コンピュータなどの機械が必要になる。ネットワークにつながった電子図書館の強みといえば、一日二四時間いつでも利用できることがある。公共機関の人員削減で図書館の開館時間が短縮されている昨今、これはこの上ない朗報である。とはいっても、デジタル作品にアクセスできる人間がそれほど増えない可能性もある。コンピュータのような高価な機械が必要であるうちは、一部の恵まれた立場にいる人間以外

25　ユーザーインターフェイス
コンピュータの使用者（ユーザー）とコンピュータの接点となる部分を指す。すなわち、直接ユーザーとコンピュータが情報をやりとりする部分、キーボード、マウスや情報の画面表示様式（GUI、CUI）などのこと。コンピュータの使いやすさは、ユーザーインターフェイスの使いやすさ、わかりやすさに依存するといえる。

は、デジタル作品にふれることはできないだろう。

現在、本を営利目的でコピーすることは著作権法で禁止されている。そのうえ、一ページずつコピーをとって製本するのは、そう簡単なことではない。ところが、デジタル作品の場合は、最新の汎用コンピュータを使えば、いとも簡単にコピーできてしまう。コマンドを一つ選ぶだけで、本も写真も、百科事典でさえもコピーできるのだ。もちろん、原則的には、このようなコピーは著作権法に反した違法行為である。しかし、ソフトウェアやビデオテープのメーカーが認めているように、誰でもコピーの手段を手に入れられる現状では、著作権を保護することなど不可能に近い。一九九六年という時代にあっては、作品の所有者を探して使用料を払うよりも、法律を無視してコピーしたほうが、ずっと手軽で安上がりである。しかし、この状況を一変させるような新技術が現れようとしている。そうした技術については、第三部の「光を放つ(Letting Loose the Light)」でふれている。この新技術とは、デジタル作品を「貸し出す」というもので、電子図書館の新たな収入源を生み出すことになるだろう。

電子図書館のメタファーを超えて

電子図書館という情報インフラのメタファーに込められた意味を考える手がかりとして、まずリテラシー(読み書きの能力)と文字を持たない社会に思いをめぐらせてみた。識字率の高い社会では、時間的にも距離的にも離れた場所へネットワークを介して伝送できるという意味でのリテラシーは、ともすると過大な優越意識につながりやすい。文字を読み書きできる人は、文字のない社会を未開の文化と決めつけてしまいがちである。ところが、無文字社会は文字を持つことを退行と考えているというのだから、驚きではないだろうか。エジプトの神話にトキのような頭をしたトトという神の話がある。トト（Thoth）は人間に文字を教えた。すると、太陽神ラー（Ra）は、なぜそんなことをしたのかと問いただし、人間はこれまでは何でも覚えたのに物事を書き記してしまうとすぐに忘れてしまうようになるだけだと笑い飛ばしたという。

無文字社会と物語を書き記すことの関係を述べたすばらしい考察が、マリドマ・ソメの『水と精神について』[*26]の中にある。文字を持たない社会では、口承によって知識を伝達する。そこでは、経験を通して学び、修練を積んだ語り部が多くの意味が詰まった物語を口述する。このような社会では、書物を読む者は信用されない。書くことは知識の伝達手段としてふさわしくないと見ているのだ。こうした社会の人々にとって、書かれた文章は経験の不完全な代用物でしかない。作者の姿が見えない言葉は生きているとはいえず、信頼できる語り手が脚色した伝承には遠く及ばないというのである。

口承文化においては、知恵や知識は語り部の頭のなかにあり、物語を通して伝えられる。図書館が知識や知恵を蓄積するものであるなら、電子図書館は語り部をも取り込むことはできないだろうか。たとえば、ネットワークが言葉を伝送できるのであれば、音声や映像も伝送できるはずだ。そうすれば、録画された語り部の演技をコンピュータ画面で見ることができる。実際、そうしたビデオを貸し出している図書館も増えている。ただ、口承文化においては、

26　Malidoma Somé, *Of Water and the Spirit*

語り部は録画であってはならない。同じ物語でも、二人の語り部がいればまったく違うものになる。その場の状況や観客に合わせて語り部が脚色するからである。何度再生しても変わることのない録画には、明らかにこうした即興性や活力はない。口承が持つ人間の息づかいを甦らせるためには、本の向こうにいる著者と出会い、物語の向こうにいる語り部と出会わなければならない。これは、情報ネットワークのさまざまなメタファーを超える試みであり、その先にあるのは電子世界という第四のメタファーである。本書の第四部で取り上げるこの電子世界では、語り部と対話し、その瞬間にしかありえない物語を聞くことができる。

現代社会においては、図書館だけが知識を後生へと残すための施設ではない。同じような目的の施設として博物館がある。事実、博物館を意味するミュージアムという言葉の語源は、火の使者や知識の守護者を描いた西洋の神話にまで遡る。古代ギリシアの神話では、芸術や科学はミューズの九女神が司っていた。そこで、美術や古器物を展示した場所をミュージアムと呼ぶようになった。現在では、自然史博物館、美術館、技術博物館、映画博物館、歴史博物館など、さまざまなテーマの博物館が存在する。ネットワーク上でも、アメリカの議会図書館が所蔵する南北戦争の写真が公開されているし、マイクロソフトの創始者であるビル・ゲイツ（Bill Gates）は、有名な絵画のデジタル画像を配布する権利を取得した。インドでは、コンピュータからさまざまな時代や文化の美術にアクセスできるバーチャルミュージアムの計画が進められている。一九九〇年には、ゼロックスのランジット・マックーニ（Ranjit Makkuni）が、サンフランシスコにあるM・H・ド・ヤング記念博物館のタンカを展示したマルチメディア美術館を制作した（本書のマックーニの著作からの抜粋を参照）。この美術館は、消え去りつつある文化遺産をデジタル化によって保存しようという試みであり、知識の守護者という元型の好例ということができる。

従来の図書館では、本は受動的で互いにつながりのないものとして存在している。ある図書館に、狩猟（X）について書かれた本と誘導発射体（Y）について書かれた本があり、狩猟に適した優れた弓矢（Z）の作り方を知りたがっている読者がいるとしよう。このような場合、この読者が探している知識は、Z=X+Yという公式で表せる。従来の図書館を利用する場合には、このような「知識の足し算」は読者が頭のなかで行うしかない。人工知能（AI）の研究者のあいだでは、この例で人間の脳が行うように複数の知識サーバーが連携できるような技術の開発に大きな関心が集まっている。人工知能という研究分野の創始者の一人であるマーヴィン・ミンスキー[*27]は数年前、子供たちが老人に話しかけている場面を想像した。「図書館の本と本がお話をしていなかったころのことを知ってるの？」

このような機械による知識の足し算が実現するのは、まだ先のことになりそうだが、応用できそうな技術を開発した人工知能の研究者も何人かいる。ただし、それよりもっと興味深いのは、このような夢が語られていることである。電子図書館に語り部を登場させられるのであれば、同じようにいろいろな分野の専門家も登場させられるだろう。複数の専門家を集め、一つのテーマについて論じさせることもできるかもしれない。ディスカッションを始めるときには、まず共通の用語を決めることになる。どの人物も、与えられたテーマについて、それぞれ異なる強み、メタファー、手法を持っている。このようなディスカッションを考えるとき、電子図書館というメタファーが第二部で取り上げる通信というメタファーや第四部で扱

27　マーヴィン・ミンスキー
（Marvin Minsky）

一九二七―。ニューヨーク生まれ。コンピュータ学者。人工知能の父ともよばれる。

一九五八年にMIT人工知能研究所所長、一九七四年にMIT電気工学およびコンピュータ科学科のドナー教授となる。

主著に『心の社会』『パーセプトロン』などがある。

う電子世界というメタファーと重なってくる。

これまでに述べた例を見ると、電子図書館というメタファーが全米情報インフラ（ＮＩＩ）のあり方を決める人々――わたしたち全員――の想像力をいかに刺激しているかがわかる。電子図書館というメタファーの核となる価値、そして元型の根底には、文化の保存というテーマが隠れている。この第一部に取り上げた著作はどれも、このテーマを推し進めようとするものばかりである。なかには、「電子図書館」という言葉が生み出される以前に書かれたものもある。とはいえ、どの著作も、それぞれに電子図書館の将来に対する独自のビジョンをわたしたちに示してくれている。

ヴァネヴァー・ブッシュ

われわれが思考するように

Vannevar Bush, "As We may Think" より抄録

解説

プロメテウスの話のような知識の起源について語る神話では、知識は貴重で希少なものと考えられている。わたしたちが図書館について考えるとき、知識が満杯になってあふれだしているというイメージが浮かぶことはまずない。本を保管するスペースなどいくらでも作り出せると思っている。しかし、ここに取り上げた論考を一九四五年に書いたヴァネヴァー・ブッシュ[*28]の目には、図書館は今とは違ったものに映っていた。ブッシュには、人間の知識が驚異的な速さで増えており、社会側が知識を使いこなせなくなっているように見えた。もはや、知識の価値は、その希少さにあるのではなかった。干し草の山から黄金の針を探すように人間が情報の山から針のように小さな価値ある情報を見つけだしたり、情報の山そのものの意味を見いださなくてはならなくなったのである。ブッシュは、こうした問題に立ち向かうために、図

28　ヴァネヴァー・ブッシュ (Vannevar Bush) 一八九〇—一九七四。アメリカ電気工学者。マサチューセッツ生まれ。MIT、ハーバード大で博士号を取得。MIT助教授時代に微分解析機や計算機の発明などを行い、その後、ワシントン・カーネギー協会会長を経て、国防研究会議議長などを勤める。第2次世界大戦中は、マンハッタン計画の研究を支えた。終戦後は、全米科学財団の設立に貢献した。

書館を拡充する必要があると説いた。

ブッシュの論考は、コンピュータが民間に普及するはるか以前に書かれたというのに、すでに電子図書館のイメージを映し出している。彼の考え方は、伝統的な図書館の概念から離れ、社会に流通している情報と個人的な見解を結びつけるという新たな役割を持った図書館へと向かっている。このようなアイデアを実現するとしたら、ハイパーテキスト[*29]やパーソナルコンピュータが必要になるが、こうした技術が登場するのは、それから三〇年も後のことである。にもかかわらず、ブッシュが提起した情報処理のビジョンは、コンピュータ科学や情報科学に携わる多くの人々に刺激を与えた。彼のアイデアは、登場するのは早すぎたかもしれないが、だからといって非現実的なものではなかった。彼が思い描いたものと本質的には変わらないシステムが、一九七〇年代の半ばにはハイパーテキストシステムとして登場し、一九九二年ごろにはインターネット上に現れたのである。

人間が試行錯誤のすえに生みだした科学や道具は、どのような恩恵をもたらしているのだろうか。まず第一に、科学や道具は、人間が物質的な環境をコントロールする能力を高めた。衣食住すべての質を向上させたし、生活の安全性を高め、無防備な存在という呪縛から、完全ではないにしろ人間を解き放った。生理的な機能についての知識が増えたおかげで、少しずつ病気から解放され、寿命も延びた。科学は、心と体の相互作用に光を当て、精神面の健康も向上させつつある。

29　ハイパーテキスト
テッド・ネルソン（Ted Nelson）が一九六五年に提唱。複数のテキスト（文書）を関連づけて、参照・引用できるようにしたもの。

科学は、人間どうしの通信を高速化した。思想を記録し、記録された思想に手を加えたり、一部を取り出したりできるようにもした。それによって、知識は、個人の一生とともに消えるのではなく、民族の歴史とともに発展し、存続できるようになった。

学問研究の成果は今も増え続けている。しかし、現代の科学は、学問の専門化が進むとともに、明らかに停滞を見せている。研究成果を調べようとすれば、何千人という学者が成し遂げた発見や結論の多さに圧倒される。その膨大さといったら、記憶することはもとより、目を通すことすらできないほどである。とはいっても、科学の進歩のためには、専門化が今後ますます必要となるだろう。そして、それに伴い、学問分野どうしの橋渡しをしようとする努力も形ばかりのものになっていく。

学問の成果を後生に伝え、検証する方法は昔ながらのもので、今ではまったく目的にそぐわない。

（中略）

欲しい情報にたどりつくまでに右往左往する大きな原因は、索引体系の不自然さにある。どのような種類のデータでも、保存するときには、アルファベット順か番号順に分類する。こうして整理されたデータから必要な情報を探すときには、大別されたクラスから細分化されたクラスへと順に降りていく。データの分類において重複を許していないかぎり、目的の情報は一つの場所にしかない。その場所へ到達するまでにどのような経路をたどるかについてのルールが必要になるが、そうしたルールは煩雑である。さらに、目的の情報が見つかったら、今度はそこから抜けだし、別の経路へと入らなければならない。

ところが、人間の脳はこのような働きをしない。人間は物事を連想によって考える。ある情報を把握したら、それから連想される情報へと一瞬のうちに飛び移る。このとき、脳細胞が作る網の目のように入り組んだ思考経路（トレイル）をたどっている。もちろん、人間の思考には、それ以外の特徴もある。あまり使われない思考経路は途中で行き止まりになっていることが多い。情報の永続性は完全ではない。記憶も永久に残るわけではない。それでも、人間の思考の速さ、思考経路の複雑さ、そして思い描くイメージの詳細さは、何ものをも寄せつけない卓越した能力である。

このような脳の機能を人工的に再現することは不可能だが、それから学ぶことはできる。人工の記録はある程度永続的であるため、多少この機能を改良することすらできるかもしれない。精神活動とのアナロジーから得られる最初の結論は、選択に関係するものである。索引を使った選択ではなく、連想による選択は当分機械化はできないだろう。脳が連想の経路をたどるときの速度や柔軟性を機械がまねることはできない。だが記憶装置から呼び出した情報の永続性と正確さであれば、機械が脳に打ち勝つこともできるはずだ。

ここで、ある未来の装置を想像してみよう。それは、個人用のファイルとライブラリを機械化したようなものだ。とりあえず、この装置を「メメックス」とでも名づけておくとしよう。メメックスは、本、記録、通信文などを保存しておく装置で、驚異的な速度と柔軟性で情報を参照することができる。この装置は、人間の記憶力を拡大し深めてくれるものだといえる。

メメックスは机の形をしている。たぶん離れた場所からでも操作できるようになるだろうが、基本的には仕事用の備品と同じだ。この机の上には傾斜した半透明の画面があり、そこに文書の内容が映し出される。キーボードが一つと、いくつかのボタンやレバーもある。そのほかの点では普通の机とどこも変わったところはない。

このメメックスの一方の端に情報が保存されている。改良型のマイクロフィルム[*30]を使っているので、かさばることはない。情報を保存するスペースはメメックス内部のほんの一部で、残りは機械が占めている。仮に毎日五〇〇ページの文書を保存したとしても、何百年も続けなければ満杯にならないから、思う存分、情報を入力できる。

メメックスに情報を入力するときには、あらかじめ情報が記録されたマイクロフィルムを買ってきて、それをメメックスにセットするだけだ。あらゆる種類の本、画像、雑誌、新聞をメメックスに落とすことができる。ビジネス通信文も同じ方法で入力できる。直接入力の機能もある。メメックスの上には透明なプラテンがあり、その上に、手書き文書、写真、メモなどを置いて、レバーを押すと、乾式写真撮影法によってマイクロフィルム上の空いているスペースに内容が写し取られるのだ。

もちろん、索引というオーソドックスな方法を使って必要な情報を探すこともできる。メメックスに保存されている本を参照したいときには、その本のコードをキーボードから入力すれば、すぐに表紙が表示位置の一つに現れる。よく使うコードは省略形にできるので、コードブックを調べる必要はほとんどない。たとえコードを調べる場合でも、キーを一つたたくだけで、コードの一覧が画面に映し出される。キーボードの補助的な役割をするレバーもある。そのうちの一つを右に倒すと、一通り目を通せるくらいの速さで本のページが次々と表示されていく。同じレバーをさらに右へ倒すと、一度に一〇ページ先まで進み、もっと右へ倒す

30　マイクロフィルム
文献や資料を複写し保存するためのフィルム。ロールフィルム、シートフィルム（マイクロフィッシュなど）がある。再生閲覧には専用機がある。

と、一度に一〇〇ページ先まで進む。レバーを左に倒すと、同じ要領でページを戻すことができる。

索引の最初のページへ一挙に移動できるボタンもあるので、好きな本をすばやくライブラリから呼び出し、表示することができる。書棚から必要な本を探し出すときとは比べものにならない便利さである。画面には複数の表示ができるので、一つの文書を表示したまま、別の文書を呼び出すこともできる。一種の乾式写真撮影法を利用して、文書の欄外に注釈を入れることもできる。駅の待合室にあるテロートグラフで使われているようなペンを使って、目の前に紙の文書があるかのように、手書き文字の書き込みをすることだってできるだろう。

これまで述べてきた機能は、どれも目新しいものではなく、現在の機械や装置の未来像にすぎない。しかし、連想的索引は、遠からず実現されるはずだ。連想的索引の基本的な概念は、ある文書を選択すると、すぐに別の文書が自動的に選択されるというものである。これこそ、メメックスの核となる機能である。そこでは二つの文書を連結するプロセスが重要となる。

トレイルを作成するには、トレイル名を作り、コードブックに登録して、キーボードから入力する。画面には、二つの文書が隣り合った表示位置に映し出される。それぞれの文書の下には、コードを入力するスペースがいくつかあり、どちらにも一つのコードスペースにポインタが置かれている。

キーを一つたたくと、二つの文書は完全に結合する。どのコードスペースにも同じコード名が表示される。画面には表示されないが、文書には光電セルで見るためのドットがいくつか挿入され、それがコードスペースにも表示される。これらのドットは、挿入された位置によって、もう一方の文書の索引番号を示す。

こうしておけば、どちらかの文書を表示しているとき、対応するコードスペースの下にあるボタンを押すだけで、すぐにもう一つの文書が表示される。もっと多くの文書を連結したトレイルを作成することもできる。連結された文書は、本のページを進めるときのように、レバーを使って好みの速さで次々と表示できる。ちょうど、いろいろな出版物の記事を寄せ集めて新しい本を作るようなものかもしれない。どんな文書でも連結でき、数え切れないほどのトレイルを作成できるので、本を超えるものだといえる。

たとえば、メメックスの所有者が弓矢の起源と特性に興味を持っていたとする。十字軍の戦闘で使われたトルコ軍の短い弓が、どうしてイギリス製の長い弓より勝っていたのかを研究しているので、それに関するいくつもの本や論文をメメックスに保存している。まず、百科事典を呼び出し、その全体を見渡す。おもしろい記事が見つかった。内容的には少しもの足りないが、とりあえずそのまま表示しておく。次に、歴史書を調べ、関連した記事があったら、それを百科事典の記事と連結する。このようにして、いくつもの文書がつながったトレイルを作っていく。文書の中に自分の考えを書き込みたいときは、自分で書いた文章をメイントレイルに連結することもできるし、関連する文書のサイドトレイルとして加えることもできる。弓の特性に素材の弾性が大きく影響していることがはっきりしたら、弾性に関する文献や物理的特性をまとめた表へとつながるサイドトレイルを作成する。自分の分析結果をまとめた手書きのページも挿入する。こうして、錯綜する情報の中に、彼の関心の道筋を示すトレイルができあがっていく。

しかも、このトレイルはいつまでも消えることがない。何年か後に、友人との会話が横道にそれ、運命を左右するほどの技術革新でさえなかなか受け入れようとしない人間の不可思議な行動に話が及んだとする。彼は、それに関する事例を一つ知っている。それは、ヨーロッパ人が射程距離で優っているトルコ製の弓を取り入れなかったという史実だった。その事例を紹介した記事にトレイルも張っている。ワンタッチでコードブックを表示する。キーをいくつかたたくと、そのトレイルの先頭が現れる。レバーを操作してトレイルの中を自在に移動し、トレイルが二股に分かれた文書にたどり着くと、そこからわき道へとそれていく。これはおもしろいトレイルで、しかも友人との話にぴったりの内容だ。彼は、複写機能を作動させ、トレイル全体を写し取り、友人に渡す。その友人もメメックスを持っているので、受け取ったトレイルをそのままメメックスに入力し、同じような内容のトレイルに連結することができる。

将来は、連想トレイルが張り巡らされた新型の百科事典が登場するだろう。この百科事典は、メメックスに落とし、手を加えることができる。たとえば、弁護士であれば、自分自身の経験だけでなく、友人や権威の経験から得られた見解や判断を、ワンタッチで呼び出すことができる。特許を扱う弁理士の場合は、クライアントからの要請に応じて、何百万という数の登録済み特許の中から、クライアントが関心を持っているものを選び出すことができる。医師は、患者の症状を見ただけでは診断を下せないような場合、以前、似たような症状について研究したときに作成したトレイルを当たれば、すばやく同様のケースを見つけだし、関連する解剖学や組織学の文献も参照できる。有機化合物の合成に取り組んでいる化学者などは、研究室に化学関係のあらゆる文献を揃えることができる。そこには、同じ種類の化合物に関する文書をつなぐトレイルや、各化合物の物理的な特性と化学的な性質について述べた文書へと進むサイドトレイルが組み込まれている。

歴史学者の場合は、ある民族の歴史を年代順にまとめた膨大な情報をメメックスに入れておけば、重要な史実だけを連結したトレイルを作成することもできるし、ある年代のトレイルをたどり、その時代に栄えた文明の全体を見渡すこともできる。トレイル開発者という新しい職業も生まれるだろう。大量の共有情報の中に有益なトレイルを作り出すことにやりがいを感じるという人には、最適の仕事だ。トレイル開発者が後輩に残すものは、世界の記録に追加されるトレイルだけでなく、後進がよりどころとする土台そのものである。

注釈

ブッシュのビジョンは、科学関連の文献という文脈の中で語られているが、実は知識の保存というもっと大きな意味合いも持っている。知識の保存は、これまで図書館の中心的な役割だった。しかし、ブッシュが考えだしたメメックスの概念は、図書館の役割を広げることにもつながる。彼が言うように、「科学は、（中略）知識を記録し、記録された知識に手を加えたり、一部を取り出したりできるようにした。それによって、知識は、個人の一生とともに消えるのではなく、民族の歴史とともに発展し、存続できるようになった」のである。ブッシュは、出版された情報に個人が注釈を付けることで、既製の情報と個人の見解とを結びつけられるようになると予想した。また、情報を記録することだけでなく、ユーザーが情報の中にトレイルを作成できることも重視されるようになると見ていた。メメックスについて注目すべきことは、彼がそれを机のような家具の一つと考えていたことよりはむしろ、文書に注釈を付けたり、文書中の論点を次々とつないだりする機能である。メメックスを情報が詰まった図書館と考えると、それは普通の図書館とは異なり、本に書き込みをしたり、本を汚すことなく興味のある箇所に印を付けたり、数人の仲間と一緒に文書に注釈を入れたりすることができる。そうしているうちに、まったく新しい形の百科事典ができあがる。それは、まさしくハイパーテキストの図書館である。歴史的な視点から見ると、ブッシュのアイデアは中世の学者が用いていた研究方法の流れを汲んでいる。彼らが聖書などのテキストを解釈するときには、本文の余白に傍注や脚注を付け、注釈や解説のページを差し込んでいたのである。

今では、ブッシュが思いついたトレイルは、ハイパーテキストのリンクを使って実現できる。ハイパーテキストの文書には、関連引用や前方参照とつながったホットスポット[31]がある。ホットスポットは、強調表示されたり、本文と異なる色で表示されたテキストやアイコンとして示される。ホットスポットをクリックすると、それが指し示す文書の箇所へと一気に移動する。現在、ハイパーテキストはコンピュータユーザーがウェブブラウザとして使っている。また、ハイパーテキスト・リンクが埋め込まれたデジタル・マルチメディア百科事典のCD－ROMも登場しており、多くの学校や家庭で使われている。このように見てくると、ハイパーテキスト文書を使ったコンピュータのネットワークは、思想が蜘蛛の巣のようにリンクしあったもの

31　ホットスポット
マウスが指す正確なポイントのこと。画面上のマウスポインタの形は多種多様だが、それぞれホットスポットとなる場所がある。ここでは、ある動作をさせるために、あらかじめ指定されている画面上の位置のこと。

となることが可能だ。

ブッシュのメメックスでは、研究者が作るトレイルは、他の人がトレイルの作り方を学ぶための見本となるものだった。ところが、この一九九〇年代半ばにいたっても、熱心にトレイルを作っているのは専門の教育を受けた一握りの人々だけである。大部分の消費者は既製のハイパーテキストを利用するだけで、それを自ら作るという人はほとんど見受けられない。

現代の技術は、ブッシュが考えたマイクロフィルムを使ったメメックスをはるかに超えて進歩している。今では、芸術作品を紹介するマルチメディアガイドのようなコンピュータ化されたプレゼンテーション[*32]を作ることもできる。こうしたプレゼンテーションは、ホットスポットをクリックしたり、トレイルをたどったりするだけのものではない。本文と注釈を一緒に見られることが、重要なセールスポイントになっている。初歩的なトレイルシステムでは、ホットスポットをクリックすると文書が消え、かわりに関連情報が表示されるため、トレイルと文書を同時に見ることができなかった。

効果的な教育用プレゼンテーションを作ろうと思えば、あらゆる種類の特殊効果を利用できる。映画やテレビニュースで使われている特殊効果の用語を思い出してほしい。ショット、ズーム、ストップモーション、スローモーションなど、いろいろなものがある。グラフィックスプロセッサを使ってアニメーションを作れば、さまざまな映像技法を駆使し、多くの作品をうまく取り入れた生き生きとした教材を作ることができる。解説は別のウィンドウに表示する。先生の声と表情がわかるように音声と映像を加えてもいい。別の文書から引用する場合は、画面の外から本文に飛び込んできて、関連のある場所に収まり、その箇所が拡大されて、該

32　プレゼンテーション　略、プレゼン。デザイナーがクライアント（発注主）に対し、カンプなどを利用して自己のデザイン案を理解させるために説明を行うこと。販売や会議において、個人・自社のアイデアや製品について説明を行うこと。最近では、パソコンが利用されることも多くなり、専用のソフトウェアも出てきている。

当する情報が強調されるようにする。同じような内容の記述が別の文書にある場合は、その部分を表示し、両者の違いを簡潔に述べた文章を表示する。第一部の最後に取り上げるランジット・マックニーの論考には、このようなインターフェイスの例がいくつか紹介されている。

このブッシュの著作は、本書を執筆している時点で、すでに全文がインターネットに載っている。次に示すウェブサイト[*33]で見ることができる。

http://www.isg.sfu.ca/˜duchier/misc/vbush/

33　ウェブサイト
ウェブページがおかれているサーバー

未来の図書館

J・C・R・リックライダー

J. C. R. Licklider, *Libraries of the Future* より抄録

解説

一九六一年、フォード財団の出資で発足したライブラリ・リソース審議会は、未来の図書館のあり方を検討する研究チームのリーダーにリックライダーを選任した。この研究の目的は、科学分野の出版物が増えていることなど、図書館をめぐるさまざまな問題を洗い出し、その解決へ向けて技術をいかに応用できるかについて議論することだった。

この研究にもっとも大きな影響を与えたのは、ブッシュが書いた「われわれが思考するように」[*34]だった。この論文の発表から約二〇年が経過していることを考えると、ブッシュが技術に託した夢の力を見せつけられる思いがする。リックライダーは、『未来の図書館』の序文で、自分の研究の中心テーマである「情報の危機」を初めて定義したのはブッシュであるとし、次のようなブッシュの言説を引用した。

34　Vannevar Bush, "As We May Think"

「憂慮すべきは、現代が抱える問題の広範さや多様性ゆえに出版物が乱造されていることよりも、むしろ出版物の量が人間の情報処理能力を超えて増大していることである。人間の経験を書き記した作品は驚異的なスピードで大量生産されているが、そのために山のようになった本をかき分けて目当ての作品へとたどり着くための手段は、帆船が活躍していた時代から何一つ変わっていないのだ」

このライブラリ・リソース審議会が報告書を発表した一九六三年といえば、コンピュータがアメリカの産業界で重要な位置を占めるようになってから、ある程度の年月がたっている。とはいえ、当時のコンピュータは、今日の基準からすればまだまだ初歩的なものだった。穿孔カード[*35]がデータ入力手段の主流だった時代である。そのため、この報告書には、表示装置の働きをする「オシロスコープ」や、オシロスコープの画面に文字を書くことができる「ライトペン」など、聞き慣れない言葉が出てくる。なにしろ、当時は研究室で用いられていた当時最新鋭のコンピュータでさえ、今のパーソナルコンピュータの性能には遠く及ばなかったのである。

この研究チームが「未来」と呼んだのは、西暦二〇〇〇年のことだった。とすれば、現代は、この研究の前提や結論を再評価するのまたとないおもしろい時代といえるかもしれない。この研究チームは、知識の増え方があまりにも速く、社会の能力側が知識を使いこなせなくなっている、というヴァネヴァー・ブッシュの見解に賛同している。研究チームのメンバーたちは、この知識の増加に立ち向かえる施設は図書館をおいてほかにないと考えていたものの、関心の矛先は図書館に集められる出版された情報だけにとどまってはいなかった。社会における知識の利用にまつわる幅広い問題を提起したのである。情報を分類、検索する技法という基本的

35　穿孔カード
紙テープに穴をあけ情報を記録したもの。電子計算機で使われていた。

な問題を足がかりとし、情報の理解に役立つコンピュータ機能の設計にまで手を広げている。

このような研究を進めるにあたり、リックライダーと彼のチームメンバーは、技術の動向を見きわめ、情報媒体としての本や紙の限界を分析することで、未来を予測しようとした。この研究チームがよって立っていたのは、一九六〇年代に蔓延していた技術に対する楽観的な見方だった。当時、人々は、技術や科学がユートピアへの切符だと信じていたのである。この三〇年のあいだに、技術やオートメーションの暗部が明らかにされ、そうした熱狂はいくぶん影をひそめてきている。それでも、理工系の学校に漂う雰囲気や科学技術分野の人々が使うメタファーには、技術を信奉する態度が見てとれる。しかしこれは眉をひそめるようなことではない。こうした情熱こそが、発明を生むエネルギーとなり、エンジニアや科学者が数々の失敗を乗り越え、画期的なアプローチを見いだす原動力となるからだ。そうした意味で、このリックライダーが書いた報告書は大胆で刺激的なものだといえる。この報告書は、一九六〇年代の有力なテクノロジストたちが、当時始まりつつあった技術革新の動向をもとに将来の方向性を予測し、現代そして未来の電子図書館をいかにして生み出したかを明らかにしている。

現代の技術は、この研究チームが思い描いた構想をことごとく実現できるまでに進歩している。わたしたちは、パーソナルコンピュータやインターネットなどを通し、彼らのビジョンを現実のものとしてとらえることができる。この報告書に記された「未来の図書館」をめぐるさまざまな考え方を読んでいくと、一九六一年以降に技術がたどった道筋にまどわされることなく、電子図書館に寄せる夢を純粋な形で浮かび上がらせることができるだろう。

情報の表示媒体であれば、印刷物の右に出るものはない。印刷された文字は鮮明で読みやすい。一定の時間、読書にひたれるだけの十分な量の情報を掲載できる。字体やレイアウトにさまざまな工夫を凝らすことができる。読み方もペースも読者が自由に決められる。小さくて軽く、持ち運ぶことができ、切り取って貼り合わせたり、コピーすることもできる。不要になれば簡単に捨てられ、しかも値段が安い。とはいえ、こうした長所は、すべて情報の表示という面から見たものである。情報の保存、分類、検索となると、それほど得意ではない。目印を付けることはできるが、それはあまり便利な方法とはいえない。

印刷したページを綴じ、本や雑誌を作るとなると、レイアウト上の工夫が制約を受ける。本は、かさばるし重たい。本には、短い時間では読みこなせないほど大量の情報が詰まっていて、そのために必要な知識がなかなか見つからない。本は高価なので、一人の人間があらゆる本を集めるわけにはいかないし、人々が回し読みするための公共施設を作るとしても、読みたい本がすぐに回ってくるようなシステムはできそうにない。確かに、本は長い時間をかけてじっくり読むのには適している。しかし、これはわれわれの研究で取り上げるべきテーマではないし、この点を除けば、本は情報の表示媒体としてそれほど優れているとは言えなくなる。情報を保存する働きはまずまずといったところでしかないうえ、検索能力については充実しているとは言い難い。索引付けや情報の要約にいたっては、本それ自体は何の役割も果たさない。

情報の保存、分類、検索、表示に関して、本がもともと十分な役割を果たしていないとしたら、図書館も同じように十分な貢献をしていないことになる。図書館が採用している分類法の非合理性をあげつらうこともできるが、図書館のあり方を改善するだけでは、根源的な問題の解決にはならない。人間と知識との関わり合い方は、知識を形成する多くの断片を調べ、比較しあうことの繰り返しであり、それは動的なプロセスである。とするなら、図書館をめぐる思考が書架に本が収まっているというイメージから発しているかぎり、どのみち壁にぶつかってしまう。一万もの書架に一〇〇万冊もの本が収まっているのを見れば、問題は原始的な情報分類法にあるという結論を導いてしまいがちである。もちろん、この見方にも一理あるが、もっと大きな原因は印刷物のいわゆる「受動性」にある。情報を本に収録した場合、その情報を書店から読者へ届けるには、本を送付するか、読者が書店に足を運ぶ以外にない。本のなかに注釈を入れる場合にも、読者が自分で書き込んでいくしかない。

本の受動性が問題だと言われても、そんなことは当たり前すぎるので、「本が書かれている内容を読み上げるべきだとでも言いたいのか」と詰め寄りたくなるかもしれない。もちろんそうではない。しかし、情報をページから引き離すのが難しいことと、本が情報処理機能を備えていないことは、人間が記録された知識と関わるための手段である本の致命的な欠陥である。本を配送せずに情報だけを転送できるような、本に代わる手段を考案する必要がある。この手段は、情報を提示するだけでなく、指定、適用、表示、変更、再適用といった一定の手順に従って情報を加工できなければならない。このような機能を実現するためには、図書館とコンピュータを融合することが必要である。

（中略）

情報の量

未来のプロコグニティブ・システム（procognitive systems）について考えるためには、何よりもまず情報の量がどれくらいあるのかを明らかにしなければならない。

（中略）

この研究の最初の数カ月間は、情報の量を概算する作業にあてた。ボーンの著作『世界の技術文献：数量の概算、起源、言語、分野、索引付け、要約』[36]（一九六一年、スタンフォード研究所刊）と、議会図書館の蔵書数を基本的な資料とし、直感的な判断も加えた。

（中略）

情報の総量が一〇の一五乗だとすると、科学技術に関する文献をすべてコンピュータに保存するために必要なビット数は一〇の一四乗となり、重要な文献だけに限ったとしても一〇の一三乗ビットにはなるだろう。科学技術を一〇〇の領域に分類し、それをさらに一〇〇の分野に細分化すれば、一つの分野につき、一〇の一一乗ビット、つまり一〇〇億字が必要になる。

こうした数字を実感するには、本のページを思い浮かべるとよいかもしれない。一行の文字数を一〇〇、行数を五〇とすると、一ページの文字数は五〇〇〇字となる。ということは、一つの分野に属す文献の量は、主要なもので本一〇〇〇冊分、総数にすると一万冊になる。情報理論や精神物理学を一つの分野と考えれば、情報の総量はだいたい見当がつくのではないだろうか。

36 Bourne, *The World's Technical Journal Literature: An Estimate of Volume, Origin, Language, Field, Indexing, and Abstracting*, Stanford Research Institute, 1961

（中略）

プロコグニティブ・システムの条件

現代社会では、何事も採算性の面から評価を下すことが普通になっている。その点からすれば、情報や知識の価値は高くなりつつあるといえる。二〇〇〇年には、情報や知識がモビリティ（移動性）と同じくらい価値あることになっているかもしれない。その時代には、普通の人々が「インターミディアム（仲介物）」や「コンソール」[*37]を買うようになるだろう。こうした買い物は、今の時代に置き換えれば自動車を買うようなもので、コンソールはさしずめ知性を持ったフォードかキャデラックといったところである。あるいは、コンソリデーテッド・エジソン社が電力を供給しているように、情報処理サービスを提供する公共事業体がコンソールをレンタルするようになるかもしれない。企業、政府機関、教育機関などでは、「デスク」が受動的なものから能動的なものに変わるだろう。デスクは、テレコミュニケーション・テレコンピューテーション・システムの表示・制御ステーションとして使われるだろう。このシステムの命綱ともいうべきものが、壁のソケットを介してシステムとネットワークとをつなぐケーブル（いわば「へその緒」のようなもの）である。将来は、公共事業予算の一〇～二〇％が情報や知識の利用技術に投入されるようになる。経済的（あるいは社会経済的）な観点から見て、プロコグニティブ・システムを利用したほうが社会の生産性を高められることは間違いない。

37　コンソール
コンピュータを操作するための装置。制御卓。

この予測では、プロコグニティブ・システムに投じるべき予算として、図書館に収蔵されるような知識とは異なる情報も考慮に入れている。ユーザーステーション、テレコミュニケーション[*38]、テレコンピューテーションに向けられる投資の大部分は、企業、政府、専門家などが日常の業務で扱う情報の処理や、報道、娯楽、教育を目的としたものになる。こうした活動はたぶんに現実的なものであるため、多くの設備や機能を必要とする。そして、そうした設備や機能は、未来のプロコグニティブ・システムにとって欠くことのできない要素となるだろう。

（中略）

プロコグニティブ・システムの条件はいくつもあるが、この研究の対象となるのは、ユーザーの要望や欲求に関わるものである。そうした条件としては、次のようなものが考えられる。

一．必要なときに必要な場所で利用できる。

二．文書と事実の両方を扱える。

三．公的に承認された著作（著名な雑誌に取り上げられた論文など）から非公式のメモや論評まで、さまざまな種類の情報を扱える。

四．広く深い知識を集め、分類する。利用していくうちに情報が整理されていく。

五．ユーザーが自分でツールを作成するための言語や技法を提供し、作成されたツールを保存したり、処理手順を記録しておき、それを最大限に生かせるようにすることで、自律的に進歩していく。

38　テレコミュニケーション
遠距離通信。有線または無線の回線により情報の交換を行うこと。

六．手続き型でフィールド指向の言語を使って知識にアクセスできる。

七．ユーザーがシステムと対話しながら検索リクエストを作成し、システムがそれに応答する。

八．個々のユーザーの熟練度に適応する。専門分野で仕事をする経験豊富なユーザーは簡素で合理化された実行モードを選択でき、初心者はマシンの指示どおりに操作するだけで作業ができる。

九．情報にアクセスしやすくするメタ情報を使用する方法と、情報そのものに直接アクセスする方法があり、その両方を同時に利用することもできる。

一〇．情報を入出力する際に、柔軟性、読みやすさ、簡便性を備えた印刷物を使用できる。また、反応性に優れたオシロスコープ画面とライトペンも使用できる。

一一．複数のユーザーが共同で知識を保存、利用できる。

一二．研究室のシステム、政府機関の情報収集システム、企業のアプリケーションシステムなど、さまざまなシステムとのあいだで、柔軟性に富んだ広帯域のインターフェイスを確立できる。

一三．出版物に見られるような、言語、用語、記号の多様性に起因する問題を軽減する。

一四．出版物につきものである時間のズレを根本的に解消する。

一五．知識をむやみに増やし、あいまいさを助長することなく、知識の統一と洗練をめざす。

一六．中央集権的な風潮に起因する情報の画一性と、過度のシステム分散にともなう情報の雑多さや地域性を排する（この方針に従って行う設計上の決定は、ユーザーには無関係と思われる）。

一七．最近になって得られた知識や「新たに必要とされた」知識を広める際に、十分なイニシアチブと優れた選択眼を発揮する。

こうした図書館の利用者側から見た条件に加え、図書館員が必要としている条件も下に挙げておく。これらの条件は上に挙げたものと重複するところも多いが、あえて指摘しても無意味ではないだろう。

一八．索引付けなどの分類作業の成果をシステムに登録するときに定められた標準に従うことで、新たに入手した情報の登録および索引付けを体系化および効率化する。

一九．文書の復旧という問題を解決する。

二〇．各ユーザーの関心や要求を記録しておき、それに応じてローカルサブシステムごとに情報の入手・保存方針を運用する（この方針とは、ローカルメモリにどのような情報を保存するかを規定するもの）。

二一．課金の対象となる機能の使用を記録し、記帳および支払請求を行う。また、システムが支払う料金を記録し、記帳および支払いを行う。

二二．システムや情報の専門家が情報をよりよく分類していくうえで利用できる機能（言語、プロセッサ、ディスプレイ）がある（このシステム管理者による情報の分類では、一般のユーザーが実際に情報を利用する過程で行われる分類の成果を取り入れる)。

二三. システム全体の方針や規則に関係する決定を下し、運用する際に利用できる管理機能(言語、プロセッサ、ディスプレイ)がある。

最後に挙げる二つの問題点は、今後一〇年から二〇年のうちに多くのユーザーが重要性を訴えることになると思われるが、現在のところほとんど論じられていないものである。

二四. 条件二に挙げた文書と事実だけでなく、一定の手続き(マシン独立の言語で書かれたプログラムやサブルーチンなど)も扱える。

二五. 時々の状況に即応できるようにコーディングされたヒューリスティック(問題解決の促進を目的としたガイドライン、戦略、戦術、経験則)を扱える。

注釈

この論文でもっとも注目すべき予測の一つは、普通の人々がそれぞれ自分専用の情報コンソールを持つようになるだろうというものだ。

「こうした買い物は、今の時代に置き換えれば自動車を買うようなもので、コンソールはさしずめ知性を持ったフォードかキャデラックといったところである。あるいは、コンソリデーテッド・エジソン社が電力を供給しているように、情報処理サービスを提供する公共事業体がコンソールをレンタルするようになるかもしれない。企業、政府機関、教育機関などでは、「デスク」が受動的なものから能動的なものに変わるだろう。デスクは、テレコミュニケーション・テレコンピュテーション・システムの表示・制御ステーションとして使われるだろう。このシステムの命綱ともいうべきものが、壁のソケットを介してシステムとネットワークとをつなぐケーブル（いわば「へその緒」のようなもの）である」

一九六三年にリックライダーが想像した「コンソール」は現代のパーソナルコンピュータにあたるだろうし、情報システムはインターネットやそれに接続された情報ネットワークにあたるだろう。このように、技術の進歩は、この研究チームが予想した経路を驚くほど忠実にたどってきたように見える。ただし、ここで描かれている電子図書館は、偉大な作品や増加しつつある科学文献を取り込んだものになっているが、こうしたものはまだ片鱗さえも見えていない。その登場を阻んでいるもっとも大きな障害は、実は技術そのものに関することではない。

電子図書館が姿を現さない理由を考えるためには、この報告書が挙げている条件を振り返ってみる必要がありそうだ。この研究チームが思い描いた未来の図書館は、誰もがいつでもどこからも情報にアクセスできることをめざしている。ところが、現在のコンピュータネットワークは、いまだに誰もがアクセスできるところまでは至っていない。また、あらゆる研究成果にアクセスできるような状況にもない。どちらの問題も、原因は経済的な事情に根ざしている。

コンピュータが高価であること、そして情報のコストや価値が高いことである。リックライダーの研究チームは、知的財産というものをまったく考えに入れていなかった。彼らが必要と感じていたのは、もっぱら技術のみだった。「本を配送せずに情報だけを転送できるような、本に代わる手段を考案する必要がある」。このように、情報を動かすのに必要な技術ばかりに目がいき、情報を作るコストという経済的な側面を見落としている（情報を使用する権利や料金といった問題への取り組みについては、電子市場というメタファーを扱った第三部の「光を放つ」をはじめとする論文が取り上げている）。

リックライダーの研究が提起した問題や構想のなかには、現在、活発に議論されているものもある。たとえば、電子図書館は著作物だけでなく非公式の文書も扱うべきだというリックライダーの主張は、科学文書の文脈において多くの問題を投げかけるものだといえる。科学研究や学界での活動では、論文を正式に出版するということが大きな意味を持っている。この問題は、このパートで取り上げたジョシュア・レーダーバーグの「科学発展の根幹をなすコミュニケーション」[*39]で触れられている。リックライダーは、電子図書館は共同作業に利するものでなくてはならないとも言っているが、この考え方は、知識の創造や活用を個人的な活動ではなく社会的な活動としてとらえたものだといえる。このテーマについては、本書の第二部と第四部で探究する。「電子図書館は、最近になって得られた知識や新たに必要とされた知識を広める際にイニシアチブを発揮すべきだ」というリックライダーの考えは、『電子図書館プロジェクト』[*40]でロバート・カーンとヴィントン・サーフが提唱する「ノボット（knowbot）」[*41]の役割と完全に呼応する。

---

*39　Joshua Lederberg, "Communication as the Root of Scientific Progress"

*40　Robert Kahn and Vinton Cerf, *The Digital Library Project*

*41　ノボット（Knowbot）
カーンとサーフが提唱したノボット（Knowbot）とは、「knowledge（知識）」と「robot（ロボット）」の合成語。カーンとサーフが思い描いた電子図書館は、ブッシュと同じように個人的な図書館と公共的な図書館を結びつけたもので、個々の図書館を相互に接続するネットワークを1つの大きな図書館として機能させる仕様である。ここでは、ユーザーの検索リクエストを引き受けるのが「ノボット」と呼ばれる電子エージェントである。

リックライダーは、電子図書館を受動的な文書の集まりとは見ていない。彼にとって電子図書館とは、活発で能動的な情報ソースである。従来の図書館でも、「昨年一年間のワークステーションの売上台数はどれくらいですか」などと問い合わせることはできる。質問を受けた図書館員は、該当する書籍を挙げるだけでなく、文献をあたり、さまざまな記録を集計し、いくつかの推計を知らせてくれるだろう。リックライダーの研究チームは、こうした作業をコンピュータシステムが代行できるかどうかを綿密に調査し、そのためにはテキスト処理だけでなく情報を複雑に組み合わせる機能も必要であると結論づけた。

彼らは、知識そのものの体系化があまり進んでいないことにも気づいていた。本書には引用していないが、この研究チームは一九六一年に自然言語処理と人工知能（AI）の最新動向について調査を行っている。彼らは、これらの技術が秘める将来性を示唆しながらも、根の深い問題が潜んでいるという判断を下した。彼らが見いだした困難な問題とは、AIの現状などではなく、人間の知識が置かれている根本的な状況である。報告書には次のような一節がある。「もっとも確実なアプローチは、次のような見解を受け入れることである。すなわち、長年の努力にもかかわらず、われわれは知識の体系化を成しえていないのであり、知識の全体を構成する部分的なモデルで満足しているしかないのである。幾何学、論理学、自然言語と、さまざまな分野のモデルを寄せ集めたところで、知識の全体像が見えてくるわけではない。しかし、おそらくこれがもっとも実際的な解決方法なのである」（七八ページ）。

リックライダー自身は、人間と機械の共生を提唱していた。人間と機械がともに参加して問題の解決にあたるシステムを考えていたのである。三〇年以上も過ぎてからの後知恵だが、この考え方は的を射たものだといえるだろう。ところが、こうした問題の研究はいっこうにはかどっていないし、それが電子図書館プロジェクトの根幹をなすものだという認識も薄いようだ。この問題についての情報をまとめてネットワーク上で発信すれば、この分野の研究を推進するきっかけになるかもしれない。

ジョシュア・レーダーバーグ

科学発展の根幹をなすコミュニケーション

Joshua Lederberg, "Communication as the Root of Scientific Progress" より抄録

解説

科学者は、現代において本や図書館をもっとも利用している人々の部類に入るだろう。本書では、生物医学博士であるジョシュア・レーダーバーグの論文を取り上げている。紹介するこの論文は、科学研究における情報技術の役割について論じたものである。行動派の科学者として知られるレーダーバーグは、自らの専門分野に関連する情報の発掘と分析に力を注いでいる。

プロメテウスの神話など、知識の使者についての言い伝えでは、価値ある知識とは過去からもたらされものであり、現代の人類が守るべきものだとされている。こうした神話は、知識を保存することのほうに重心が傾いていることから、知識の創造や図書館の利用を表すメタファーとしてはふさわしくないかもしれない。レーダーバーグは、古代神話では見落とされて

いる知識に関する二つのテーマを提起している。一つは、知識とは一度に創造されるものではなく、科学者たちが研究成果を発表し、互いに批評を加えていく中で、少しずつ作り上げられるものだという考え方である。もう一つは、生み出される情報の量があまりに多いため、書物や図書館に体系的に収録されていたとしても、特定の情報を見つけるのが困難であり、時にはその存在に気づかないことさえあるという問題である。事実、コンピュータネットワークについて語るときには、情報を消火ホースから吐き出される水にたとえ、大量の情報がものすごいスピードで「情報パイプライン」の中を流れていくという言い方をすることがある。

この論文でレーダーバーグは、自らが主宰する研究室の文献調査員を自認している。その任務とは、科学の世界で起こる出来事を逐一把握することである。この仕事をいかにして遂行し、その過程でどのようなツールを用い、どのような試練に出会ったのか。この論文では、そうした経緯を丹念に書きつづっている。たとえば、過去一〇年間に彼が集めた一万件ほどのオンライン化[42]されていない文献の調査に苦労したことなども述べている。

一般の人から見れば、レーダーバーグの仕事や情報に対するニーズは並外れたものであり、多くの人には当てはまらないように思われる。とはいっても、電子図書館に関心を寄せている人々にとっては、レーダーバーグが追求していることは注目に値するものである。わたしたちが生きるこの社会は、レーダーバーグのような熱意をもって情報を操る人々に支えられている。生み出される情報の量は増え続け、科学分野では専門分化が進んでいる。これらを考え合わせると、レーダーバーグや彼と同じような考えを持っている人々の抱えている問題は、まちがいなく、いずれはもっと多くの人々に降りかかってくる。情報の検索、選択、解釈にまつわる

42　オンライン
通信回線により端末がホストコンピュータに接続されていること。ここでは、コンピュータ上（ネットワーク上）に存在するという意味。

問題の全体像をはっきりさせることで、電子図書館のあるべき姿を浮き彫りにすることができる。レーダーバーグが思い描くような機能を備えた電子図書館が彼の仕事に役立つとすれば、それはわたしたちにも恩恵をもたらすものになるはずだ。

この論文は、一九九一年一〇月一六日にマサチューセッツのウッズホールで開催された国際サイエンスエディター連盟の第六回国際会議で発表された。

ジョシュア・レーダーバーグ

わたしは科学情報というものに非常に興味を持っている。最近は、編集の仕事はそれほど多くない。というのも、一二年ぶりに研究所に復帰し、自分の専門分野の文献を見直すのに時間を取られているからだ。そこで、本日は科学論文の一読者という立場から話をしてみたい。科学論文の読者など絶滅寸前の人種だという人もいる。軽い冗談のつもりかもしれないが、ちょっと残酷な言葉だ。

わたしの主な仕事の一つは、文献調査員としての活動である。世界のどこかで科学上の発見があり、そのことを研究室の全員が数週間ものあいだ知らずにいたとしたら、わたしは重大な責任を感じることになる。研究の進め方、将来へ向けた方針の決定、研究に取り入れるデータ、誤りの原因追究などに大きな影響を及ぼすような出来事は、すばやくキャッチできるようにしておかなければならない。

文献とは公共の書庫であり公開フォーラムである

出版というものに対する信頼の根拠を探るために、いたって常識的な事柄から話を始めてみたい。「出版（publication）」という言葉の語源は「公的な行為（*public-ation*）」である。つまり出版とは、原著者の私的な学説（科学の場合は発見）を公式に記録し、私的な知識を公的な知識に変えることを意味する。言ってみれば、出版という行為は、宣誓のうえで記録することと同じである。書物に著された学説は、その誤りが立証されないかぎり、正当なものとして受け入れられる。著者名が記された出版物に対しては、きわめて高いレベルの説明責任が課される。新聞の一面トップに掲げられる見出しに高い信頼性が求められるのと同じことである。この説明責任は、科学研究に対する責任ある態度を醸成するのに欠かせない要素だといえる。名前入りで出版した自説が多くの人の目に触れれば、そう簡単には撤回できないからである。

学説を出版物として公表することは、財源や人材を確保するうえでも非常に大きな役割を果たす。予算、研究室に対する支援、学界における地位、学会誌のスペース、学生や研究者へのアピールなどをめぐる競争において、他の理論の提唱者を打ち負かすための強力な武器となる。こうした研究室の運営に必要な条件は、出版によって公式の記録として残る研究成果に左右されるからである。学説を公表することによって、著者と読者の両方が恩恵を受ける。特に大きな恩恵といえるのが信頼性である。つまり、出版とその批判という形で著者の信頼性が確立されれば、その細部を再検証するために無駄な時間を費やす必要がない。出版には、さまざまな学説を後世に残し、科学の伝統を築くという働きもある。これまで述べた出版の効果は、著者名を伏せたのでは成り立たない。しかし、科学上の業績というものは、発表当初に浴びせられる批判に耐え、時の経過とともに社会に深く浸透することで、やがては疑問を差し挟む余地のない常識となる。そして多くの場合、提唱者の名前は忘れさられてしまう。

論文はフォーラムでもある。これは、学者たちが論戦を交え、データや解釈の誤りを正していく議論の場という意味である。かつて、こうした論戦は口頭で行われていた。たとえば、一八六四年にはパスツール[*43]（Pasteur）がプシェ（Pouchet）との論争に勝利を収め、自然発生論[*44]を完膚無きまでに叩きのめした。現代の科学論争は、ほとんどの場合、誌上で行われる。こうした論争は、口頭よりも誌上で行うほうが妥当であることは言うまでもない。議論の内容がその場かぎりの観戦者だけでなく、一般の目に触れるからである。ところが、出版には、学説を広く知らしめる効果がある反面、読者からの反応が公にならないという難点もある。出版のシステムとは、少なくとも原則的に、学説の発表とそれに対する批判が均衡を保てるようなものでなければならない。発表された学説に対して異論のある者が自由に入り込めるシステムが理想的なのである。科学論文がフォーラムであるとするなら、さまざまな方面からの意見を消化し、学説の熟成や修正を促す牛などの反芻動物の胃袋のようなものでもある。明らかな批判のあるなしにかかわらず、五年後、一〇年後には真理と思えるものも違って見えてくる。出版は、発表された学説を再解釈と再検証する機会を与えてくれるのである。

科学と出版の関係を表す格好のメタファーといえるのが、カトリック教会が行う「出版認可（imprimatur）」である。つまり、論文が審査を受けて学会誌に掲載されるということは、編

---

43 パスツール
（Louis Pasteur）

一八二二―九五。フランスの化学者・微生物学者。

立体化学、近代的微生物学の先駆者。家畜の伝染病である炭疽行や狂犬病のワクチンを開発し、免疫学の創始者となる。

44 自然発生論
自然発生説。

生物が無生物より発生する、親なしに物質から偶然発生することがあるとする。アリストテレス以来信じられていた説でもあるが、パスツールの実験などで否定された。

集者、出版社、査読者による批判に打ち勝ったことを意味している。それは、人々が関心を持ち、注目すべきものだという証明なのである。

論文を追い続ける

現在わたしが科学論文の読み手として行っていることを話してみよう。科学論文を読むことがわたしの主たる仕事になって五〇年がたつ。

本の役割は日増しに小さくなっている。最近は、ほとんど特定分野の参考書としての働きしか持っていない。科学研究に携わっていれば、本を最初から最後まで読み通せるだけの時間的な余裕はほとんどない。といっても、注目に値する本も数えるほどしかない。わたしは最近、カール・ジェラシの伝記『ピルとピグミーチンパンジーとドガの馬』[*45]の校正刷りを読み終えたばかりだが、これと同じジャンルの本として、フランソワ・ジャコブが自分の研究過程について述べた『内なる肖像』[*46]があった。これらの本はどう見ても、わたしの研究室がやろうとしている実験には、あまり役立たない。しかし、科学において人間の個性が果たした役割については、多くのことを教えてくれる。教訓を引き出したり、手本にすべき研究態度を学ぶこともできる。

まれにではあるが、全身全霊を傾けて読み込むべき著作に出会うこともある。たとえば、Neidhardt, Ingraham, Schaechter の三氏による共作『細菌細胞の生理現象』[*47]は、きわめてや

45　Carl Djerassi, *The Pill, Pygmy Chimps and Degas' Horse*
46　François Jacob, *The Statue Within*
47　Neidhardt, Ingraham, and Schaechter, *Physiology of the Bacterial Cell*

さしい言葉で書かれた傑作で、著者たちの深い思索と練り上げられた文章に感嘆しているうちに、ぐいぐいと引き込まれてしまう。しかし、このような傑出した本はごくわずかである。こうした本であれば、電子革命のただ中にあっても、印刷された本という本来の姿で必ずや生き延びることだろう。

印刷された本として欠かせないかどうかの中間レベルにある出版物として、評論誌の年刊ダイジェストがある。こうした雑誌のダイジェスト版は、情報の検索に役立つ参考文献であると同時に、同じ分野の大量の文献を走り読みするのにも適している。

『ジェネティクス（*Genetics*）』誌の最新号とダイジェスト版を比較してみよう。この雑誌に掲載されている論文をすべて読む時間があったとしても、それぞれの内容を正しい文脈の中で理解できるだけの知識があるとはかぎらない。しかもこれは私の専門分野であるにもかかわらずである。研究者や教育者が専門分野の枠を越えて科学の最新動向を探るとしても、それに費やす時間やエネルギーは人によって異なる。

わたしは一二種類ほどの科学雑誌を定期購読しているが、すべてのページに目を通すのは、そのうちの七冊か八冊で、特に一般性の高い『ネイチャー（*Nature*）』、『サイエンス（*Science*）』、『米国科学アカデミー会報（*Proceedings of the National Academy*）』や、『ジャーナル・オブ・バクテリオロジー（*Journal of Bacteriology*）』、『マイクロバイオロジカル・レビュー（*Microbiological Reviews*）』、『ジェネティクス』、『バイオケミストリー（*Biochemistry*）』などだけである。『サイエンティスト（*The Scientist*）』では、話題性のある論文をときどき読むだけで、『ザ・サイエンス（*The Science*）』、『ニュー・サイエンティスト（*New Scientist*）』、『アメリカン・サイエンティスト

(*American Scientiest*)』、『サイエンティフィック・アメリカン (*Scientific American*)』は、全般的な動向を知るためにページをぱらぱらとめくる程度である。単なる拾い読みであって、熟読することはない。ここに挙げた雑誌だけだとしても、一週間のうちで空いた数時間を使って、すべての記事を細部まで目を配って読むことなど誰にもできないだろう。二時間かそこらでできることといえば、何冊かの雑誌にざっと目を通し、おもしろそうな論文をいくつか選んで読むくらいである。自分の専門の論文のあらすじを追うときには、グラフの数字が著者の理論と一致しているかどうかなど、細部に注意を払わなくてはならない。これは骨の折れる仕事である。

こうした雑誌は、科学の最新動向を把握するには絶好のものである。また、科学論文の読者が持ち合わせているエネルギーや知的好奇心に見合ったものだといえる。ほとんどの科学者は、こうした科学雑誌を非常に重宝がっている。世界中の科学者たちが科学雑誌を鞄に入れて持ち歩き、飛行機や通勤電車の中で読んでいるのである。これこそ、印刷物の利便性というべきものだろう。

情報検索とパーソナルライブラリの管理

わたしが取り組んでいる第一の課題は、必要な情報をどのような方法で取り出すかということである。雑誌などへの書き込みは、どうしたら活用できるだろうか。読み終えた本や雑誌の目録は、どのように作成したらよいだろうか。これらの要求を満たすために、わたしはジーン・ガーフィールド（Gene Garfield）が作った優れた製品を利用している。索引などが完備された週刊の『*Current Contents on Diskette*』を定期購読しているのである。毎週、五、六枚のディスクが届くのを心待ちにしている。収録された論文を読むためには、それらのディスクからデータをコンピュータに読み込まなければならない。その間、気がせいて待ちきれなくなることもある。こうしてコンピュータに保存した情報は、既製の検索キーでだいたいうまく活用できるが、時には自分で検索キーを付け加えなければならないこともある。新しく追加すべき検索キーに気づくこともあれば、言葉のはやりすたりで、用語は変わっていくが、それを個々の著者がどっちを使うかに合わせてキーを変更する必要がある。わたしの最新の検索キーでは、読み終わった論文や読みたくなりそうな論文の約九六％がよびだせると断言できる。残りの論文についてのメモを誤ってなくしてしまったら一大事である。

それでは、現在の研究課題と密接な関連のある論文を逃さず読むようにするには、どうしたらよいだろうか。一日に二つか三つの論文を読むのは難しくない。それくらいの数の論文であれば、グラフの各点をチェックするといった詳細な検証を加えながら丹念に読むことも可能である。問題は、論文の数が累積的に増加していくことである。一〇年もたつと、入手した論文の数は一万にもなった。どの論文も余白に書き込みをしている。これほどの数になると、わたしのデータ保存システムではまったく対応しきれない。こうした大量データの保存に対処するための技術として実用化されつつあるのが、文書を画像として取り込み、デジタル化して検索可能な媒体に保存するスキャナ[*48]である。数枚のCD-ROM[*49]を使えば、スキャナ

48　スキャナ
画像（写真や絵、地図など）を読み取って、デジタルデータとして入力する装置。画像読み取りの指標としてdpiがあるが、これは1インチの長さに含まれるドットの数を表している。

49　CD-ROM
CDを読み出し専用メモリとして使った記憶媒体。データがあらかじめ書き込まれており、ユーザーによる書き込み、消去はできない。

で読み込んだ大量の文書を保存できる。しかし、そもそも電子的に入手できておかしくないような情報、つまり全文章の処理になんて手間がかかるのだろう。必要なときに検索する以外には読むことのない専門誌や参考文献の場合は特にそうである。

どの分野でも、必ず目を通さなければならない専門誌は一誌か二誌といったところだ。こうした専門誌に掲載された論文すべてに目を通すほどの熱心な読者は、せいぜい二〇〇人かそこらしかいない。多くの読者を持つ専門誌もあるが、発行部数がわずかしかないものも多い。わたしの場合、毎月三〇ほどの論文を読むが、そのうちの半数は約一五の雑誌に掲載されているものである。残りの論文については、ブラッドフォードの法則で推定できるだろう。全体の論文のうち九〇%は約三五の雑誌に掲載されたものである。つまり（チェックする）雑誌が増えても、読む記事はそれほど増えないというような分岐点がある。

ところが、まったく無名の雑誌に掲載され、入手できなかった論文が、しばらくしてから高い評価を得るようになることもある。

そこで、科学論文の読者としては、あらゆる方面の研究者がせっせと貯めている膨大な論文の中から選んで読むことになる。現在の技術では、それなりの確度で、ある程度までの充分な検索をすることはできる。指定した条件に合致する論文を検索することが可能である。論文を印刷された文書として保存していたのでは、必要な論文を探し出すのも一苦労である。寝床でくつろぎながら読むようなものであれば、本や雑誌のような形態のほうが望ましいが、科学論文はそのような読み方をするものではない。次に、こうして集めた情報を自分の役に立つ知識のライブラリに統合することが必要になるが、それは既存の技術で簡単に実現できるものではない。

一般的な情報の氾濫と専門的な情報の欠乏

科学論文は、人々が対応しきれないほど増え続け、内容もどんどん専門的になっている。こうした知識の巨大化は、通信や記憶装置におけるこれまでの技術革新では対応できそうにない。その結果、どのような事態が起こるだろうか。まず、論文の評価問題から、科学分野の専門化がますます促進される。科学者たちの野心がめざす標的は、どんどん狭くなっている。学界と学界の間に存在する多くの障壁を乗り越え、学際的な研究に取り組むのは至難のわざなのである。研究のコンセプトについて深く考える余裕はない。資金や精神的・財政的な支援のことなども気にしていられない。必要な知識や情報を集めるだけで精一杯である。しかし、こうした問題も理論上は解決可能なのである。

ところで、わたしたちは本当に多くの専門誌が送り出す情報の洪水に溺れていると言えるのだろうか。重要で特殊性の高いことについて詳しく知ろうとすると、なかなか情報が手に入らないことも多い。わたしの経験からいうと、新しい問題に取り組んだとき、研究を進めるために必要なデータが手に入ったことは一度もなかった気がする。つまり、豊富な情報に取り囲まれているというのは錯覚であり、特殊化された詳細な知識は絶対的に不足している。これこれの反応物質がある、これこれのシステムで厳密に何が起こるかの詳細を知りたいと思っても知ることができない。

現在のところ、こうした専門的な情報を入手するためのシステムは完璧とは言いがたい。しかし、かなり改善されていることも事実である。キーワードを使った情報検索や著作目録を用いた論文の関連付けなどの機能が登場し、論文の抄訳検索も可能になりつつある。こうしたことを考え合わせると、特定の条件の実験を誰かが行ったか否かの事実は検索できると言っても過言ではないような気がする。ただし、それには大変な努力が必要だろう。もっと難しい問題は、私の問いにもっと関連する重要なアイデアが出ていないかを知ることである。検索のキーワードをカタログにまとめるのは難しい。ある文脈で築かれた概念が別の文脈に当てはまることを認識するのは、きわめて高い創造性を必要とする行為なのである。そのため、必要とする情報がすべて手に入るという保証はどこにもない。ただし、少なくとも、ある特定の文献で見つかるかもしれないという希望はある。それは、守っていく価値のある大切な希望である。

（中略）

あとがき：印刷形式の専門誌と電子形式の専門誌の本質的な付加価値

この情報システムの進歩が止まると、どのような結果になるだろうか。一つの可能性として、非公式的な人間どうしのつながりが中心的なコミュニケーション媒体になると考えられる。それは信頼性に乏しいものにならざるをえない。文献は最終的には電子媒体に保存されるだろうが、論文によっては、四～五年のあいだ天国へ行くか地獄へ堕ちるかわからない状態が続き、そのうちに傷が付き、行方がわからなくなるものも現れる。これは、公平という観念からほど遠いものといえる。そこで、いずれ必ず、新しい技術を積極的に採り入れていくことになるだろう。その必要性をわたしがことさら強調するまでもないと思う。なぜならそれはすでに始まっているからだ。その証拠に、コンピュータネットワークはどんどん拡大し、幅広い分野の人々が利用し始めている。今では、数十ものネットワークが文書を日常的にやりとりしている。専門誌がたえず直面してきた一番の問題は、雑誌を発行するという行為の本質ともいえる付加価値が十分に認識されないまま、出版をめぐる経済事情や技術が急激な変化を見せていることである。

（中略）

雑誌の重要な付加価値とは、編集のプロセスである。そこでは、論文の審査、編集、校訂といった作業が行われる。編集とは、まさしく出版認可でもある。評価の高い雑誌に掲載された論文は、議論を生み出し、時間と注意を傾けるに値するものとなる。編集者による審査を経ずに発表された論文は、構成の面だけでなく論考の内容についても、いっさい手が加えられておらず、私の信頼する他の人間による出版認可も受けていないことになる。こうした著者以外の人間は、論文が読むに値すること、内容に筋が通っていることを保証する。

編集作業が終わった時点で論文を印刷すべきかどうかは重要な問題ではない。編集プロセス後には、どのような通信媒体を使ってもかまわない。今後の方向性として考えるべきことは、編集の役割と、印刷に代わる電子出版の技術を採り入れた制作の役割との融合である。それは、人々が自発的に集まってできる電子掲示板では起こりえない。電子掲示板には、猥褻な情報や誤字だらけの文章がたちどころに氾濫する。雑誌における編集のような管理機能がないからである。わたしとしては、自分の目に入ってこないかぎり、下品な文章があっても気にはしない。ただ、読む価値があることを知らせてくれる嘘のない広告を保証するようなシステムはあったほうがよいと思う。注目に値する論文かどうかを判断するための指針を与えてくれる編集委員会のようなものが必要ではないだろうか。

電子出版における営利的であり非営利的でもある協調関係

（中略）

電子出版において編集の役割を果たすようなシステムの具体的な姿は、今のところ、おぼろげにしか見えないが、その重要な働きの一つは、対話、フィードバックだろう。ある論文に対して科学界からの反応が、単なる非公式なうわさの場でなく、誰もが読めるような場にでるのはそれほど大袈裟にしなくてもおこるだろう。それは、論文に対する意見を発表する電子掲示板システムであり、常設の編集委員会が言うべきことを補完するものである。

こうした対話的なフィードバックシステムが存在し、批評家たちに事後でもいいから意見を述べる機会が与えられれば、科学研究が最高の状態で進むことになる。対話的なフィードバックを実現する場合、経済性や技術的な問題を考えると、電子システムが「近接性」というものをもたらすという理由だけでも、印刷システムよりも電子システムのほうが有利だといえる。つまり、こういうことである。ある論文が雑誌に掲載され、しばらく経ってからそれに対する批評を私が書いたとすると（雑誌がそうした批評を掲載したり対論を企画すること自体まれである）、その二冊の雑誌が書店などで一緒に並ぶことはない。両方の雑誌を探すのは一苦労だろう。たとえば、わたしが半年前に何かを書き、少ししてからジーン・ガーフィールドが辛辣な批評を書いたとしよう。この二つの論文を引き合わせるには、どうしたらよいだろうか。このように論文の掲載場所を変えるのは、印刷された雑誌ではきわめて難しい。電子媒体であれば、論文と批評とをいとも簡単に結びつけられる。このような情報を並べ替える機能は、検索機能や速やかな情報入手に次ぐ電子媒体の大きな利点だといえる。

注釈

人が文書を読んだり検索したりするために使える時間は限られている。レーダーバーグは、この論文の中で、何を読むべきか、そしてそれをどのように決定しているのかについて述べている。ピーター・ピロリ（Peter Pirolli）が作った新語に「情報狩り（information foraging）」というのがある。これは、情報を探し求める人間の姿を獲物をあさる動物にたとえたものである。レーダーバーグは、いわば情報の狩人として、専門雑誌、一般誌、ダイジェスト雑誌を組み合わせて情報ダイエットとして、引用、広い範囲の検索にインデックサービスを使っていることを述べている。

現在の技術がレーダーバーグの望みを叶えてくれないので、彼は苦闘している。現在の情報システムの限界とは何だろうか。レーダーバーグは、この一〇年間に集めた論文が一万を超えると言っている。そのどれもが印刷された文書で、余白には彼自身の考えが書き込まれている。これらの論文をスキャナでコンピュータに読み込んでいたとしても、書き込みにアクセスできない。そもそもレーダーバーグはなぜ論文の余白に書き込みをするのだろうか。それは、本文のすぐ横に注釈を書くと関連性がはっきりするからである。ただし、この方法は便利である反面、難点もある。電子出版物には書き込みができないのである。レーダーバーグは、画面に表示した文書に注釈を書き入れ、それを関連する箇所と結びつけ、他の文書と同じように検索や収集ができるデジタルデータとして扱えるようにする機能が必要だと考えた。これは、個人の見解と出版された情報とを結合するという、ヴァネヴァー・ブッシュが提唱したトレイルと注釈のアイデアそのものである。ブッシュは、このようなトレイルが遠く隔たった分野の考え方を結びつけるだろうと予想した。レーダーバーグは、この予想をなぞるかのように、ある文脈で築かれた概念が別の文脈にも当てはまることを認識するのは創造的な行為だと述べている。

文書に注釈を書き込む場合、余白が狭いことが問題になる。一九八〇年代に、ゼロックスＰＡＲＣが共同執筆者の著述と修正を支援するAnnolandというシステムを開発した。このシステムには、各執筆者が注釈を書き込めるデジタルマージン（余白）と、文書に加えられた修正内容を管理する機能があった。Annolandでは、余白がデジタル化されているため、注釈の長さに応じてスペースを拡張することができる。最近のデジタル文書であろうと、古代の歴史書や宗教書であろうと、注釈付きの文書には、本文と注釈のバランスをどうするかというレイアウト上の初歩的な問題がある。デジタルの注釈であれば、余白と文章の分量をいつでも変更することができる。

ワールド・ワイド・ウェブ[*50]でハイパーテキストが広がったことで、文書の管理や注釈の書き込みに対する関心が高まってきた。たとえば、スタンフォード大学のRoscheisen, Mogensen, Winogradの三人は、オンライン文書の注釈を複数のユーザーが共有できるようにするComMentorというシステムを考案した。このシステムでは、ユーザーの考えやメタ情報に従って複数の文書を動的に結合することができるAnnolandと同じように、原稿についての構造化された意見交換、共同で内容の取捨選択をすること、承認印、文書の探索、使用状況の表示などを実現できる。これらの機能を使いこなすうちに、文書の本文よりも注釈のほうが多くなってしまうことも起こりうる。その場合には、ユーザーが編集者の役割を果たすことになる。ハイパースペースでは、リンクするデータを選択することも編集者として下す判断の一つである。

レーダーバーグは、科学論文の作成に始まり、その出版、それに対する批評と、興味を広げている。彼の観察によれば、出版にいたるまでの準備期間が長い科学出版の場合、表面には現れないコミュニティの中で意見のやりとりが活発に行われるという。このコミュニティとは、数年来、親しい関係にある同じ分野の科学者たちのことである。彼らは、しばしば情報

50 ワールド・ワイド・ウェブ
(WWW : World Wide Web)
欧州原子核研究所(CERN)で開発された情報システム。Webとは蜘蛛の巣のものを意味している。HTMLでドキュメントを記述し、ドキュメント中にURLを指定することによって、情報から他の情報へとジャンプできるハイパーテキスト形式である。

が出版されるかなり前から意見や情報を非公式に交換しあっている。こうした意見交換は、セミナー、会議録、廊下での立ち話などでも盛んに行われている。研究者たちは、仲間どうしで最新の論文を回し読みしている。この方法では、コミュニケーションのスピードアップは図れるが、情報がコミュニティ全体に均一に行き渡らないという欠点がある。レーダーバーグは、まずさまざまな社会的問題を解決しなければならないとしながらも、電子雑誌がこうした活動に貢献すると見ている。専門誌が持つ特長の一つとして、評価委員が論文の内容を検証することで、読者に対して一定レベルの保証がなされることが挙げられる。電子雑誌の中にも、こうした論文の評価を行っているものがある。

さらに、レーダーバーグは、電子雑誌が批評プロセスをより広い科学コミュニティに公開することになり、論文、評論、注釈を自動索引付けの機能によって一か所にまとめることができるようになるだろうと指摘している。論文の本文と注釈をテーマごとに分類し、時間順に配列するユーザーインターフェイス[*51]を作成すれば、読みたい箇所を探しだし、議論や注釈の流れに従って読み進んでいくことができる。これもブッシュが提唱したトレイルを思い起こさせるが、電子雑誌の場合は、アクセスした何人もの人々が共同でトレイルを作成する。どちらのトレイルも、作品の結びつきを示し、作品に加えられる注釈を追跡するものであり、ライブラリの内容を公的なものから私的なものへ、公式的なものから非公式的なものへと発展させる働きをする。これらのトレイルを使用することで、蓄積された情報が理解しやすくなる。

科学の世界では、論文を暫定稿、草稿、最終稿、保存版と、四段階に分けている。草稿段

51　ユーザーインターフェイス
四六ページ参照。

階の論文が出回り、誤った解釈をされたために著者が科学者としての評判を落とすことになりかねないとしたら、草稿を他人と共有する積極的な理由はあるだろうか。もちろん、小さなコミュニティでは、草稿に対する意見や批判の応酬が密かに行われるのは当たり前である。しかし、こうした意見のやりとりは本質的に公平さに欠けるものであり、別な意味の意義や価値を持っている。つまり、公開されず、科学的に「信任」もされていないことである。

最近は、電子的な手段で発表される科学論文が多くなってきた。学術図書館協会が発表している『オンライン化された専門誌、ニュースレター、学問的討議項目の総覧（*Directory of Electronic Journals, Newsletters, and Academic Discussion Lists*）』の一九九四年版には、多くの読者を持つ『*Physical Review Letters*』を始めとし、四四〇もの電子雑誌が記載されている。米国コンピュータ学会（ＡＣＭ）は、コンピュータサイエンスという職業が必要としていることと、電子的な手段による文書の配布が新たな可能性を生み出そうとしていることに対応し、出版物の扱い方の根本的な変革を検討している。その一環として、一九九五年春のスタートをめざし、ＡＣＭが所有する文献をすべて収めた電子図書館の開設を計画している。ＡＣＭに加入すると、専用のソフトを使って、このデータベースにアクセスすることができる。この計画の詳細は、次に示すウェブサイトで見ることができる。[*52]

http://info.acm.org/pubs/epub_plan.txt

『*Behavior and Brain Sciences*』誌は、読者との対話を基本に据えている。掲載した論文に対

52（訳注）ＡＣＭの電子図書館のＵＲＬは次の通り

http://info.acm.org/dl/

（一九九九年一一月時点）

なお、本文記載のＵＲＬは、執筆時のもの。

する評論を募集し、寄稿されたものを編集のうえ発表する。同誌は、一九九五年に電子出版への移行を段階的に進めた。完全なデジタル化に先だち、いくつかの論文をインターネットに発表しており、次に示すアドレスで読むことができる。

http://cogsci.ecs.soton.ac.uk/~harnad/[*53]

http://www.princeton.edu/~harnad/

　科学の分野だけでなく、人文学や芸術の領域においても、オンラインでの出版や注釈に対する関心が高まっている。たとえば、音楽理論協会（Society for Music Theory）が発行しているオンライン雑誌では、掲載された論文に画面上で注釈を書き入れることができる。このオンライン雑誌は、次に示すウェブサイトで見ることができる。

http://boethius.music.ucsb.edu/smthome.html[*54]

　また、ミシガン大学出版局は、『*Journal of Electronic Publishing*』のオンラインアーカイブを開設した。アドレスは次のとおりである。

http://www.press.umich.edu/jep

53（訳注）または、
http://www.cogsci.soton.ac.uk/~harnad/
（一九九九年一一月時点）
なお、本文記載のURLは、執筆時のもの。

54（訳注）音楽理論協会のURLは、次の通り
http://boethius.music.ucsb.edu/smt-list/smthome.html
（一九九九年一一月時点）

電子雑誌はまだ実験段階にある。本書を執筆している時点では、学術出版に関連する社会的な問題の検討が始まったばかりである。これまでのところ、電子出版は記事の無料配布を旨としており、使用権や利用料金に基づく営利活動としては捉えられていない（使用権や利用料金については第三部で取り上げる）。出版側は、電子雑誌の提供を始めるにあたり、概してこうした営利活動の可能性は頭になかったようだ。実際、読者が数人にも満たないような平凡な論文では、たとえ購読を有料にしたところで割に合わないのかもしれない。ある専門誌の編集者によると、普通の論文の読者は審査員を含めても〇・八五人にしかならないという。コンピュータサイエンスの世界には、特殊性の高い専門誌は「書き込み専用」だというジョークがある。つまり誰も読まないということである。

学術出版の場合、制作や配布の採算性は、科学と宣伝のバランスと密接に結びついている。電子雑誌の内容が短期間で更新されるとしたら、従来の雑誌と同じだけの価値があるといえるだろうか。従来の雑誌を権威づける要素の一つとして、広く行き渡ることがある。名の通った学術図書館へ行くと、専門誌が棚に並べられ、重要なものであることが印象づけられている。複数の分野の科学者が寄稿する科学雑誌の場合、専門外の論文には興味を持たない読者もいる。しかし、こうした読者が専門分野の科学者の名前と並んで他分野の著名な科学者の名前が掲載されているのを見れば、その論文が重要なものであることに気づくだろう。コンピュータの画面でしか見られない雑誌では、このような微妙な判断を働かせることができるだろうか。大学の学部や図書館は、電子雑誌の価値をどのように判断したらよいのだろうか。読む人がいるかどうか判断することさえできないのではないか。有名な出版社が関わっていない電子雑誌の場合、掲載された論文が十分に審査されたものであると信用してよいのだろうか。

科学雑誌は、執筆者が論文を広めるためにお金を払うという意味で、出版業界ではかなり異質なものだといえる。こうした支払いは、公的な資金をもとに行っている研究の正当なコストだと考えられている。成果を発表することも研究活動の一環だからである。出版社が専門誌の価格を上げたときには、納税者が費用を分担して作り上げた知的財産で金儲けをしようとしていると批判する者もいた。無料の電子雑誌が登場したことの一部は、こうした出版社に対する挑戦と見ることができる。

科学雑誌の重要な役割の一つに、学説を著者名とともに書き換え不可能なものとして公表することがある。このような意味で、発行日は、後から同じような発見や発明が現れた場合に、それよりも前に発表していることを示す確固とした証明になる。ところが、電子文書が登場すると、雑誌の発行がそうした日付を証明する唯一の手段となる。

最近は、文書のどのバージョンがいつ書かれたかをデジタル証明[*55]として記録することができる。未発表の科学的発見などについて述べた論文を書いた後、ハッシュプログラムを実行し、論文の内容を要約した電子署名[*56]と呼ばれるコードを作成する。この論文に後から変更が加えられていると、ハッシュプログラムを実行した場合、前とは異なる電子署名が作成される。このように、ハッシュ関数を使用することで、電子文書が改ざんされていないことを証明できるのである。

ハッシュ関数を同じ目的で未発表の電子文書に適用することもできる。ただし、その場合、

55　デジタル証明
デジタル認証。本人であることを確認するためなどに用いられる。認証局が発行する公開鍵証明書を用いて、デジタルIDとし本人確認に用いたりする。

56　電子署名
データに電子的に署名すること。公開鍵暗号システムを使って作成する。

出版と信用の問題に関して興味深い逆転が起こる。ハッシュ文字列それ自体には理解可能な意味はない。したがって、文書の内容を明らかにせず、ハッシュ文字列だけを公表することができる。ハッシュ文字列に日付を付け、コンピュータに保存しておけば、論文の内容を公表せずに発見や発明の先行性を証明できる。このようなやり方は、科学の分野に根付いている公共の利益という精神に則って情報交換は自由にすべきだという考え方に反するようだが、産業界は飛びつくかもしれない。科学者は、一つの仮説についてさまざまな角度から検討し、そのつど論文を発表する。さまざまな説が出つくした後で、正しいことがわかった文書だけをすでに書いてあったと示すことで、偉大な科学的発見を個人あるいは会社が主張することが可能だ。ハッシュ文字列だけを発表し、研究過程で書いた論文を著者が承諾するまで秘密にしておくと、そのような傾向を助長することも考えられる。

レーダーバーグは、この論文とは別のところで、著者が自らの業績として認知されることを期待するような重要な著述は、簡単にひっこめることのできるものであってはならず、著者あるいは第三者が（考慮のあと）加える改訂以外は適用してはならないということも言っている。また、論文の内容を発表せずにいると、その論文の著者に対する業績の評価は低くなると考えてよい。科学の世界では、単にいろいろな推測、仮説をむやみに導入するよりも、実験によって理論の正しさを証明する科学者のほうが高く評価される。

以上のような例を見ると、電子図書館の前にはいくつもの課題が立ちはだかっていることがわかる。電子図書館では、継続的な情報交換の機能を重視すべきではあるが、その機能は必ずしも既存のシステムに倣ったものである必要はない。電子媒体が持つ威力や経済面の可能性をどう活用していくべきかについては、まだまだ研究の余地がある。電子図書館は、電子雑誌やオンラインでの批評プロセスと同様、これからも変転を続けていくだろう。いつの時代も、試練は技術を開発する過程だけにあるのではない。わたしたちの側が技術のあるべき姿を見いだすことも重要な課題なのである。レーダーバーグが予想した科学論文の出版における変化は、知識を創造し、検証し、改良を重ね、そして誰もが見聞きできるようにするという一連のプロセスを根本から変えるきっかけになるかもしれない。

ジョン・ブラウニング

情報産業における図書館の役割とは

John Browning, "What Is the Role of Libraries in the Information Economy?"より抄録

解説

現在の図書館にある本とは、有形物である。図書館員にスタンプを押してもらい、借り出すことができる。ある本を誰かが借りると、そのあいだ他の人はその本を借りることができない。ジョン・ブラウニングが言うには、デジタル化された本は従来の本とは根本的に異なる。デジタル化された本は、質量がなく、瞬時にコピーや転送ができる。この考え方は、デジタル化に対する一般的な意見を反映していると同時に、多くの人々が経験しているデジタル作品の違法コピーという問題[*57]を暗示している。一九九三年、デジタル作品のコピーや利用を規制する動きがあったが、広がりを見せることはなかった（これについては第三部のマーク・ステフィック著「光を放つ」で取り上げる）。こうした動きが図書館やデジタル作品の流通にどれほどの影響を及ぼすのかについては、まだ何も明らかになっていない。

57　違法コピー問題
違法コピーとは、ソフトウェアの権利者に無断でソフトウェアを複製すること。または複製されたもの。権利者より許可されていないコピーは著作権法違反となる。違法コピーを行えないようにするために加えたしくみをコピープロテクトという。しかし近年、ハードディスクへソフトウェアをインストールするのが前提となっているため、プロテクトをかけるのが困難となっている。

ブラウニングがこの論文を書いたのは、アメリカで電子図書館プロジェクトが発足した後のことである。もっと大切なことは、そのときすでに、Gopher[*58], Mosaic[*59], Netscape[*60] などがインターネットで利用できるようになっていたことである。こうしたプログラムが普及したことで、オンラインでの情報伝達に対する関心が一気に高まった。ネットワークにおいて、あらゆる人々がデジタル文書を保存、発表、探索できるようになると、これまでこうした機能を提供してきた施設や会社を脅かすことになる。そのことが少なからぬ混乱を引き起こしているのである。

ブラウニングは、デジタル化の進行に伴い、こうした役割を図書館、出版社、書店がどのように見直すべきかについて論じている。著作権が消滅した作品を多く所有する図書館の中には、デジタル作品として流通させることを検討しているところもある。アメリカ議会図書館などの公共機関は、所蔵するデジタル作品の一部をすでにネットワークで公開している。ブラウニングは問いかける。「図書館が本の出版や販売に乗り出すと、どのようなことが起きるのだろうか」

世界中の主要な図書館には、共通する壮大なビジョンがある。地下の書庫に眠っている本たちをコンピュータに取り込み、高速ネットワーク上で誰もがどこでも瞬時に入手できるようにするというものである。この構想が現実化した暁には、サンフランシスコの研究者が自分の机から一歩も動かずにイギリス国立図書館のデータベースにアクセスし、リンディスフ

58　Gopher
（ゴーファー）

米国ミネソタ大学で開発されて情報検索システム。

59　Mosaic
（モザイク）

米国イリノイ大学にあるNCSAが開発したWWWブラウザの先駆け。元祖となったMosaicは、NCSA Mosaicとよばれる。

60　Netscape
（ネットスケープ）

ここでは、Netscape Navigator を指す。通称ネスケともよばれている。Netscape社の開発したWWWブラウザ。バージョン4・0以降には、メーラー等のインターネットツール複合ソフトとして Netscape Communicator がある。

ァーン福音書のテキストを入手することもできるし、ロンドンの研究者がアメリカ議会図書館の蔵書をくまなく調べ、さまざまな「Federalist Papers」（一七八七〜八八年に新聞に掲載されたアメリカ連邦憲法擁護の論文）を探し出すこともできる。知識の要塞が姿を消し、情報の大海原が出現するのである。

このビジョンが実現すれば、図書館は伝統の守護者から大変動の推進者へと変容する。図書館と図書館の間にも、図書館と利用者の間にも、互いを隔てる壁が存在する。これらの壁を取り払うと、図書館と出版社の区別はなくなる。その結果、出版というビジネスのあり方が変わり、それに伴って意見の広がり方や文化の生まれ方にも変化が訪れるだろう。

この変化の過程において鍵を握るのが、本や雑誌のデジタルデータを図書館から発信するための方法である。技術的には、まったく難しいことはない。図書館では現在すでに、本の内容をコピーすることに多くの時間と予算をつぎ込んでいる。本の内容を遠くの研究者に送ったり、作品を本の腐食から守ったりするためである。最近の書物は、もともと電子形式で作成されていることが多い。電子形式のテキストであれば、ページをめくる必要はないし、コンピュータでじかに編集することもできる。

すでにそうしている図書館もある。現在もっとも意欲的な計画に取り組んでいるのが、フランス国立図書館である。この図書館では、予算が許すかぎり、一〇万冊にもおよぶ「二〇世紀の傑作」をデジタル化し、フランス全国ひいては全世界からオンラインで利用できるようにしたいと考えている。この図書館だけではない。ヨークシャーのボストン・スパにあるイギリス国立図書館は、探しにくい記事の検索サービスを実施している。昨年、この図書館は三〇〇万ビットを超えるテキストを世界中に送った。そのほとんどはコピー機でコピーしたものだが、ファクスの送信件数も増えている。イギリス国立図書館は、こうしたコピー作業に対する職員の不満が募ってきたため、新しい形態のサービスを模索している。たとえば、現在、印刷された雑誌ではなく、記事のデータが入ったCD-ROMを出版社から受け取っており、リクエストがあるたびに、CD-ROMからデータをプリントアウトするという方法をとっている。

このような動きは大きな問題をはらんでいる。図書館にある本の電子データを無料で入手できるようになったら、誰が書店に足を向けるだろうか。だからと言って、電子データの利用を有料にしたら、図書館は出版社や書店と区別がつかなくなってしまう。本を購入する余裕のない人々が無料で情報を利用できるようにするという図書館本来の存在意義が失われてしまうのである。

（中略）

本の現状

現在、インターネットでは、世界各国の数千にも及ぶ図書館の蔵書目録を調べることができる。アメリカ議会図書館の目録もあり、一二〇〇〇万を超える書誌が登録されている。イギリス国立図書館のコンピューティング部長であるジョン・マホニー（John Mahoney）は、今年の夏までに、電子目録に登録された一二〇〇万～一五〇〇万の蔵書をイギリスの研究用ネットワークJANETでアクセス可能にすると言っている。ただし、これまでで情報のオンライン化にもっとも貢献しているのは、アメリカのオハイオ州である。

一九六七年、図書館司書のフレデリック・キルゴア (Frederick Kilgour) は二つの考えを持っていた。近い将来、すべての図書館が蔵書目録をコンピュータに入力するだろうということ、そしてそれぞれの図書館がおのおの蔵書目録を入力するのは馬鹿げているということである。そこで彼は、オハイオ州に学術図書館協会を発足させ、州議会から資金援助を受けて、共有データベースを基礎とした統一の蔵書目録の作成に乗り出した。

現在、キルゴアが設立したオハイオ大学図書館センターの後身であるOCLCは、およそ二六〇〇万の書誌が登録されたデータベースを世界四六カ国以上の一万四〇〇〇を超える図書館から利用できるようにしている。そのうち約五〇〇〇の図書館はゼネラルメンバーで、OCLCに加入する他の図書館に目録のデータを提供する。つまり、ゼネラルメンバーの図書館が目録に書誌を追加した場合、他の図書館はめんどうな作業をせず、その目録をコピーするだけですむ。驚くまでもなく、OCLCは図書館の相互貸し出しサービスも行っており、共有データベースに登録されている本を所有していない図書館が他の図書館から入手できるようにしている。

検索機能を備えた蔵書目録は、研究者や図書館司書にとって願ってもないものである。OCLCは、著者、書名、出版社、主題などの索引を使ってオンライン目録から情報を検索できるEPICというサービスも実施している。

ところが、大量の蔵書の中から必要な本を簡単に見つけられるようになると、その手軽さ自体が不満の増大につながることも多い。検索機能を備えた蔵書目録から欲しい本や記事を探し出すことは、ほんの数秒もあればできる。しかし、それを実際に書架から引っ張りだすには何時間もかかってしまう。他の図書館から取り寄せることにでもなれば、数週間も待たなければならない。気の短い研究者が耐えられるものではない。そこで、蔵書目録だけでなく本の内容もデジタル化を進めることになった。ただし、そのきっかけは短気な研究者だけというわけではない。

本のデジタル化を進める動きには、もっと強い力が働いている。その一つは、一九世紀の半ば以降に製造された紙が腐食しやすいことである。この時代、製紙メーカーはどこも紙の材料を酸性の木材パルプに切り換えた。アメリカ議会図書館の技術部長であるジョセフ・プライス（Joseph Price）は、毎年八万冊の本がボロボロになり、ページをめくることもできなくなるだろうと予想している。腐食から作品を救う唯一の方法は、別の媒体にコピーすることである。現在、このような用途に使われている代表的な媒体はマイクロフィッシュ[*61]だが、プライスは近いうちに光ディスクに移行するだろうと見ている。

ただし、紙の腐食は、本の内容を別の媒体へ移す動きを推進する力の一つでしかない。出版物の値上がりや本を共有することの困難さも重要な要因である。データベースに接続できる図書館は数多くあっても、特定の本や雑誌をつねに書架に備えておくことができる図書館はほとんどない。問題は、図書館にはもはや、必要と思われる本や雑誌をすべて集める力がないことである。ここ数十年のあいだに、学術雑誌は途方もなく種類が増え、値段も急激に上がっている。

61　マイクロフィッシュ
マイクロフィルムの1つ。数十から数百のマイクロ画像のコマが碁盤の目のように並んだシート状のフィルム。

出版社や研究者としては、学術雑誌の値上がりが販売部数の低下を招き、販売部数の低下が値上げを余儀なくするという悪循環には陥りたくない。そのため、図書館や出版社などに対し、研究者がお金を払って必要な記事だけを入手できる方法を考案するように強く働きかけることになる。そこで、新しい技術の登場に期待がかかるのである。

エレクトリックブックの登場

さまざまな方面からの要求に応えるかたちで、世界中の図書館が競って本のオンライン化を進めている。ただし、そのやり方は図書館によって異なる。その違いを見るために、アメリカ議会図書館、フランス国立図書館、イギリス国立図書館という世界に冠たる三つの図書館を比較してみよう。

フランスは、きわめて積極的にオンライン化に取り組んでいる。Trés Grande Bibliothéque（超大規模図書館）と呼ばれるまったく新しい国立図書館の設立計画を進めている。この図書館はフランス国内の図書館を統括するもので、その建物自体をも新たに建設するという。この計画の立案者の一人であるエレヌ・ワイズボール（Helene Waysbord）によると、この図書館がめざしているのは保存と普及だという。つまり、文化遺産の保護と流布をバランスよく進めていくことである。そのために、このプロジェクトでは複数の事業を同時進行させている。その一つがセーヌ川左岸に建築中の本の記念館ともいうべき新しい国立図書館である。全部で四つの建物からなり、二つの階にまたがる大きな窓からは半地下のようになった中庭を眺めることができる。

壁に囲まれた建物を造っているだけではない。フランスでは、壁のない図書館の建設も試みている。Trés Grande Bibliothèque（フランスの新幹線Trés Grande Vitesseをまねて命名された）の支援を受け、蔵書目録のオンライン化を急ピッチで進めている。それに合わせ、フランス国立図書館では、Trés Grande Bibliothèqueが完成する一九九五年までに二〇〇台のワークステーション[*62]を導入する予定だという。

このワークステーションは、蔵書目録にアクセスするためのネットワークを構成し、目録の作成や検索を支援するソフトウェアも提供する。そして特に意欲的な取り組みと言えるのが、電子図書館での研究を目的とした一種の電子ノートブックをワークステーションで使えるようにすることである。このワークステーションは、まだ試作段階でしかないが、これまでのように本のページをコピーしてファイルに綴じるようなことをせず、本の内容を直接パーソナルデータベースに取り込めるようにすることをめざしている。このようにテキストをコンピュータに取り込めば、さまざまな機能を駆使し、注釈の書き込み、索引作り、検索などができるようになる。

最後に、フランス国立図書館が進めるもっとも先駆的なプロジェクトを紹介する。それは、印刷された書物ではなく本のデジタルデータを集めた、いわゆる電子図書館のようなものである。著名人からなる委員会が二〇世紀の作品から一〇万の傑作を選定し、それを片っ端からデジタルデータに変換している。こうしてデジタル化された本は、コンピュータネットワー

62　ワークステーション
パソコンの上位にあたるコンピュータシステム。しかし、近年パソコンの高機能化によりその差異は曖昧となっている。用途により、事務処理用のオフィスワークステーション、技術作業用のエンジニアリングワークステーション、ネットワークステーションなどに分化している。ネットワーク機能が完備され、多機能で、OSには主にUNIXなどが用いられている。

クを使い、図書館の壁を越えてどこからでも利用できる。ただし、たった一冊の本でも、その画像と文章を格納するには大量のメモリが必要になるため、現在のところ、電子書籍を読むことができるのは、最高性能のコンピュータと大容量のネットワーク接続を利用できる人に限られる。

この本のデジタル化は中央集権化された官僚システムが物事を迅速に進めることができる分野のひとつだ。何と言っても、ワイズボールが指摘するとおり、フランス人は差別的表現にほとんど配慮しない。学者たちは、「文化的遺伝」などという言葉を、言い換えたり遠回しに表現することなく平気で使うし、学校はすべて同じ日に同じ授業をする。フランス国立図書館が選定した二〇世紀の傑作がすでに没した白人男性作家の作品に偏っていても、誰も声高に非難しようとはしない。

また、フランスには、壮大な構想を強引に推し進め、後になってから経済的な問題は考えるという伝統がある。英語圏の国々が対抗できないような速度と勢いで作品をデジタル化することについて、出版業界は懸念を示しているが、フランス政府はまったく意に介していない。しかし、良いか悪いかは別として、それこそが、コンコルドやエアバスを開発し、原子力発電所の建設を進め、ミニテルを普及させてきたフランスの流儀なのである。そして、同じやり方で今度は電子書籍に挑戦しようということだろう。

壁の嘆き

イギリスやアメリカの図書館は、フランス国立図書館とは対照的に、まず何よりも先に電子図書館の経済的な問題について議論すべきだと考えている。

電子図書館は、経済にきわめて大きな影響をもたらす可能性がある。出版業界は、図書館が進めるデジタル化を疑いの目で見ている。実のところ、図書館としては、赤字が予想されるために納税者が必ずしも賛同していない電子サービスには手を出したくないのである。

イギリス国立図書館では、海外からヨークシャーのボストン・スパにあるドキュメント・サプライ・センターに寄せられる雑誌記事のファクスやコピーのリクエストが増加し、税金だけでは賄えなくなっている。そこで考えだしたのが三段階の料金体系である。

図書館の基本理念は無料サービスである。読書室に入るときにも、蔵書目録や本を読むときにも、音楽を聴いたり地図や絵画を見るときにも、お金を払う必要はない。ドキュメント・サプライ・センターでは、イギリス国内に文書を提供する場合はコピーと郵送の費用だけを請求し、イギリス以外の国へ文書を送る場合のみ、費用に加えて別料金を請求している。イギリス国立図書館の年間予算一億五〇〇〇万ドルのうち、五〇〇〇万ドルはドキュメント・サプライ・センターといくつかの営利事業の利益である。

イギリス国立図書館は、ドキュメント・サプライ・センターで情報を有料で提供していることから、理論的にはネットワークサービスを成功させるのに絶好の境遇にあるといえる。CD-ROMから電子文書を配布する実験は、すでに好結果を生んでいる。そのうえ、オンライン目録で検索した雑誌記事のコピーをアメリカの図書館にファクスで提供しているコロラド学術図書館協会ともネットワークでつながっている。

マホニーと彼を取り巻く図書館員たちは、ネットワークサービスに乗り出すことを強く望んでいるものの、問題もいくつか浮かび上がっている。論議の的となっている問題の一つが著作権[*63]である。イギリス国内で作られた作品をコピーする際には、著作権許諾局（CLA）[*64]を通して著作権使用料を支払うことになっている。CLAは、アメリカの著作権料精算センター[*65]と同じように、出版社に代わって著作権料を設定し、図書館、大学、企業など、作品を大量にコピーする機関から使用料を徴収する。ところが、出版社はCLAに対し、電子出版物はもとより、ファクス送信についても、著作権に関する業務の権限を与えていないのである。

限定された場所での著作物のコピーを許可するサイトライセンス[*66]という考え方もあるが、まだなじみが薄く、著作権の使用許諾を受ける側も強い抵抗を示している。CLAとしては、著作権の適用を電子文書にも拡大したいと考えているが、出版業界は急ぎたくないようである。理由の一つとして、文書の（光学式）コピーを対象とした著作権業務と統一させたいという考えがある。また、来るべき電子文書の時代にどう対応していくべきかについて、業界内部でコンセンサスができていないという事情もある。出版業界が電子文書に対する姿勢を固めるまで、新しい時代の到来は先のことになりそうだ。

---

63 **著作権**
小説、音楽、絵画などにおける著者の権利を守る法律。現在、日本ではコンピュータのプログラムについても著作権法によって守られている。
著作権とよばれるものは大きく、著作権、著作人格権の2つに分かれ、著作権の中には、①複製権、②上演権・演奏権、③放送権・有線放送権、④口述権、⑤展示権、⑥上映権・頒布権、⑦翻訳権・翻案権、⑧二次的著作物の利用権などがあり、著作人格権は、公表権、氏名表示権、同一性保持権からなる。これらの権利は、著作者が専有するものである。
なお、日本では、著作者の死後五〇年間にわたり、著作権は保護される。

64 **Copyright Licensing Agency: CLA**

65 **Copyright Clearance Center**

66 **サイトライセンス**
(site licence)
アプリケーションソフトの購入契約方法の一つ。学校、企業などで大量に同一ソフトを導入する際に、一定の範囲を一括

メガマーケットとメタマーケット

一方、大西洋の向こう側では、ちょうどアメリカ議会図書館の予算討議が始まったところである。現在は、議会図書館が文書のコピーサービスをする場合、実費に一〇%を上乗せした金額を超えて請求してはならないと法律で定められている。ジョセフ・プライスは、光ディスクが情報の保存媒体として必要な耐久性を備えているかどうかをテストするに際し、別の目的で写真、サウンド、テキスト*[67]を一枚の光ディスクに書き込んでみた。その結果、複数のメディアを組み合わせた電子出版物を制作することも可能であることがわかり、プライスは興奮を覚えた。たとえば、南北戦争の写真に議会図書館の莫大な蔵書の中から選んだ書簡などを添えるといったこともできる。ただし、このような出版物を作り上げるためには十分な下調べが必要になる。そうした調査に必要な費用は、議会図書館だけでは賄いきれない。そこで、議会図書館は一〇%という利益の上限を撤廃する法案を議会に提出したが、賛否両派で議論が沸騰している。

出版業界を代表する情報産業協会*[68]は、この法案が成立した場合、それに基づいて政府が関与した電子書籍出版社が競争しなければならないことを心配している。また、米国図書館協会は、図書館の無料サービスが衰亡の危機にさらされるのではないかと懸念している。議会図書館は、両方の協会に譲歩する案を示した。出版社には作品のデジタル化を拒否する権利を与えるという。ただし、それが実際にどのような形をとるかについては、はっきりとしたことを言っていない。図書館に対しても、基本的なサービスは永久的に無料とすることを約束

でライセンス契約を行う方法。一般に数が多くなるほど、1本あたりの単価が安くなる。

67　テキスト
(text)
文書のこと。特殊な制御コードを含まない文字データのみでできていて、コンピュータの機種やソフトウェアによる違いがほぼない。そのため、通信などによく用いられる。

68　Information Industries Association

している。

この議論は、産声を上げたばかりの電子情報の世界において図書館が強力な推進役になるからこそ、時間をかけて深め、注目し続けていく価値がある。たとえば、図書館に収められた電子データの切り抜きを組み合わせることと、出版社が個々人の要望に合わせて作る電子雑誌とを比べた場合、コストや利便性の面でどちらが有利だろうか。特に売上げの多い雑誌だけを発行し、それ以外の雑誌は税金で補助のある公立図書館のデータベースに登録しておき、読者がそれぞれに読みたい記事を出力するようにして出版のリスクを避けることができるようになったら、出版業界にはどのような影響があるだろうか。

（中略）

技術の観点からすれば、図書館と編集者の違いはどんどん小さくなっている。新しい技術の登場によって文書の複製コストが下がり、その結果、情報量が増大すると、読者に代わって情報を探し出すための判断力というものが価値を高めることになる。最終的に、出版とは、ネットワークに接続された著者のコンピュータから文書を取り出すことを指すようになるかもしれない。そこまでいかないにしても、図書館員の編集上の判断力は、編集者の判断力と等しい価値や重要性を帯びてくるだろう。矛盾が起ころうとしているのである。

図書館が電子書籍の利用料をとらないとなれば、その存在価値の増大に見合った利益を上げられないばかりではなく、無料サービスの市場から出版社を追い出すことになってしまう。逆に図書館が電子書籍の利用料をとれば、人々を情報から遠ざけることになる。これは由々しき事態である。今のところ、誰もが納得するような妥協案は見つかりそうもない。図書館の電子書籍を画面に表示できるだけで保存はできないように制限する方法や、無料の情報（使用料を税金で賄う）と有料の情報（利用者が料金を負担する）に分類する方法もあるが、どちらもあまり満足のいくものとは思えない。しかし、妥協案は絶対に必要である。図書館が抱く夢のような構想は、技術的にはすぐにでも世界中で現実になりうるものだからである。

注釈

ブラウニングは、この論文をジレンマで締めくくっている。図書館は電子書籍の利用料をとるべきなのか。ブラウニングは次のように言う。「図書館が電子書籍の利用料をとらないとなれば、その存在価値の増大に見合った利益を上げられないとしても、無料サービスの市場から出版社を追い出すことができる。逆に図書館が電子書籍の利用料をとれば、人々を情報から遠ざけることになる。これは由々しき事態である」

ブラウニングはいくつもの疑問を投げかけている。図書館はこれまでの役割の枠を超えるべきなのだろうか。それは本をデジタル化する技術があれば可能なのだろうか。デジタル化された作品の利用は有料にすべきなのだろうか。これらの問題は根底のところで互いに交わっている。図書館は現在は出版業界と暗黙の協定を結んでいるようなものだが、電子書籍の配布に乗り出せば書店と競合することになるし、作品の原稿を読者に提供することになれば出版社に対抗することになる。図書館は、これまで共存共栄を図ってきた相手に戦いを挑むべきなのだろうか。

ブラウニングが持ち出した南北戦争の資料の例では、アメリカ議会図書館が古い資料を選び出して再発行し、新しい作品を作り上げて販売した。このとき、アメリカ議会図書館は、図書館としての存在と、編集者、出版社、流通業者としての役割とを分ける境界線を越えたのである。同時に、企業と非営利的な公共機関の境界も踏み出した。「ルール違反だ」という声があちこちで上がっている。このような議会図書館の活動によって出版社との競争が激しくなった場合、利用料をとれば、この声はもっと大きくなるかもしれない。

図書館がコストを埋め合わせるために料金を請求することは許すべきなのか。これは重要な問題である。数十年前から、アメリカの図書館は生き残るために必死だった。市民のプライド、啓蒙された市民の働きかけ、民間からの寄付、税金への関心といった要素が複雑に絡み合い、公立図書館の予算が決まる。たとえ図書館が電子書籍の出版や販売を手がけたとしても、公立図書館が利用料をとるべきかという議論には影響しない。影響を受けるのは、図書館を取り巻く経済事情や、図書館がどうあるべきかについての基本的な概念だろう。

この問題がどのような決着をみるのか、予測することはできない。姿を現したばかりの新しい技術に負うところが大きいからである。本書の第三部では、図書館や書店がデジタル作品のコピーを規制するために利用できる新しい技術を紹介する。その技術とは、デジタル作品を違法コピーが不可能な状態で安全に貸し出せるようにするものである。これらの技術は、ブラウニングが提起している複雑に絡みあった問題を部分的にしろ解きほぐす助けになるかもしれない。ブラウニングの問題提起とは次のようなものである。「違法コピーを防止でき、出版業界がデジタル作品の流通に対して感じている不安をやわらげることができれば、図書館はデジタル作品を配布できるようになるし、無料であるが制限された情報へのアクセスも守ることができる」

＊　アメリカ議会図書館は、こうした資料をアメリカの文化と歴史に関する記録を集めた「アメリカン・メモリー（American Memory）」の一部として提供している。「アメリカン・メモリー」のホームページは次のとおりである（本書の執筆時点）。

http://rs6.10c.gov/amhome.html [*69]

アメリカ議会図書館のインターネットアドレスは次のとおり。

http://lcweb.loc.gov/homepage/lchp.html

著作権の保護期間が終了した古い作品の多くと最近の作品までを電子データとして提供しようという計画は、著作権の期限がまだ有効な資料が関わった場合には見事に失敗している。

ここで、図書館の現状を分析し、今後の方向性を占ってみたい。オハイオ大学図書館センター（OCLC）が蔵書目録のコンピュータ化や図書館相互貸し出しシステムの効率化を進めてきた経緯を見ると、本をデジタル化するためのコストは個々の図書館では背負いきれないことがわかる。図書館協会が負担するか、出版側が支払っていくことになるだろう。

また、図書館の利用者がデジタル作品の配布にかかるコストを一部負担するようになることも考えられる。ネットワークを介して図書館にアクセスする場合は、ワークステーションに

69（訳注）URLは次の通り
http://memory.loc.gov/
（一九九九年一一月時点）

かかるすべての費用と通信料金のたぶん大半を利用者本人が支払うことになる。利用者が図書館へ来てデジタル作品を利用できるようにするためには、館内にワークステーションを設置する必要がある。フランス国立図書館は、館内のワークステーションでのみデジタル作品にアクセスできるようにするらしいが、これは奇妙なことである。

利用者に使用権を与えるという考え方は、新しい図書館のサービスを生みだすとともに、無料サービスを基本としながら利用料を徴収することを可能にする。たとえば、ある電子書籍を一〇部購入できる予算を確保した図書館があるとしよう。第三部で紹介するリポジトリシステムでは、これらの本をオンラインで貸し出すことができ、期限になると自動的に返却される。さらにこの本を五部追加購入すると、より多くの人の貸し出し要求を満足することができるとしよう。原理的には、追加購入して有料で貸し出せば、購入費用を回収でき、わずかなりとも利益を上げることができる。利用者側としては、順番を待って無料で貸し出されているものを借りることもできるし、料金を払って読みたい本をすぐに読むかの選択をすることができる。

図書館が無料サービスと有料サービスの両方を提供する利点の一つに、有料サービスから得られる利益で無料サービスを支援できることがある。このような二段構え方式は従来の本にも適用できる。電子書籍が従来の本と異なるのは、目録や必要部数の管理をコンピュータで自動処理でき、長期的な目録管理に要するわずかなコストしかかからないことである。電子書籍であれば、一部でも五部でも保存スペースはほとんど変わらない。出版社と特約を結び、利用者からリクエストを受けてから電子書籍をコピーし、実際の使用部数に応じた料金を出版社に支払うようなシステムも可能である。この方式であれば、より多くの人に読みたい本を必要なときに提供できるので、公共の利益に適っているといえる。

ただし、いろいろ仮定条件を変えたとしても書店や出版社と比較した場合、図書館の役割それ自体は、大きな問題を抱えており、明確な定義がなされていないことに変わりはない。図書館に限らず、書店もコピー料金（pay-for-copy）や使用料金（pay-for-play）をとって電子書籍を販売することはできる。この使用料金とは、電子書籍を独占する時間に応じて支払う金額のことである。このシステムは、図書館から有料の電子書籍を借りるのと本質的に同じである。つまり、電子書籍が浸透すると、書店と図書館の区別があいまいになる。図書館が電子書籍の有料貸し出しをしなくても、書店が時間料金制で販売すれば同じことである。

現在、出版物の流通システムを破壊するような強い経済的圧力が働いている。その影響を受けている分野の好例が学術雑誌である（これについてはレーダーバーグが本書の論文で触れている）。こうした雑誌の値段が高い大きな理由としては、印刷コストが増大していることと、掲載される論文の読者がきわめて少数であることが挙げられる。注文に応じて論文を印刷するシステムを導入することで、雑誌を印刷し、綴じ、配送するコストが不要になり、値段を下げることができる。このようなシステムを実現する技術の登場は間近で、CD-ROMやネットワークで雑誌を提供している出版社もすでに現れている。ボストン・スパの定期刊行物を扱う部門では、要求があった場合のみ記事を印刷する出版局もある。学術雑誌の値段が上がれば、図書館は買い取る部数を削減せざるをえない。その意味で、従来の形式で販売される学術雑誌の将来は、きわめて厳しい状況にあるといえるだろう。ただし、出版業界は、流通システムの崩壊が自費出版の拡大につながることを恐れ、新しいシステムへの移行には消極的な態度を続けている。

ブラウニングの論文は、図書館に関する従来の概念がそのままではデジタル時代の状況になじまないことを証明した。出版社、編集者、印刷会社、書店、図書館といった各業種の役割分担や、知的財産の使用料など、検討すべき課題は数多く残っている。知的財産を保存し、その目録を作成し、社会に提供するという図書館本来の機能は、NII（情報インフラ）において重要な位置を占める。大きな課題として残るのは、こうした機能を実行するのに適した手段を新たに考えだすことである。

技術革命とグーテンベルク神話

スコット・D・N・クック

Scott D. N. Cook, "Technological Revolutions and the Gutenberg Myth"より

解説

情報スーパーハイウェイは、しばしば約束の地へ通じる道にたとえられる。情報スーパーハイウェイが完成すれば、すぐに誰もがあらゆる種類の情報にアクセスできるということである。これと同じような夢はパーソナルコンピュータについても語られたし、それより以前、テレビが登場するときもそうだった。こうした技術革命の事例についての流布している認識によれば、新しい技術が登場した後には必ず、間をおかずに社会の劇的な変化が起こっているとされる。

このような技術革命の中でもっとも引き合いに出される回数が多いのは、一四五〇年ころにグーテンベルク[*70]が発明した活版印刷機である。通説では、この印刷革命[*71]が識字率の向上をもたらし、西洋文明の転換を促進するうえで大きな役割を果たしたといわれている。

技術革新に注目している哲学者クックは、とりわけ印刷革命に強い関心を寄せている。印

70　グーテンベルク
(Johann Gitenberg)
一三九七?—一四六八。ドイツ、マインツ生まれ。活字鋳造、活版印刷の発明者といわれる。彼が印刷を完成させた四二行聖書は、グーテンベルグ聖書とよばれている。

71　印刷革命
歴史上において、活版印刷術が人間の文化の発展に対して与えた影響を指す。

刷機の発明が技術革命の代表例であるとする考え方が定説のようになっているが、それは誤りである。クックは、この定説をグーテンベルク神話と呼び、ヨーロッパ世界の識字率を高める要因となった出来事を根本から検証し直している。

クックが述べているように、印刷機はいくつかの発明がもとになって完成した。活字の鋳造技術や金属の活字に付着するインクなどである。これらの発明を一つの発明として捉えるとしても、実用化に至るためには、さらに他にも重要な技術革新が必要だった。そうした技術革新はいつ起こったのだろうか。読み書きの能力が一般大衆に広がるまでに、どれくらいの年月が必要だったのだろうか。「普通の人間」が使い道を見出し、本に関心を持つにいたった社会の変化は、どのような要因で進んだのだろうか。グーテンベルク神話の解明は、現代の電子図書館に対する期待や情報インフラの構築という目標を理解するのに格好の機会といえるかもしれない。

世界中の人と情報を結ぶデジタルネットワークの夢は、一九九〇年代の技術革命と呼ばれ、来るべき二一世紀の姿を照らし出している。インターネット、ワールド・ワイド・ウェブ、そして次世代の情報メディアは、大衆やさまざまな分野の専門家の想像力を刺激してきた。わたしたちが想像しているものこそ、現代の生活、社会、そして世界における革命的な変化というべきものである。こうした変化のスケールは、かのグーテンベルク革命(一九世紀のヨーロッパにおいて活版印刷の発明を機に起こった数々の変化)をはるかに凌ぐといわれている。

現代の新技術は、刺激的で躍動感に満ちている。多くの恩恵(あるいは災厄かもしれない)をもたらすだろう。しかし、それを新たなグーテンベルク革命の到来とする見方は危険である。というのは、歴史書、百科事典、マスコミなどで描かれているグーテンベルク革命のイメージは、史実としては誤りであり、誤解を招きやすいからである。グーテンベルク革命のイメージは、識字率、教育機関、社会基盤などの急激な変化がたった一つの新技術によってもたらされたという思いこみを生みやすい。これが、わたしのいう「グーテンベルク神話」である。つまり、(あとに書くように)誤った歴史なのである。それなのにこのグーテンベルク神話は、新技術の方向性を予測したり、時代に取り残されないために必要な対策を指摘するためのモデルとして、ことあるごとに取り上げられてきた。

グーテンベルク神話を技術革命について語るときのモデルとして引き合いに出すのは、誤解を生む危険な行為である。印刷技術を手がかりにして他の技術革新を理解しようと考えるのは間違いである。そんなことをすれば、新技術の健全な発展も責任ある利用も望めない。技術革命、特に今まさに進行しているデジタル革命のモデルとしてもっとふさわしいものを探すのであれば、グーテンベルク革命を事実に基づいて全面的に見直すことが必要である。

グーテンベルク神話

印刷技術の発明は、技術の進歩と西洋文明の発展における偉大な一歩として称えられてきた。計算機の生みの親である一九世紀の発明家チャールズ・バベッジ[*72]は、「現代は印刷機の登場によって始まった」とまで言っている。現在、一般には、活字の発明が書物の大量流通を可能にし、識字率の向上や学問の普及によって広範で急速な社会の進歩を次々ともたらし、最終的に「知識の民主化」(バーク、一九七八年[*73])を成し遂げたと信じられている。『マクグロウヒル科学技術百科事典』[*74]には、活版印刷の発明は「人類の歴史においてもっとも重要な発明の一つである。それは二つの面で意義深く革命的でさえあった」と書かれている。二つの面のうち一つは、活字の原理そのものである。「それより重要性の高いもう一つの面とは、より多くの情報がより多くの人々に安い費用で短時間のうちに行き渡るようになり、読み書きの能力と学問がかつてない規模と速度で広がったことである」(ブルーノ、一九八七年[*75])。科学歴史学者のデレク・デ・ソラ・プライス(Derek de Solla Price)は次のように述べている。「一五〇〇年ころには、本が一つの新しい勢力になっていた。本がもたらした歴史的な効果とは、言うまでもなく、それまで一握りの特権階級だけが入ることを許されていた聖域ともいえる学問の世界が、突如として普通の人間にきわめて身近なものとなったことである」(デ・ソラ・プライス、一九七五年、九九ページ[*76])。

以上がグーテンベルク革命に対する旧来の見方である。印刷技術を技術革命の典型モデルと考えれば、このようなイメージが思い浮かぶ。しかし、このイメージは、ヨーロッパの正確な歴史を反映してはいない。学問の世界が「普通の人間に身近なものとなった」背景には、活版印刷の技術以外にいくつもの要因がある。その中で中心的な役割を果たした二つの要因に焦点を当てたい。一つめは紙である。印刷された言葉を多くの人々に届けるためには、「大量

72 チャールズ・バベッジ(Charles Babbage) 一七九二―一八七一。イギリスの数学者。デジタル計算機の先駆となる解析機関の設計者。

73 Burke 1978

74 *The McGraw-Hill Encyclopedia of Science and Technology*

75 Bruno 1987

76 de Solla Price 1975, P.88

流通」に適った量とコストという条件を満たす印刷媒体が必要になる。もう一つの要因は識字率である。「普通の人間」も文字を読めなければならない。この二つの条件はどちらも一五〇〇年前後には整っていなかったのである。こうした事実認識の誤りがあるからこそ、活版印刷の歴史と、西洋文明において識字能力や学問が大衆にまで広がったことと印刷技術との因果関係についても、もっと詳しく厳密に探求する必要がある。印刷革命の物語においてもっとも重要な要素となっているのは、識字率の向上と学問の普及である。この物語の発端となるのがグーテンベルク聖書の発行である。

グーテンベルク革命の見直し

活版印刷の技術は、ドイツのマインツに生まれたヨハネス・グーテンベルクが発明したとされている。グーテンベルクは、その技術を用いて一五世紀でもっとも有名な書物の一つを完成させた。今日、グーテンベルク聖書と呼ばれているものである。重要な発明の多くがそうであるように、活版印刷の場合も、いつ、どこで、誰が発明したのかについて、大議論がなされてきた。たとえば、ヨーロッパで活版印刷を最初に発明したのはグーテンベルクではなく、同時代のオランダ人ローレンス・ヤンスズーン・コスター（Laurens Janszoon Coster）であるという説もある（この説は大いに歴史的価値があり、オランダ人のあいだでは非常に人気が高い）。実際、ヨーロッパで印刷機のアイデアを考えていたのはグーテンベルクだけではなかった。グーテンベルクが冶金や鋳造などの技師が作り出したものを利用したことも十分考えられる。さらに、グーテンベルクやコスターらの発明が、一五世紀にはすでに中国、日本、朝鮮半島で何世代にも渡って広く使用されていた版木（そしてこれは本の印刷にも使われていた）に大きな影響を受けた可能性もある。こうした点も考慮しながら、一五世紀半ばのヨーロッパに活版印刷が登場したことは、グーテンベルク聖書の印刷と象徴的に結びつけて語られる「印刷革命」の端緒となったとみなすことができる。

グーテンベルク聖書の印刷に用いられた活版の原理は、いたって単純である。活版の基本要素は、個々の文字をかたどった活字ブロックである。活字ブロックは三次元の三方向について標準サイズになっていて、印刷するテキストの配列に従ってどのような組み合わせで隣り同士に並べても、平らな印刷台の上でつねにまっすぐな行を構成し、結果として、完全に平らな印刷面ができあがる。このようにして、あるページの組版を作り、必要な枚数だけ印刷したら、活字ブロックをばらし、次のページの組版を作る。グーテンベルクは、この印刷プロセスを安上がりで実用的なものにする鋳造や冶金の技法も考案した。

グーテンベルク聖書の組版は、活版印刷の原理に従って一文字ずつ手で組まれた。ページ数は一〇〇〇を超えたが、一ページずつ羊皮紙または布から作られた紙に印刷された。各ページには、当時の書物で一般的だった手書きの装飾やレタリングといった細部を書き加えた。たとえば、各章の始めの文字は手で書いて、さらに装飾を施し、本文中の大文字にはすべて赤い印を付けている。最後に、製本技師の手により、格調高い数巻の本に綴じられた。このプロジェクトは、活字の鋳造から製本までに数年を要した。

このグーテンベルク聖書を眺め、グーテンベルクを職人として見ると、革命的な技術の発明や利用という感じはしない。むしろ、革新的な技法をごく当たり前の発想で機械による本の製作に応用しただけのように思える。そもそもグーテンベルクが活版印刷などの新技術を発明したのは、本をできるだけ草稿どおりに作るためだったのである。また、印刷技術全般についていえば、グーテンベルク聖書が完成して以後、少なくとも二世代にわたる期間は、草稿に対する技巧や美的感覚の基準が印刷された本にも適用されていた。新しい技術が発明されても、既存の基準に合致しなければ、失敗作として破棄されてしまう。このような判定が実際に中国で下されたように見受けられる。それぞれに一つの文字を作り込んだ活字ブロックが考案されたが、中国人はテキスト全体を組み込んだプレートブロックのほうを好み、活字ブロックは受け入れなかった。中国人にとっては、書（カリグラフィー）の高い美的基準を満たすページを作るには、活字ブロックの形状は十分に揃っているとはいえなかったのである。このように、技術革命が起きるかどうかは、「新しい」技術が「古い」製作手法やそれぞれの文化における「伝統的な」価値と折り合うかどうかにかかっているようだ。

グーテンベルク聖書を上質の羊皮紙に印刷するためには、何百枚もの羊皮が必要だった。原料だけでもコスト増の大きな要因となったのである。一冊のグーテンベルク聖書を完成させるのに五〇〜七五頭の羊の皮が必要だった。同様に、グーテンベルクが使用した紙（グーテンベルク聖書のほとんどは紙に印刷された）は羊皮紙よりは安かったが、貴重品であることに変わりはなかった。衣類メーカーから取り寄せる布きれ自体が不足しており、熟練工でも一度に一枚の紙を作るのがやっとだったのである。

完成したグーテンベルク聖書は、きわめて出来映えがよく、その美しさと豪華さは印刷機の威力を見せつけるものだった。現在でも、そのすばらしさは色あせていない。しかし、それは貴族や教会などの特権階級だけが手にできる贅沢品でもあった。グーテンベルクが印刷した神の言葉は、一般庶民のもとには届かなかったのである。実際、グーテンベルク聖書はこれまでに二〇〇部ほどしか印刷されていない。一五〇〇年以降も長きにわたり、本は高価なもので、デ・ソラ・プライスが言う「普通の人間」にとって手が届くような代物ではなかったのである。

一五世紀の人々は、グーテンベルク聖書を買うことができないだけでなく、読むことすらできなかった。印刷革命の経緯を検証するうえで、この事実を見逃すことはできない。印刷技術の進歩に伴う大衆社会の変化を論じるのであれば、文盲率の問題を無視するわけにはいかないのである。

一五世紀ヨーロッパの文盲率は、はっきりしたことは言えないが、慎重な推定でもおそらく九〇%を優に超えていたとしている。さらに、読み書きができる人は、聖職者、学者、貴族などに限られ、しかもそのほとんどは男性だった。そこから推理すると、社会の下層では文盲率が一〇〇%に近かっただろう。しかも、文字が読める人々でさえ、全員が聖書で使われているラテン語を身につけていたわけではなかった。

こうした状況を踏まえると、グーテンベルクの偉業も革命的というほどではないように感じられる。むしろ、当時の社会的、宗教的、政治的、経済的な状況に至極よく合致していたというべきであろう。

印刷と文盲率の高さ

そうは言っても、原稿を手で書き写すのに比べれば、印刷するほうがずっと速く、安上がりだった。そのうえ、印刷された文字が美しいこともあり、印刷技術は当時の写本という職業にとって大きな脅威となった。文書の作成技法としてカリグラフィー[*77]よりも活字[*78]のほうが好まれるようになると、印刷技術は一気に広まっていった。一六世紀半ばには、ヨーロッパの主要都市で印刷機が稼動し、中東やアジアにも現れ始めた。新大陸では、一五三九年、初の印刷機がメキシコ・シティーに設置され、それから一〇〇年後の一六三八年には二つめの印刷機がマサチューセッツ州ケンブリッジで稼動を始めた。

識字率の高い社会では、印刷機が書物の普及と作品数の爆発的な増加に寄与した。印刷機が登場して五〇年足らずのあいだに、約五万冊もの本が発行されたという。これは、それまでの一〇〇〇年間に作られた本の数に匹敵する。また、古典の翻訳と出版が一気に活況を見せ、啓蒙運動の先駆けとなった背景にも、印刷機が中心的な存在としてあった。

一六五〇年には、ヨーロッパの数百にのぼる都市で活版印刷の技術が「生活の一部」になっていた。しかし、印刷技術の普及が革命的といえるほど識字率の向上や学問の普及をもたらしたわけではなかった。一部の層では、宗教改革と相まって識字率の向上が見られはしたが、ヨーロッパ全体を見れば、一六五〇年の段階で文盲率は相変わらず八〇％前後もあり、読み書きの能力は階級や性別によって大きな偏りがあった。一六五〇年といえば、グーテンベルク聖書が印刷されてから二〇〇年という歳月が流れている。しかし、一般大衆にとって

77　カリグラフィー
(calligraphy)
書。「文字」を主として造形面から審美的な対象としてとらえた芸術。

78　活字
印刷方法の1つである活版印刷において、文字の印刷に用いられる。鉛を主とした合金でできている柱状の上部に、凸状の文字が刻まれている。

は、依然として学問は「生活の一部」などではなかったのである。

一八世紀に入ると、文盲率が急激に下降し始める。一七〇〇年には六五〜七〇%にまで下がっていた。一九世紀に入ろうとするころには五〇%近くまで低下した。文盲率が下がった大きな理由は、商業などの仕事において読み書きの必要性が増したことである。事実、特権階級以外で最初に読み書きの能力を身につけたのは商人だった。組合の結成が増え、記録をとる必要性が高まると、読み書きの能力はどんどん重要性を増していった。その一方で、職工の技能を取り扱った本がカテゴリーの中でもっとも大きなものの一つになっていた(宗教、法律に次いで第三位)。

この時代(一六五〇年〜一八〇〇年)には、識字人口が階級を越えて増加すると同時に、社会の平等というテーマが理念のうえでも現実においても著しい進展を見せた。人間社会において個人は平等であるという思想が、政治、文学、哲学といった分野の書物で強調された。ホッブス[*79]は、すべての人間は「自然状態」にあるという考え方を表明し、ロック[*80]は、すべての人間は生まれつき等しく自由であると主張した。このような哲学的命題は、「すべての人間は生まれながらにして平等である」というジェファーソンの宣言[*81]や、社会の不平等はわれわれの制度が作り出した反自然的なものであるというルソー[*82]の主張において、より明確に表現された。さまざまな社会的平等に対する市民権の要求は、アメリカ独立革命やフランス革命のスローガンとなった。こうしたテーマに強い道徳感覚を付与したのは、すべての人間は「目的の王国」において立法者として道徳的に平等であると主張したカント[*83]だった。芸術、建築、音楽などの分野でも、同じように平等についてのさまざまな思想が追究された。

79 **ホッブス**
(Thomas Hobbes)
一五八八—一六七九。イギリスの政治思想家。主著に『リバイアサン』がある。

80 **ロック**
(John Locke)
一六三二—一七〇四。イギリスの哲学者。

81 **ジェファーソンの宣言**
一七七六にジェファーソンらによって起草されたアメリカ独立宣言のこと。ジェファーソン(Thomas Jefferson)は、第三代米国大統領。

82 **ルソー**
(Jeam-Jac gues Rousseau)
一七一二—一七七八。フランスの思想家・文学者。スイスのジュネーブに生まれ、人間不平等起源論などを発表。主著に『社会契約論』『エミール』など。

83 **カント**
(Immanuel Kant)
一七二四—一八〇四。ドイツの哲学者。主著に『純粋理性批判』『実践理性批判』など。

このように平等思想を再評価する運動がヨーロッパ中を席巻し、その結果として始まったのが市民権という概念の捉え直しであり、市民権を保証する社会制度の再構築である。こうした動きによって、特権階級ではなく市民の前提条件として、読み書き能力の普及が実現可能なものとなった。したがって、この時代に文盲率が低下したのは、何世紀も前に発明された印刷技術のおかげではなく、社会的、政治的、道徳的な価値が変化した結果だと見るべきだろう。すなわち、印刷革命の物語として語られる識字率の向上は、技術的要因よりも社会的要因に負うところが大きかったのである。

印刷と紙

グーテンベルクの時代から一九世紀初頭まで、紙を作るには高価な原料と高度な技能が必要だった。一二世紀に製紙技術がイスラム世界からヨーロッパに伝わって以来、手作業で一枚一枚作る昔ながらの製法は目立った発達を遂げていなかった。

グーテンベルクの時代から一九世紀まで、紙が高価であることは多くの法律や慣習に表れている。たとえば、イギリスでは一六六六年に、遺体を包む布には紙の原料に適さない毛織物しか使ってはならないという法律が制定された。ニュー・イングランド州の刊行物は、製紙用の布を確保するために、家庭の主婦に対し、古くなった布を入れる袋を作ってもらい家族の新しい聖書を作るために布をとっておくようにと読者に奨励していたことがある。この古い布きれと聖書の結びつけは、紙がいかに貴重品であるかを象徴的に示している。『ボストン・ニュース・レター（*Boston News Letter*）』誌は一七六九年に、古くなった布を集めるために「毎月末にボストン市内をリヤカーがベルを鳴らして巡回します」という広報を掲載した。さらに、次のような詩によって市民の義務を果たすようにせき立てた。

ぼろきれは嘘つきの美女
でも紙に変わると、その瞳はなんて魅力的
ぼろきれを捨てるのはやめましょう、新しい美女を見つけるために
誰もが紙の恋人だから
ペンと印刷機の手にかかれば、知識が目の前に表れる
それは紙がなければ存在しないもの
神秘的で神聖な英知
紙の上で燦然と輝く

一七七六年、マサチューセッツ州議会は、各市町村に布の収集係を設けるという決定をした。イギリスでは、一八一八年まで、紙を節約するために、二二×三二インチ（ほぼ現在の『ニューヨーク・タイムズ（*New York Times*）』紙と同じ）より大きい新聞とかポスターの作成を禁止する罰則規定があった。

布に代わる良質で安い紙の原料を求めて研究が行われてはいたが、成功例は皆無だった。麻、松かさ、使用済みのこけら板、芋、石綿《アスベスト》など、いくつもの原料が試され努力が積み重ね

られた。一九世紀半ばには、使い古された布というとすぐには思いつかないようなものがエジプトで発見された。ミイラである。大量のミイラがエジプトからアメリカの製紙会社へと運ばれた。ミイラを包んでいた布をはがし、紙の原料として再利用していたのである。この製紙方法は、表面上は衛生担当官、聖職者、考古学者の怒りを買うこともなく、しばらくのあいだ続けられた。唯一、製紙会社とのあいだでミイラの取り合いをしたのは、エジプトに開通した鉄道だった。ミイラを機関車の燃料にしていたという話である。

包んでいる布を使いたいという理由だけでミイラをはるばるエジプトからアメリカへ運んでいたというのだから、当時、紙がいかに貴重で高価だったかがよくわかる(同時に遺体に対する畏怖の念が乏しかった証拠でもある)。一九世紀に入ってもしばらくは、布の不足と紙の高値は、大量印刷の重大な障害だった。

大量印刷と大衆社会

一九世紀には、いくつもの技術革新と社会変革が起こり、それらが相まって印刷と識字率に大きな変化をもたらした。一九世紀を迎えようとするころ、木材パルプが良質で豊富な製紙原料として注目を集めていた。一八一〇年代までに、パルプ繊維を原料に使った機械による製紙の最初の実験が行われた。一八四〇年代に入ると、製紙用パルプを大量生産できる機械が開発された。一八六〇年代には、木材パルプを原料とする紙の工場生産が始まり、途方もない長さが無制限のロール紙を驚くほどの速さで製造できるようになった。パルプ製造と製紙の機械化によって、紙の価格は一気に下降した。たとえば、一八九〇年代には、新聞用紙の価格が一八六〇年代の一〇分の一になっていた。

印刷技術そのものも一九世紀には著しい発達を遂げた。一八一〇年には、印刷機に蒸気機関が取り入れられた。一九世紀中盤になると、ステレオ印刷シリンダの開発によって、ピストン式平台印刷機が姿を消した。これは現在、「銅板印刷機」として知られる湾曲した印刷台のことである。印刷技術の大きな前進といえるのが、一八八四年に発明されたライノタイプ[*84]（自動鋳造植字機）である。この機械の登場で、行単位で植字できるようになり、一字ずつ手作業で活字を組むという手間のかかる仕事が不要になった。この方法によって、植字の作業が飛躍的にスピードアップし、それに要するコストも激減した。このような意味で、ライノタイプは大量印刷を可能にする重要な要素の一つだったといえる。一方、印刷技術の面からいえば、作業の基本単位が文字ではなく行になったことから、ライノタイプは活字が発明されて以来の大きな進歩である。

人間の社会の平等という思想が広まる中で一九世紀に起こった大きな社会変革が、学校教育の導入である。一九世紀の半ば以降、各国で初等教育が始まった。一九世紀の終わりには、西ヨーロッパ全体に学校教育が広まった。それと同時に、文盲率が急激に低下した。一八〇〇年には全人口の半数が文字を読み書きできなかったが、一九世紀末には文盲率が一〇%を切ったのである。

大部分の人々が文字を読めるようになり、紙や印刷物の大量生産の高速化と低価格化を実

84　ライノタイプ
マーゲンターラーの発明による。活字を自動的に1行分鋳造する機械。1文字ずつ鋳造するのをモノタイプとよぶ。ライノタイプは、まず1行分の母型を集め、これに鉛を流し込んで鋳造する。

現する技術が開発されたことで、書物の大量流通という夢が、現実性を帯びてきた。つまり、印刷技術によって「学問の世界が普通の人間に身近なものとなる」ための社会的、技術的な条件が整うのは、一九世紀後半になってからなのである。それは、活版印刷の技術が登場してから四〇〇年も後のことだった。

こうした要素すべてに目を配ると、印刷革命の完全で正確な全体像が見えてくる。グーテンベルク神話に代わる包括的で多角的な技術革命のモデルを作り上げることが必要なのである。少なくとも、印刷革命の真の姿が明らかになった今、大規模な社会変化をもたらした新技術（または新しい装置）の通俗的で一面的なモデルというものは、どれも疑ってかからなければならないだろう。

グーテンベルク神話に対して発揮した健全な懐疑主義は、新技術がもたらす現代社会の変化について考える際にも有効である。グーテンベルク神話に見られる政治的、精神的な近視眼を避けながら、わたしたちの生活や文化における技術革新の役割を見定めるために、まったく新しい技術革命のモデルが必要になっている。ここで、グーテンベルク神話のような落とし穴の例をいくつか挙げてみることにしよう。

技術の影に隠れた非識字者

西洋文明において識字率が向上し、学問が広まったことは、重要な事実である。そこでは、印刷技術が大きな役割を果たした。現在でも、「学問を普通の人間に身近なものにする」必要性を唱える声は、書物や学問に世界中の人々が触れられるようにするという文脈の中で聞かれる。

現在、発展途上国では約九〇%の人々が非識字者である。その中で成人の平均文盲率は四〇%前後と言われている。こうした国々の多くは識字プログラムを実施しており、国連や民間の団体が国際的な識字運動を進めている。こうした運動は成果を上げているが、「問題」も「対策」もそれほど簡単ではない。技術支援を行えばすむという問題でもない。発展途上国の文盲率は一九七〇年から一九八〇年のあいだに約一〇%低下したが、非識字者の絶対数は同じ時期に約七〇〇〇万人も増えているのである(人口増加によるもの)。

グーテンベルク神話は、真実のヨーロッパ史を反映していないだけでなく、発展途上国の現実を見きわめるためのモデルにもなりえない。印刷技術の導入によって識字能力と学問が大衆にまで広がるというイメージは、発展途上国にとってまったく見当違いのモデルにしかならないのである。ある一つの技術を導入すれば識字率が向上するという考え方では、発展途上国の現状に対して理解を深めることも、有効な対策を見いだすこともできない。今日、印刷機やコンピュータなどの技術は容易に提供できる。しかし、それだけでは、発展途上の国々において「より多くの人々により多くの情報を与え、それによって識字能力と学問を広める」ことはできないのである(それはマクグロウヒル百科事典によるグーテンベルク神話にすぎない)。

驚異の新技術、それも古い神話

印刷技術は、新技術が社会に対してどのような意味を持つのかを説明するモデルとして引き合いに出されることが多い。このような発想の根拠となる技術革命の代表格といえるのが、急激で大規模な社会変化の原因をある一つの技術のみに帰するグーテンベルク神話である。たとえば、一九八〇年代を通じて、大衆紙だけでなく専門紙までもが、パーソナルコンピュータが社会全体を変革しているという論調に染まっていた。一九九〇年代の初めには、「データスーパーハイウェイ」についても同じことがいわれていた。驚くべきことに、こうした目を見張るような新技術についての議論にも、印刷革命に関するほとんどすべての言説に見られる歴史的、概念的なゆがみが表れているのである。

結論：技術革命に対するイメージの再構築

こうして印刷革命の実態を探ってみると、技術革命の構造とは、単純ではなく、一つの技術だけで決まるものではなく、歴史的、文化的に違うところでは、同一ではありえないことがわかるだろう。ただ一つの技術革新が社会の大変動を起こすという考え方は、歴史的にも観念的にも誤りであり、世論をミスリードするものである。社会変革は、一つの発明によって引き起こされるのではなく、いくつもの技術革新と社会変革の相互作用によって内在しているのである。新しい技術革命のモデルを作るとしたら、こうした事実にそったものでなければならない。また、わたしたちの文化を形づくり、技術の方向性を選択する際の基礎にもなる普遍的な価値も、このモデルには考慮に入れる必要がある。そういった選択が、はっきりとしたデザインに基づくのではなく、放っておいてしまったためになされるものだとしても、そうした価値を考慮しないわけにはいかない。グーテンベルク神話の特徴ともいえる技術決定論は、こうした社会的、政治的、精神的な価値についての議論を排除してしまっている。現代のエキサイティングな新技術の適切、不適切な用途とを区別するには、これらの価値を基準にするしかないのである。

注釈

クックが再構成したグーテンベルクの物語は、社会の変化における技術の役割とは、単に新技術を送り出し、その後の推移を見守るという単純なものではないことを教えてくれる。クックにとって、グーテンベルク神話を再検証することは、技術決定論の嘘をあばくことを意味していた。クックは、社会の変化が新しい技術の登場によって起こるものではなく、いくつもの技術革新と社会変革の相互作用によって進行するものとして捉えている。このような見方から、わたしたちはどのような教訓を導き出すべきだろうか。

まず、社会の変動は、ある一つの技術が普及するよりも長い時間にわたるものだということである。クックによれば、読み書きの能力が広まり、本やその他の印刷物を作って採算がとれるほど紙の価格が下がるまでに、数世紀という時間が経過している。一つの技術が普及するのに何世紀もかかるということはあまりない。今世紀においても、自動車、ラジオ、テレビ、電子レンジ、コンパクトディスク、テレビゲーム、パーソナルコンピュータなど、たくさんの技術が登場し、世界中に広がっていった。社会の変化は累積的である。ラジオが商品として成長するためには、放送局、販売店、広告、ラジオを聴きたいという人々の欲求などが必要となる。このような文脈を考えると、テレビは何もないところから出発したわけではなかった。ラジオによってもたらされた社会の変化がテレビの進む道を切り開いたといえる。技術的なものであれ、社会的なものであれ、どのような変化も先に起こった変化を基盤とし、それを進展させていくのである。

クックの論証は、紙の発達と識字能力の普及という二つの要因に焦点を当てている。これらの要因をコンピュータやネットワークの場合に当てはめて検証してみよう。印刷技術の場合には、媒体である紙の値段と流通量が印刷物の作成に影響していた。クックが指摘しているように、印刷機が発明された時代には紙は高価で、その状況は数世紀のあいだ変わらなかった。それと対照的に、コンピュータは一九五〇年代以来、急速に低価格化している。多くのアナリストたちが証明しているように、メモリやプロセッサなど、コンピュータの主要部品の価格は一八〜二四カ月ごとに半減している。アメリカで一九九二年には約八〇〇万だったパーソナルコンピュータの使用台数は、一九九四年には四〇〇〇万にまで増加した。まだすべての人に行き渡ったわけではないが、グーテンベルグの発明から、三〇年の間に本がほとんど社会に流布しなかったことを考えれば、コンピュータははるかに速く広がっている。

印刷機が他の発明と結びついて印刷革命を起こしたというクックの理論は、「万物はすべて連鎖している」という命題と通底している。もちろん、発明というものは何もないところから生まれるのではない。すでに存在しているものをもとに作り上げられるのである。ただし、クックが重点を置いているのは、単独で存在する発明などありえないということである。ある発明を利用するためには他の発明が必要であり、そうした発明の関連性の中に位置づけられていなければならないのである。たとえば、自動車が普及するためには、信頼性の高いタイヤや自動発動機などの発明が必要だったし、長距離を走るためにはガソリンスタンドや質の良い道路といった条件も整っていなければならなかった。

ただし、道路の発達について考える場合には、技術の進歩だけでなく、いわゆる社会的な発明にも目を向けなければならない。アメリカでは、質の良い道路の建設は、当初、馬よりも速い自動車の速度に対応することを目的としていた。ところが、一九五〇年代、第二次世界大戦後の国防問題などがきっかけとなり、価値観の大転換が起きた。そこに石油会社の思惑が絡み、インターステートハイウェイの建設が進められたのである。社会の変動や自動車に必要なインフラの発展が続く中、セルフサービスのガソリンスタンドが現れ、最近はクレジットカードも使えるようになってきた。

すでに完成したインフラを背景に備える発明を（別の発明で）置き換えるのは、そもそも（新しい発明に）必要なインフラを作ることよりもはるかにコストがかかり難しい。新しい発明は、既存のインフラに根付いている古い発明と競合するからである。現在、自動車で代替燃料を使用する障害の一つとして、燃料の供給システムが未発達なことがある。わたしたちは、最初の開拓者がアメリカ大陸に入植した時分にはガソリンスタンドなど存在しなかったことを忘れたわけではない。しかし今では、必要なインフラが整っていることを前提にして自動車を買うようになってしまったのである。

印刷技術の場合、識字能力が普及するきっかけになった社会的発明とは何かと言えば、フランス革命やアメリカ独立革命を契機に生まれ、国の初等教育を推進する立役者となった平等思想をめぐる社会的価値の変動である。コンピュータにとっての識字能力とは、コンピュータリテラシー[*85]（コンピュータを利用する能力）と呼ばれるものであるが、それがどのようなことを意味するのかは明確になっていない。ラジオリテラシーやテレビリテラシーというべきものについて検証すると、それまでに起こった文化的なあらゆる進歩に根ざしたものであることがわかる。それとまったく同じように、コンピュータリテラシーも書物におけるリテラシー（識字能力）だけでなく、人間がラジオ、テレビ、テレビゲームを利用した経験に基づいたものである。

実のところ、コンピュータリテラシーの意味するところを完全に理解することはできない。テレビリテラシーの場合も同じである。こうしたリテラシーはつねに変化しているからである。テレビリテラシーとは、単にチャンネルを切り換えられることをいうのだろうか。事実とフィクションの違いを見きわめる能力のことだろうか。印刷技術におけるリテラシー（識字能力）の場合は、事実とフィクションがほぼ明確に区別されている。図書館では、フィクションとノンフィクションとにジャンル分けしている。しかし、ラジオやテレビでは、ドラマの臨場感が本

85　コンピュータリテラシー
リテラシーとは、読み書き能力のことで、コンピュータリテラシーとは、コンピュータを使いこなす能力を意味する。コンピュータの基礎知識、操作など。具体的な範囲は定められていない。

来意図していない感覚を刺激し、事実とフィクションの区別がつかなくなることもある。オーソン・ウェルズ(Orson Welles)がラジオでH・G・ウェルズ[*86]の小説『宇宙戦争[*87]』を放送したときに、一部の人々がドラマと火星からの侵略を伝える実際のニュースとを取り違え、パニックが起ったことはよく話題にされる。本であれば、表紙を見ただけで事実かフィクションかを判断できる。しかし、テレビでは、歴史上の事件や犯罪の場面を再現したもの(「ファクション」ということがある)が社会の論議を呼んだ。事実とフィクションの区別があいまいであり、危険であると訴える人がいたのである。

コンピュータリテラシーの転換期は一九九〇年代に訪れた。きっかけは、CD-ROMやオンラインで提供される参考図書が一般化し始め、人々がコンピュータを使ってすばやく情報を検索できるようになったことにある。それまでは図書館員だけに与えられていた情報検索ツールとしてコンピュータを使用する能力が、他の職業の人々や学校の生徒にまで広がったのである。コンピュータをもっぱらワードプロセッサとして使っていた人々にとって、コンピュータに文字を打ち込むのではなく、そこから情報を取り出すというのは、まったく未知の体験だった。コンピュータを利用する能力、つまりコンピュータリテラシーの概念を大きく変える出来事だったのである。

クックによれば、グーテンベルクが印刷機を発明しても、すぐに誰もが本を読めるようになったわけではなかった。今世紀においては、コンピュータが急速に普及しているのを見るかぎり、コンピュータの価値に疑問を持つ必要はないだろう。何か急激な変動が起こりつつあるようだ。それが何なのかを突きとめることが、わたしたちに与えられた課題の一つなのである。

86 H・G・ウェルズ (Herbert George Wells) 一八六六―一九四六。英。ジュール・ベルヌと並んでSFの始祖。『タイムマシン』『透明人間』などの空想科学小説(SF)や啓蒙書『世界文化史大系』などの著書がある。『宇宙戦争』は、突如火星人が飛来し、地球を侵略するという話。

87 H.G.Wells, *War of the Worlds*

ヴィッキー・リーチ、マーク・ワイザー

図書館は情報のみにあらず――電子図書館の環境的側面

Vicky Reich and Mark Weiser, "Libraries Are More than Informaion: Situational Aspects of Electronic Libraries" より抄録

解説

電子図書館の典型的な利用者というものを考えると、コンピュータの前に座り、オンライン目録を調べ、情報を検索する姿が思い浮かぶ。この論文は、図書館員としての経験と、一流のテクノロジストのビジョンをもとに、従来とはまったく異なる視点から電子図書館についての議論に一石を投じている。ヴィッキー・リーチとマーク・ワイザーは、まず情報を提供すること以外の図書館の働きに目を向けた。それは、文化の発信基地として人々の要求に応えることである。二人の分析は、図書館の現在の役割とデジタル時代における役割をさまざまな角度から論じることで、図書館の固定化したイメージを打ち破ろうとしている。

全国規模の情報インフラが必要であることは疑いえない。情報インフラの構築に伴う技術

面および経済面の課題については、これまでに数多くの論文が書かれてきた。そこで取り上げられる問題は、情報の収集、保存、検索、配布、情報利用料の徴収、情報の作者、配布者、利用者の知的財産権の保護などである。しかし、国家的な情報インフラは、必ずしも情報だけを扱うというわけではない。

アメリカでは、現在でも全国規模の情報インフラが存在する。通信サービス、新聞、ラジオやテレビの放送網、電話などは、いずれも国全体に広がる情報ネットワークである。しかし、もっと重要な意味を持つ情報インフラがある。全国に広がる何十万もの公立図書館や学校図書館である。図書館は、ほとんどの小学校、中学校、高校にあり、たとえごく小さい規模であっても、ほぼすべての市町村にある。長期的に見て情報インフラの影響を強く受けるのは、こうした全国の地域社会に根付いた情報機関だろう。たとえば、公立図書館の多くはすでに、FreeNetシステムでネットワーク化されている。

地域の公立図書館は、単に情報を提供しているだけではない。図書館を電子情報システムに代わるもの、あるいは電子情報システムの機能を合わせ持ったものと考えるのであれば、現在そして将来の情報インフラの環境的側面に対する影響を検討することが重要になる。環境的な機能を持った図書館のような施設が生まれたのは、それが地域社会において大切な役割を果たすからである。図書館の存在それ自体が、電子情報システムのあり方を考えるうえで貴重な教訓を与えてくれるだろう。

図書館にある情報源の中でもっとも使いやすいものは蔵書目録だろう。ところが、図書館を利用しながら、この目録を使ったことがないという人は利用者全体の三五%にのぼるという。また、本を借りて読むためではなく、自分で持ち込んだ資料を調べるために図書館へ行くという人も、利用者の一二％を占めている。明らかに、今や図書館は情報を提供しているだけではないのである。図書館のネットワーク化が進むと、ますます情報以外のものを提供していく必要が高まるだろう。本稿では、「情報以外のもの」とは何なのかを明らかにし、それをネットワーク化された図書館で提供していくにはどうすべきかについて考える。

（中略）

マーシャル・マクルーハン（Marshall McLuhan）はかつて、情報の増加を核爆発にたとえたことがあった。しかし、何もかもを情報として捉えてしまうと、議論が誤った方向へ向かう危険性がある。情報と見なすべきものと、知識を伝達することを目的としない日常の活動にすぎないことの間には、大きな違いがある。辞書には独特の匂いや重さといった環境的な側面もあるが、それよりも情報という側面のほうが強い。だからこそ、辞書はいち早くコンピュータ化されたのである。図書館の読書室には、情報という側面、たとえば壁の時計やポスターがある。しかし環境的な側面のほうが強い。どんなにすばらしいポスターが貼ってあっても、それで椅子の座り心地の悪さが帳消しになるわけではない。ネットワーク化された図書館は、座り心地の良い椅子、つまり環境的な側面をどの程度まで持っていられるのか。それが本稿のテーマである。[1]

図書館の環境的機能

公立図書館は、情報を提供することだけが役割ではないことを心得ている。ある公立図書館の利用ガイドには、八種類のサービスが記載されている。社会活動センター、地域情報センター、学校教育支援センター、学習センター、幼児教育センター、一般向け資料図書館、調査資料図書館、そして研究センターである。一つめの社会活動センターは、まったく情報とは関係がない。そのあとの四つは、情報と無関係な部分が大きい。最後の三つだけは情報が中心となるもので、簡単にネットワーク化された図書館に移行できる。たとえば、幼児教育センターには、親子が一緒に楽しめる快適な空間が必要であり、地域情報センターには、気軽に立ち寄れる雰囲気や展示物を陳列できるような設備が必要になる。また、学校教育支援センターや学習センターでは、物（自動車の修理マニュアルなど）を必要な場所（自動車の下など）まで移動できなければならない。次に、現在の公立図書館が行う情報に関係しない活動として、コミュニティ・アイデンティティ、地域文化、日常生活の三つを想定し、考察を加えてみたい。

コミュニティ・アイデンティティ

「コミュニティ・アイデンティティ」とは、図書館が地域社会における存在そのものによって発揮する影響力のことである。それは、公園や山（あるいは見苦しい外見の建物）が果たす役割と似ている。図書館は単なる情報機関ではない。子供たちが下校後に集まる場所であり、

「図書館の先を左に曲がって」と道案内をするための目印であり、街の景観の一部であり、樹木や庭に親しむ場所なのである。

（中略）

ネットワーク化された図書館は、コミュニティ・アイデンティティを発揮するために、独自性のある「場所」、ネットワーク化されたローカル・ミーティングルーム、そして物理的な社会的存在感を提供していくことになるだろう。

独自性のある「場所」

地域社会というものがそれぞれのローカル・アイデンティティつまり独自性を守っていくためには、ネットワーク化された社会においても、やはり独自性を追求していく必要がある（地域社会の独自性は非常に重要なものであり、消え去ることがあってはならないと考える）。つまり、オンラインでハーバード大学のワイドナー図書館にアクセス[*88]した場合と、パロアルトにある児童図書館にアクセスした場合とでは、印象が違っていなければならない。たとえば、パロアルトの児童図書館であれば、明るいメッセージと、ちょっとした地域のニュースや天気予報を画面に表示するだろうし、ハーバード大学の図書館であれば、夏休み中の開館時間やゲストアクセスの規則を知らせる格調高いメッセージを表示するかもしれない。（これは、多様性を尊重することの大切さを訴えているだけであって、インターフェイスに互換性がなくてもよいと言っているのではない。図書館の造りが違っていても、入口がどこにあるのかわからなかったり、本を借りられなくなったりするわけではないのと同じことである。）

88　アクセス
コンピュータにログインすること、ネットワークに接続すること。

ローカル・ミーティングルーム

ネットワークサービスにはチャットルームや電子掲示板があり、趣味が一致する人どうしで会話ができる。図書館も住民が利用できるネットワークルームを提供すべきである。住民投票のような、その時々の問題に対応する臨時ルームを開設してもよいだろう。こうしたサービスをすでに実施している地域もある。(2)

さらに一歩進めて、各地区（同じ区画に住む人か、同じ通りに面して住む人々）ごとにネットワークルームを設けることもできる。これは図書館の支所のようなもので、情報の提供を主たる目的とし、住民の交流の場も提供する。

（中略）

他の地域のネットワークルームを覗き、実際に参加することなくニュースや活動内容をチェックできるようにしてもよい。このようにして情報を得ることは、車で町中を走り抜け、「活気」を肌で感じながら人々の様子を眺めるのに似ているかもしれない。インターネットでは、町の雰囲気を実際に出かけなくても味わうことができる。学校や仕事の都合で故郷を離れている人々もアクセスできるので、インターネットを通して町の境界が広がることになる。

物理的な存在感

ネットワークで結ばれた世界の存在感とは、ディスプレイやキーボードを通して感じられるものである。しかし、その存在感はただ一つである必要はない。オンライン図書館が整備された地域であれば、その中心街を無料でアクセスできる情報のショーケースにしてもよい。

街の中を歩きながら、天気予報、ニュース、バーゲン情報などを見ることができるのである。こうした情報は、市街地のあちこちに設置された大小さまざまなスクリーンに表示する。あるいは、誰もが携帯の情報端末を持ち、情報をチェックするような時代が来るかもしれない。

全国規模のデータベースを定期的に照会し、その結果を街角の大型スクリーンに映し出すようなこともできる。全国紙に載ったその地域に関するニュースや、図書館の職員が選んだ一週間の話題などを表示してもよい。たとえば、街の中心地に大型スクリーンを設置し、飲料水や健康など、地域が抱える問題についての記事を常時流しておくこともできる。記事の選択は人間の手で行う。たとえば、図書館の職員などが週ごとにテーマを選び、それに合わせてデータベースを照会し、毎日新しい情報をスクリーンに表示してはどうだろう[3]。

このように市街地のあちこちにネットワークの存在感を示すことで、独創的な建物と同じように地域社会を個性的なものにする。今世紀の初めに都市部の電化を足がかりとして全国的に電気の供給が広がっていったのと同じように、こうした街の中で感じられるネットワークの存在は、地域社会の自尊心や競争力の大いなる源となりうる。それはちょっとした社会的機能も果たす。待ち合わせの場所にもなるし、大型スクリーンの設置にかこつけて公園を作ったり花や木を植えることもできる（近くに座り心地のよいベンチを置いてもいい）。道案内の目印にもなるだろう（「そこの売店を左に曲がって」という教え方ができる）。

（中略）

地域文化

ある人間の集団が同じような振る舞いをし、同じ制度や生活様式を共有している場合、彼らは同じ文化を持っていると言うことができる。

公立図書館は文化をはぐくむうえでも大きな貢献をしている。図書館は、地域独自の文化を育て、マイノリティ社会の文化を守る基地となり、他の文化を知る手段を与えてくれる。文化を育成する具体的な方法は、本や新聞などの情報源にふれることである。ネットワーク化された図書館は、もともとこうした情報源を重視している。しかし、図書館の環境的側面も文化的な存在感を形作る要素の一つなのである。

地域の文化を作り出すのは、社会制度や生活様式などである。バークレーのコーヒーハウスやニューヨークの食料品店は、環境的な側面を持った文化的な場所であり、生活に役立つ施設でもある。図書館は、次に挙げる四つの点で文化的生活に貢献しているといえる。

- 掲示板を利用できる。
- 地元の芸術家やサークルなどが作品を出展できるスペースがある。
- 地元で収集した資料を整理して展示する。
- 非対話型のスペースがある（読書席など）。

最初に挙げた三つの要素は図書館には欠かせないものである。図書館の利用者のうち一〇％の人が掲示板を見ており、一五％の人が展示物を楽しんでいる。割合としては大きくないが、全国規模で考えれば大変な人数になる。この三つの要素は、ポスターや作品、整理された資料などを通して情報も提供している。ただし、そうした情報は環境的、つまり地域に根ざしたものであり、ネットワーク化された図書館について論じる際には、つい見落としてしまう。地域性が高い情報であり、価値が変化しやすいからである。掲示板の貼り紙には、国全体に関わるようなことは書かれていない(「子供ギター教室、三〇分二〇ドル」といった内容ばかりである)。地域の芸術家の興味はしばしば地元的なことにあり、創作のテーマも地元的なものが多い。地元で収集した作品が価値を持つのは、それがまさに地元で集められ、地元の図書館員によって選ばれたからである。四つめの要素である非対話型のスペースだけは、情報とは何の関係もない。次に、これらの要素を一つ一つ検証してみることにしよう。

地方図書館の掲示板は地域性の高い特殊なものである

掲示板の貼り紙というのは、まちがいなく図書館を訪れた地域の住民が貼ったものである。誰が貼ったのかも、連絡がとれるかどうかなども、すぐにある程度わかってしまう。ネットワーク化した図書館の掲示板についても、掲示物の背景がいくらかでもわかるようにすべきだろう。(4)

地元の芸術家やサークルは地域への関心を高める

その人が近所に住んでいるというだけのことかもしれないが、創作のテーマは地域がテーマであることもあり、そのようなときには、地域社会の誰もが知っている背景から外れては価値がないこともある。たとえば、ある場所を描いた絵はがきや風景画は、その場所で販売したほうがよく売れるのである。

地元で集められ、地元の図書館員によって展示された作品は、暗黙のうちに地域性を帯びている

展示された作品を鑑賞するのは、展示に携わった図書館員ばかりではない。彼らの友人も隣人も、図書館へ行ったときには同じ展示物を見る。こうした展示物の地域性や共通性こそ、地域文化に欠かすことのできない要素である。(5)

ネットワークシステムにはすでに、掲示板、チャットルーム、フォーラムもあれば、いくつものページで構成された興味深い情報もある。ただし、こうしたサービスは地域に密着したものにはなりえない。二万を超えるFidoNetとK12Netのノードは、確かに地域に根ざしている（市内局番でアクセスできる）。しかし、サンプリング調査の結果、これらのネットワークでもっとも利用されているサービスは全国に広がるノードとの相互接続だった。ほとんどのサービスは、地域文化の向上を目的としたものではないのである。

図書館が提供するもう一つの環境的サービスは非対話型スペースである

これはつまり、周囲に人がいる中で一人きりで仕事ができる場所のことである。このような環境に身を置くことは一般的なことであり、そうしたスペースは優れた建物の設計に不可欠なものとなっている。非対話型のスペースがある公共性の高い場所の例として、喫茶店がある。これまで、マルチメディアを除いて、コンピュータシステムがこのようなスペースを提供してこなかったのは不思議である。ネットワーク上で周囲に他人がいるのを意識しながら、交流することなく一人で自分の仕事や学習ができるような機能は、今後、ネットワークシステムの重要な要素となるかもしれない。（コンピュサーブ[*89]やアメリカ・オンライン[*90]が人気を集めている理由の一つは、百科事典を調べているときでも周囲に人がいることではないかと思われる。）

（中略）

日常生活への進出

図書館のサービスは、人々の生活と密接な関係を持っている。わたしたちは、本を借りて自宅へ持ち帰り、寝床で読んだり子供に見せたりする。図書館の本から得た知識をもとに、ガーデニングや家事に精を出したり、ペットや両親とのつき合いを豊かにする。本を借りるということは、図書館の一部分を持ち歩くことである。つまり、図書館の物理的な資源は館内だけにあるのではなく、人々の家庭にも存在する。このように図書館の資源が地域社会に広がることを、図書館の拡散という意味で「日常への進出」と呼んでみたい。

ここ数年、人間と電子情報の新しい関係を模索する動きが見られる。こうした関係は「ユビキタス・コンピューティング」などと呼ばれ、意識せずにコンピュータを利用できるような環境を意味する。コンピュータや情報が目に見えないところで人間を支え、生活を便利にするということである。本当の意味で役に立つ情報とは、人間が手をわずらわせなくても力を発揮するものである。たとえば、小説を書くときには、語り手を誰にするかが重要な問題に

89　コンピュサーブ
米国大手商業BBS。

90　アメリカ・オンライン
AOL。米国の大手オンサインサービスのプロバイダ。バージニア州に本社があり、インターネットサービスとコンテンツを提供している。現在日本でも、AOLジャパン（アメリカオンライン社、三井物産(株)、日本経済新聞社による合弁会社）がサービスを行っている。

なる。しかし、作者の期待する効果が発揮されるためには、その語り手を選んだ意図が読者に見えてしまってはならないのである。

ユビキタスコンピューティングの概念は、今後二〇年のあいだに数百もの情報機器が家庭を取り巻くようになるという未来図と結びついている。こうした情報機器を媒体とし、ネットワーク化された図書館が日常生活の隅々にまで活躍の場を広げていくだろう。その様子を具体的にイメージしてみよう。

● 地元のサッカー大会や市議会などの地域活動についての情報を求めている住民に図書館が情報システムを貸与する。この情報システムは、地域活動の情報を得られるようにあらかじめ設定されている。利用者は、ネットワークにログオンしたりコマンドの使い方を勉強したりする必要がない。暇をみては画面に目をやるだけでよい。利用者がシステムを図書館に返せば、設定を変えるだけで再利用できる。

● 図書館は地域活動について知らせるポスターをネットワーク化し、配布する。このポスターは、街角に貼られ、家庭にも配られるが、無線などによってつねに情報センターとつながっている。各家庭では、台所に貼ってあるポスターを見るだけで、その日にどんな催しがあるか確認できる。このポスターの情報は毎日、更新される。

(中略)

情報インフラに対する提案

本稿の締めくくりとして、情報インフラやネットワーク化された図書館の設計者に対し、いくつかの提案をしてみたい。

●それぞれに独自性を持った多様な地域情報センターの設置を推進し、資金面で援助する。情報インフラとは、各地を結ぶネットワークだけを意味するのではない。ネットワークの末端にあるものもインフラの一部である。各地域の独自色を出すことが必要であろう。

●市街地のいたるところに設置された地域情報スクリーンを創造的に利用する。掲示板という旧来の発想から脱し、このスクリーンを地域ネットワークを通した情報アクセスのモデルとして考える。

●地域の住民に独自性のある情報の創造を勧め、ネットワークに発信させる。各地域に独自のネットワーク文化を作らせる。

●地元の人間かどうかによってネットワークへのアクセスを規制する。地域情報の内容によっては、その地域に住んでいる人間だけがアクセスできるようにする。

●電子書籍の貸し出しシステムの確立を推進し、資金面で援助する。本だけでなくポケットベルも貸し出す。

結論

本稿が地域性や場所の観念の保護を強調していることに奇異な感じを受けている人も多いことだろう。場所の制約から自由になれることこそ、インターネットが人々を引きつける最大の魅力だからである。しかし、最近は地域感覚の欠如が進みすぎている。NAS[*91]（米国科学アカデミー）のような「場所のない」コミュニティが多方面で作られているが、だからと言って人間が家庭や地域社会を必要としなくなることはありえない。「場所のない」コミュニティにしても、独自性を持った場所を求め始めているのである（たとえばNASはウッズホールに満足のいく施設を作った）。ネットワーク資源が場所を持つ資源に取って代わるにつれ、人々は電子的な「場所」を欲するようになるだろう。本稿がもくろんだのは、場所の過剰な空無化に歯止めをかけ、ネットワークアーキテクチャに制約を加えて場所に裏打ちされたものとし、完全に場所のない存在へのあまりにも無自覚な盲信から人々を目覚めさせることである。

（後略）

注釈

この論文の前に紹介した論文は、図書館の役割を本の貸し出しから出版や販売まで拡大すべきなのかという問題を提起していた。それとは対照的に、ヴィッキー・リーチとマーク・ワ

91 National Academy Sciences

イザーが注目したのは本ではなかった。電子図書館でオンライン目録を調べたり情報を検索したりする利用者のことは忘れよう、というわけである。リーチとワイザーの言うことが正しいとすれば、図書館の存在はワークステーションの中に隠れたりせず、市街地の情報センターや家庭あるいは学校の電子掲示板といったさまざまな場所に目に見える形で現れることになる。このように、図書館、新聞、学校を相互に接続したシステムは、単なる町の資源ではない。ネットワーク化された地域社会のオーガナイザーとでも呼ぶべきものである。

たとえば、就職指導員の仕事について考えてみよう。高校生の就職口や夏休みのアルバイト先をどうやって見つけたらよいだろうか。そのとき鍵を握るのは人のネットワークである。ネットワーク化された地域社会であれば、商店や図書館にある掲示板のかわりに、情報センターやホームコンピュータを利用できるのである。

リーチとワイザーは、ある「公立施設の運営ガイド」で公立図書館の役割をいくつか見つけた。社会活動センター、地域情報センター、学校教育支援センター、学習センター、幼児教育センターなどである。これらの役割は、知識の守護者という元型に対して想定する役割を越えている。たとえば、図書館を地域情報センターとして利用する場合には、そこで情報を探すのだろうか、それとも地域の活動に参加するのだろうか。どちらも正しいが、後者は元型でいえば通信者の領域に属す。この例は二つのことを暗示している。社会の制度は人々の要求に応じて形を変えるということ、そして現実の図書館を理解するために必要なメタファーを頭に留めておくと、理想的な電子図書館の設計に役立つかもしれないということである。

第二部から以降では、別の情報ハイウェイのメタファーが形作る、より大きな文脈の中で電子図書館について考える。電子図書館は、電子メールというメタファーにおいてはオンラインディスカッショングループと関連があり、電子市場というメタファーにおいては作品の出版や貸し出しという経済活動と関連がある。さらに、電子世界というメタファーでは、人との出会いや共同作業の場と関連を持つ。たとえば、図書館が情報センターである場合、図書館員の仕事場はどこになるのだろうか。コンピュータネットワークでは、情報にアクセスするように図書館員にもアクセスできる（情報センターに設置された画面を通して）。ところで、図書館員へのアクセスが増えた場合、利用者の要求に応えられるだけの人数を確保できるのだろうか。どのようなサービスの要求を優先すべきなのだろうか。図書館のサービスは有料にすべきだろうか。

このような図書館のビジョンを実現する技術の進歩は、ゼロックスＰＡＲＣでワイザーが指揮をとる「ユビキタス・コンピューティング」の研究にかかっている。ユビキタスコンピューティングとは、家庭、自動車、職場、公共スペースなどに、無数の情報機器を設置するという構想である。情報インフラについて考えるときのメタファーでいえば、この構想は、電子図書館から電子世界まで、すべてのメタファーを包み込んだものといえるだろう。

注記

1．この論文の査読者の何人かはわれわれが物理的な図書館の保存を訴えていると勘違いした。われわれわれは現在の図書館は、環境的な面からも重要であるという理由からだけでなく、物理的に保存されるべきだと思う。しかし、物理的な図書館の保存を強調してばかりいると感じるとすれば、われわれの議論を十分には理解していないということだ。本稿の主旨はそうではない。オンライン情報に必要な（これまでの図書館での）すわり心地のよい椅子に相当するものをはじめのうちから用意しておこうということなのだ。

2．このサービスを提供する際には図書館やその職員が中心的な役割を果たす。図書館員は情報処理の分野に通じており、機密情報や言論の自由についても理解している。また、多くの図書館は公営だが、図書館員はいかなる政治団体にも属さないことを信条としている。

3．図書館は、このような設備を利用して天気予報やテレビのローカル番組などの情報を住民に提供できる。こうしたサービスは従来の図書館が提供したことのない新しいサービスである。図書館が「保存用の情報」と対照的な「リアルタイム情報」を積極的に提供すべきかどうかは、今後、議論すべきテーマである。

4．もちろん、多くの電子掲示板にはそれぞれに独特の傾向がある。たとえば、発信者のほとんどがコンピュータに詳しい男性の大学生であるという掲示板もあるだろう。社会的な機運と技術の発達によって電子掲示板の利用が広まると、種々雑多な人々が加わることで、このような独特の傾向は薄れていくだろう。

5．未来の新聞（に対する考え方）について研究している学者たちは、共有される背景の重要性を指摘している。カスタム新聞の夢はあくまでも夢である。自分の好みだけで記事を選ぶと、他の誰もが読んだ記事を見逃すおそれがあるからである。

ランジット・マックーニ

チベットのタンカのデジタル化と普及

Ranjit Makkuni, "The Electronic Capture and Dissemination of the Cultural Practice ot Tibetan Thangka Painting" より抄録

解説

民族の歴史や文化をすべて書かれた記録だけで表すことはできない。美術館はそのことを心得ていて、絵画、彫刻、発明品、生活用品のほか、最近は映画のフィルムやレコード盤などまで展示している。その意味で美術館は、知識の守護者という元型に属すものだといえる。この場合の「知識」はさまざまな形式をとる。本書の冒頭で述べたように、ミュージアムという語は、古代ギリシアの神話で芸術を司っていたミューズの九女神に由来する。

しかし、芸術作品をただ単に展示するだけでは、作品の重要性はおろか、独自性や意図も伝えることはできない。作品に解釈を加え、関連性の中に位置づけることが必要なのである。

では、美術館が儀式や言い伝えの中で文化的に深い意味を持つ踊りについて説明するには、どうしたらよいだろうか。踊るときに身につける靴や衣装だけを展示しても、踊りの全体的な

意味を理解してもらうことはできない。衣装を着て踊りのポーズをとったマネキンを置き、その横に楽器を並べたとしても、どのような踊りなのか具体的にイメージすることは難しい。踊りの映像を見て音楽を聴けば、踊りそのものはかなりわかってくるが、それでも身体の動きがどのような物語を表現しているのかまでは理解できない。これこそ、ランジット・マックーニが主張していることである。つまり、美術館はインタラクティブ[*92]・マルチメディアの技術を利用して作品を展示し、それをネットワークにも発信すべきだというのである。この主張の背景にあるのは、言い伝えや儀式は美術館やコンピュータの中に存在するものではなく、生活文化の中で伝えられるものだという考え方である。このように、マックーニは伝統的な展示方法の限界を超えるとともに、そこにいたる過程で、ビジョンがあり、それを古来からの文化的風習や夢と結び付けるとどんなことをなしえるかを示している。ここに取り上げた文章はマックーニが書いた大作のほんの一部である。この中でマックーニは、技術によって伝統を保存するという可能性を探求している。

この論文のテーマは、チベットのタンカの制作過程と意味を伝えるために行われたマルチメディア展示である。中国が一九五九年にチベットを併合したとき、多くのチベット人が母国を捨てたため、古代から伝わるさまざまな伝統が流浪の旅に出て死につつある。危機に瀕した伝統の一つが、二千年以上にわたって師から弟子へと伝えられてきた絵の画法である。

この論文は、タンカをデジタル化するプロジェクトの開始直前に書かれたもので、のちにこのプロジェクトは、世界中から絶賛されることになる。

92　インタラクティブ
対話的、双方的。テレビなどのように情報が一方的に送られてくるのではなく、ユーザーが応答したり選択したりしながら作業を進めていくこと。

仏陀を描いたタンカ（図１）を初めて目にしたときには、誰もが象徴と幻想に満ちた霊的世界に迷い込んでしまう。そこに描かれているのは肖像画ではなく、釈迦牟尼（仏陀）つまり解脱者の象徴である。この絵をタンカという。タンカには、石や金属で表現される彫像と同じように、チベットの芸術味のある神殿に住む神々が描かれる。この象徴主義の色彩が濃いタンカが意図するところは、見る者を超自然的な仏の世界へと誘い込むことである。それは、自己実現と宇宙との調和というチベット仏教の教えを未来永劫へと伝えていくために、神学者たちが概念化し、芸術家たちが視覚化した世界である。この絵は特別な力を秘めていて、捧げ物をした人、その家族、住んでいる村全体に物質的な利益と精神的な安らぎを与えるのだという。

チベットの神々を描いたタンカは印象的で刺激的でさえあるが、その描画はきわめて厳格な構図法に支配されている。構図法は、神々の描き方を説明する口承聖典として伝えられている。また、比率図や神々を描いたスケッチがあり、それらから構図法を学ぶこともできる。たとえば、こうしたスケッチを見ると、タンカのさまざまな画法、神々の体勢、手のポーズ、手に持った象徴的な物、神具や装身具の表現、神々の心的レベルを表す風景要素などがわかる。こうした構図法は、比率図、スケッチ、口承聖典中の詩などの伝達媒体を通し、画家から その弟子へと綿々と受け継がれてきたのである。

図1
紀元前六世紀に仏教の教えを確立した仏陀を描いたタンカ。1979年にダラムサーラの Jampa という画家によって描かれた。オークランドの Dorje Chang Institute 所蔵。©1979　ロンドンの Wisdom Publications の好意により転載。

さまざまな理由でタンカの画法が危機にさらされ、その制作技法は確実に単純化へと向かっている。「チベットタンカの電子スケッチブック」と名付けられたプロジェクトが構想に上ったのは、インタラクティブなコンピューティング技術やビデオ技術を駆使し、タンカの制作技法やタンカが描かれる文化的な背景を電子形式で保存するとともに、それをタンカの世界を教える教材として利用しようという意図からである。このプロジェクトは、ゼロックスPARCのシステム設計者、サンフランシスコにあるアジア・アート・ミュージアムの芸術史家やチベット研究者、著名なチベット僧、タンカ画家による共同事業となった。

この電子スケッチブックには、保存と普及という二つの役割があると考えられる。保存の役割においては、タンカの画像と制作技法を視聴覚機能によって紹介する年代記のようなものであり、伝統的な本の彩飾や物語絵画と共通するものとなる。普及の役割においては、電子スケッチブックが伝達媒体となる。美術館を舞台として、初心者をタンカの画家に引き合わせ、タンカの文化的な意味や制作過程をインタラクティブな手法で手ほどきするのである。哲学的な言い方をすれば、この電子スケッチブックは「現代的な時間」の感覚をチベットの「伝統的な時間」と融合するものだといえる。

新しい通信媒体や表現媒体を持ち込めば、タンカを描く習慣が影響を受けないわけはない。本稿では、タンカの保存や普及のために電子技術を利用することにした動機を述べる。また、芸術と豊かな文化的風習との関係について分析を加え、媒体、儀式、工芸品の相互関係を明らかにするとともに、タンカのデジタル化や伝送に利用する電子技術の限界と長所も指摘する。完成したタンカだけでなく制作過程にも目を向けながら、タンカの背後にある設計技術を特徴づけるテーマを解き明かし、文化的なものを電子的な手段で伝えることの是非について考える。人間が電子媒体とどう関わるべきかに焦点を当て、コンピュータとの表現力豊かな対話方法や、電子媒体を利用した文化の再構成についても論じてみたい。

（中略）

タンカを電子技術で再生させるという構想を根底にすえながら、ある美術館の教育プログラムにおける電子スケッチブックの利用例を紹介する。その美術館とは、サンフランシスコのアジア・アート・ミュージアムである。電子スケッチブックを美術館で利用する場合、重点を置くべきことは二つある。文化としてのタンカを保存することと、タンカを見たことがなくコンピュータの知識もないような来館者にタンカを知ってもらうことである。

この例では、電子スケッチブックは美術館の設備として実現され、来館者はこの設備を利用し、音、画像、制作過程、文化的背景などを通してタンカの世界をかいま見ることができる。来館者を一般の人々と想定したため、電子スケッチブックの形式と内容を決定するのは一苦労だった。まず、使いやすくなければならない。わかりやすいユーザーインターフェイスが必要だし、来館者がとくに制限なく（能力に応じて）どこまでも探究ができるようなものである必要がある。電子スケッチブックで見せる内容は、コンピュータを使ったことのない美術館長が作成しなければならなかった。

この電子スケッチブックは、タンカの制作過程を表す音や画像が収録されたビデオデータベースを内蔵している。美術館に収蔵されている希少なタンカの画像、タンカの構図法、制作技法、チベット文化を紹介する画像、画家がタンカを描いている様子を映したライブ映像、タンカの解釈、チベット僧による教義の説明などを見ることができる。このデータベースには、オーサリングとプレゼンテーションという二つのモードがある。美術館長がタンカのビデオを集め、ビデオレコードに編集してデータベースに保存し、タンカを紹介するプレゼンテーションを作成するときには、オーサリングモードを使用する。来館者が対話型のグラフィックインターフェイスを使ってプレゼンテーションを見るときには、プレゼンテーションモードに切り換える。

このように美術館で使用する電子スケッチブックは、壁に三つのビデオモニタと一つのコンピュータ画面を取り付けたものとなる。コンピュータの画面に表示されたタンカの各部に指で触れると、ビデオが再生され、タンカの絵、スケッチ、説明、館長の分析など、データベースに保存されているさまざまな情報にアクセスすることができる。

このプロジェクトに乗り出した動機

「タンカ」という語は文字どおりには「巻かれた物」を意味し、巻かれた画、あるいは絵の巻き物をさすようになった。チベット語の「絵を描くこと」は「神々について描く」と文字どおりには訳せる。象徴、装飾、デザインの融合ともいえるタンカは、美的感覚と精神の両面から世界を「見る」ための手段なのである。

タンカの中央には普通、神が陣取っている。タンカに描かれた仏陀は、僧服を身にまとい、静寂の中で瞑想にふけり、この世を救済すべく、すべての執着を捨て去った姿として描かれている。ハスが地上に浮いた仏陀の身体を支えている（というのは、足を物理的な大地で支えるわけにはいかないので）。身体の下まで垂れた右手は下に敷いた宝座に触れている。これは、解脱の瞬間を地神に知らせているのである。これを「触地印《そくちいん》」のポーズという。また、左手のポーズは「瞑想の平衡」を表し、手のひらにお布施を受け取るための鉢器を載せている。仏陀の周りには、従者、女性、悪魔、木の葉、花々、竜、鹿などが細かく描かれている。その目的は、中心人物である仏陀の威厳を高めることである。仏陀の前には、象徴的な輪、貝殻、鉢器、宝石、幸福を呼ぶ鳥など、さまざまなものが配置されている。背景には、険しい山々や渓谷、波だった湖、渦を巻いた雲など、神秘を呼び起こす風景が描かれている。こうした表情豊かなポーズ、縁起の良い事物、神秘的な風景が溶けあい、豊かな言葉を作り出す。この言葉は、画家と鑑賞者が心を通い合わせる媒体なのである。

タンカを見ると、その緻密さに圧倒されてしまうが、描画の基本は長方形の図をいくつもつなぎ合わせることにある。タンカに登場する神々は、きわめて厳格な構図法に則って描かれる。このような法則の中には、チベットの芸術味のある神々の世界にいる神々の身体の相対的な大きさ（比率）についての正確な理論もある。この比率の法則は、画家から弟子へと伝えられ、二五〇〇年間にわたってタンカの画法を伝承してきた。この法則は一人の画家つまり一世代で確立されたわけではない。何世代にもわたる画家たちが成し遂げた成果であり、いわば社会の共同思想の結晶なのである。芸術史家のクマラスワミは次のように述べている。

この共同思想とは、単なる大衆の思想というだけでなく、自己のビジョンを後の世代に伝えようとする、きわめて偉大で賢明な精神から伝えられてきた思想である。ただし、こうした共同思想がもとになる共同芸術には致命的な弱点がある。外部からの破壊行為に抵抗する力がないことである。共同芸術という美は人間の意志ではなく習慣によって作られる。したがって、変化の激しい時代にあっては、たった一世代のうちに破壊されてしまうのである。

——『インドおよびセイロンの工芸』[*93]（一九六四年）より

一九五九年、中国がチベットを併合すると、多くのチベット人が母国を捨てた。チベット人の精神的な指導者ダライ・ラマ[*94]もその一人だった。タンカやその他の文化財が豊富に集められていたチベットの僧院は廃れていき、所蔵されていたタンカの多くが失われた。画家や工芸家たちは散りぢりとなり、世界各地の難民施設へと逃れた。ダライ・ラマは、チベット文化の保護と復興をめざし、画家や工芸家にチベットの伝統を欧米に広めるよう指示した。かくて、画家たちは流浪の民となり、生きた美術館として世界中を駆けめぐっている。美術館に収蔵されたタンカよりも、こうした画家たちにこそ、「画法の道」の知識を見出すことができる。

「電子スケッチブック」プロジェクトは、タンカのように外部からの攻撃によって危機に瀕している伝統芸術を保存し、普及させるために、コンピュータやビデオなどの電子技術を活用する可能性を試すものだといえる。美術館は技能の生む作品の保存に貢献しているし、学術機関は技能や技法に解説を加え、文化と技能の関係に光を当てている。作品の保存と技法の体系化には称賛すべき努力が続けられてきた。しかし、このプロジェクトの目的は、作品

93 Coomaraswamy, A.K., *The Crafts of India and Ceylon*, 1964

94 ダライ・ラマ
(Dalai Lama)
チベットの政治的・宗教指導者。チベットでは一七世紀に祭政一致のダライ・ラマ政権が成立した。ダライ・ラマは、観音菩薩の化身であり、代々にわたり転生しているとされる。現在は一四世。チベット動乱後、中国と対立しインドに亡命、臨時政府を樹立した。

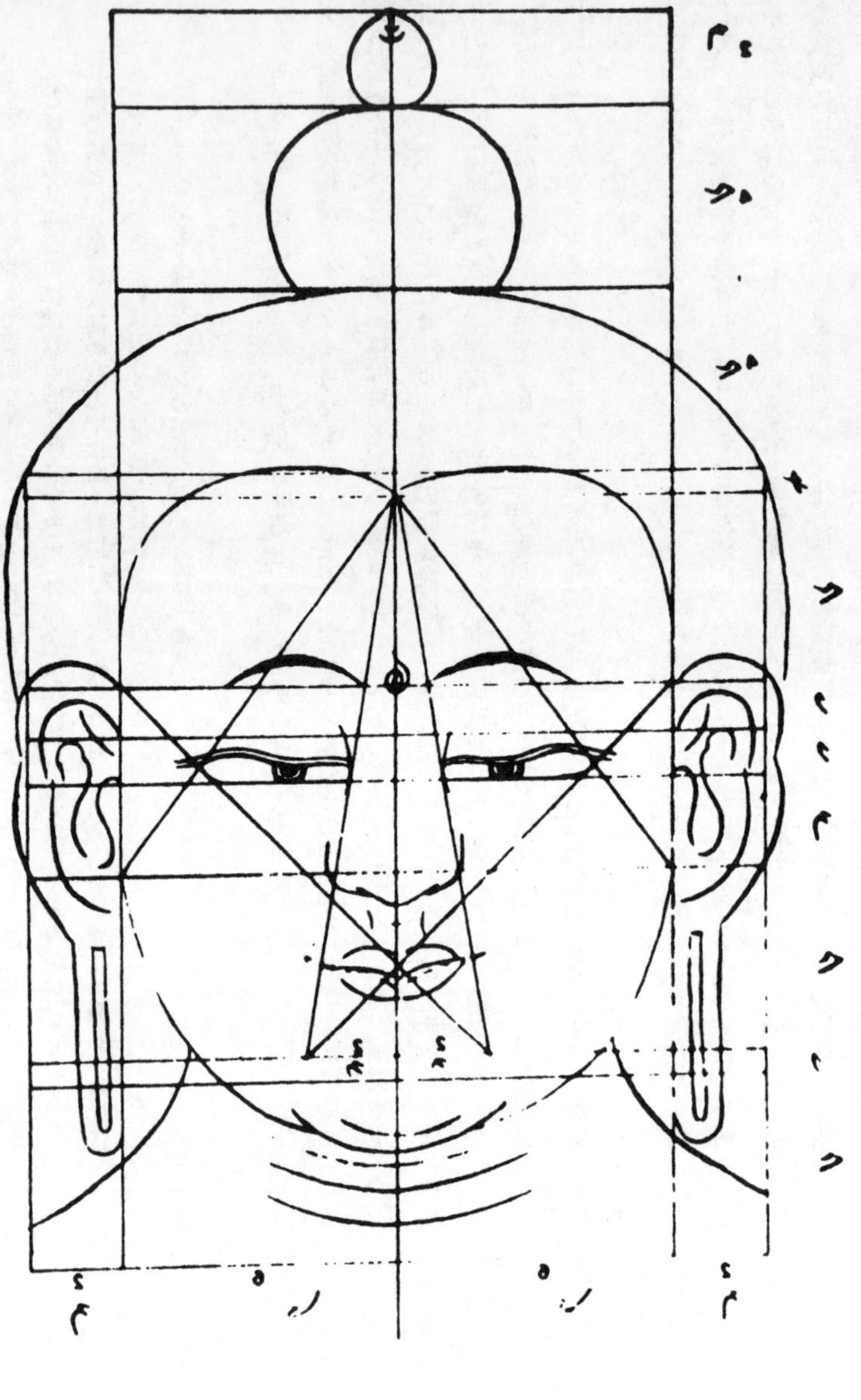

図2
ワンドラク（Wangdrak）が描いた仏陀の顔の比率図

を作り出す工芸技能をもつ人々を助けることで、技能が実践されている社会をある程度支援することだ。これまで技能は学術的手段（文字）によって広まったが、われわれは技能を保存して広めていくための道具作りには、技能者の集団の並外れて優れた能力を除外するのでなく、取り込むことが必要なことを理解した。工芸技術の保存、普及に役立つ手段を作りだし、その有効性を見きわめるのにもっとも適しているのは、その技術を実際に利用している社会の人々なのである。

（中略）

こうした研究の成果を見ると、制作過程を解説した文書がさまざまな場所で繰り返し再現されることで、工芸家たちが時代を超えて結びつき、工芸家やプロジェクトの間で経験から得た知識の交換が進み、工芸技術の体系化へといたる基礎が築かれていったことがわかる。また、制作上の経験を著したものは、工芸技術を伝承するための絶好の教材にもなる。見習いの工芸家にとっては、過去のさまざまな制作現場に触れることができるライブラリとなり、次なる工芸作品の制作に生かされていくだろう。長期的な視点に立つと、工芸技術はつねに流動的な状態にあると見ることができる。確立される過程や実験段階にある技術もあれば、単純化が進む技術も見られる。そして、タンカのように衰退へ向かうさなかに置かれた技術もある。

われわれが、タンカの画家が製作技法を保存して、普及させていくのを助けているのは、制作過程を何らかの表現として残す作業の一環である。タンカの画法は、体系化された構図法として長い時間をかけて伝承されてきたことで、高度の発達を遂げ、すでに成熟段階に達している。といっても、芸術上の新たな試みを拒絶しているわけではない。

神々の像はタンカに描かれることが多かったが、それ以外の媒体でも表現された。石、金属、木を使った彫像を彫ることもあれば、紙や布に墨で描くこともあった。綿や絹の旗にアクリル絵の具や水彩絵の具で描いたり、僧院の壁に彫ったり描いたりすることもあった。こうした作品を見ると、構図法を忠実に守って描く画家たちの技量を感じると同時に、画家の想像力を見てとることもできる。どの画家も構図法に従っているにもかかわらず、二つとして似たような絵や彫刻はない。同じ神を描いた作品がいくつも存在するということは、神学者の理論を表出する画家の優れた技巧と、そこに画家自身の神に対する愛、帰依、賞賛の気持ちを込める想像力とのあいだに、微妙な関係があることを表している。このような象徴表現の基礎に対する驚くべき忠実さと、民族ごとに異なる神々の様式化された描き方との関係は、仏教が栄えた国々で共通して見られるようだ。画家は、手本を忠実にまねることを何世紀にもわたって繰り返し、寸分違わず伝承されてきた設計図をもとに作品を作り上げる。しかし、こうした工芸技術にも、信じがたいほどの即興の自由がある。こうした神々の像には、媒体、時間、そして場所を超えて、定められた構図法規則への忠実さと、そうした規則の枠の中で発揮される芸術的な探求心が表れている。したがって、伝統的な媒体を利用する工芸技術を保存し、普及させるだけでなく、タンカをコンピュータを使った規則的な構成とビデオ技術によって表現するという試みも、研究に値する領域だといえよう。

タンカの制作に電子技術を応用しても何の影響もないと明言すれば、それは明らかに楽観主義に陥った学者の独断というものだろう。電子技術は、タンカの制作技法を進歩させるかもしれないし、退歩させるかもしれない。どちらにしろ、何らかの影響を及ぼすことはまちがいないのである。こうしたジレンマを抱えてはいても、タンカの保存と普及に電子技術を応用しないでいることはできない。電子技術を利用するかしないかは、タンカの制作技術にしのびよる脅威を検証してから決めるべきだろう。タンカの収集や商品化が急速に進んでおり、土産物としての需要が高まっていることで、制作工程も単純化しつつある。実入りの多い職を求めて廃業する画家も増えてきた。これらの理由から、タンカの制作技法はすでに、単純化、変質、低劣化への道を歩み始めているのである。すぐにでも対策を講じる必要がある。手をこまねいていれば、タンカの制作技法は消滅寸前まで追いつめられるかもしれない。今まさに、タンカの制作に電子技術を利用すべき時である。それと同時に、このようないつまでも色あせない見事な絵画を世に送り出してきた無数の世代にわたる画家たちを見習い、制作技法に対する崇敬の念も忘れてはならないだろう。

（中略）

タンカのデジタル化と普及

このプロジェクトが打ち出した「電子スケッチブック」という構想の目的は、文化としてのタンカの制作過程を収録し、普及させることである。制作過程を紹介するとなれば、最終的にはタンカを見せることになるが、このプロジェクトの本来の目的は、完成したタンカを研究したり展示したりすることではない。それは美術館や本で充分こと足りるからである。そうではなく、基本的なプロセスつまり時間の感覚についての手段をタンカの制作過程に取り入れようというのである。画家はタンカに対していくつかの処理を施す。絵の要素を作ったり、テーマを決めたり、全体の構成を考えたりする。学者や美術館の職員のように完成した絵を研究したり収集したりするのではなく、タンカの制作作業場での動作（あるいは行動場面）を収集して表現すること、またそれらの場面をタンカが共同体で使われている場面と結び付けることに興味がある。

神の目の陰影づけだろうと、神への祈祷だろうと、構成の検討だろうと、制作過程の作業であればどんなことでも再現できる。好奇心の旺盛な画家や鑑賞者であれば、再現された制作過程を見ることで、タンカ画家の作業を追体験し、実際の動きを見ながら技巧を学ぶことができる。学生や来館者は、タンカが生活の中で息づいている様子やタンカ画家の話を収録した映像を見ることで、文化的な背景の中でタンカを捉え、それぞれのタンカに込められた意味を理解することができる。そのうえで研究すべき課題は、電子スケッチブックによって変容を遂げようとしているタンカの制作過程の本質を探ることである。

注釈

ランジット・マックーニにとって、「チベットタンカの電子スケッチブック」はもっと野心的なプロジェクトへの布石だった。彼が次に挑んだ「ギータ・ゴヴィンダ（Gita Govinda）」プロジェクトは、電子図書館というメタファーにおいて重要な役割を果たすアプローチや技術を再検証するものだといえる。

ギータ・ゴヴィンダとは、絵画、音楽、舞踊のモチーフとして用いられる古代の恋愛詩である。これらの芸術形式（マックーニは「伝統的マルチメディア」と呼んでいる）は、何世紀もの時間をかけて発展し、互いに影響しあってきた。インドにおける徒弟制度の伝統を念頭に置いていると思われるが、マックーニは文化を保存するうえで師や先生の役割が重要であると考えている。マックーニの論理からすると、デジタルメディアは生徒を導く先生の精神を再現できなければならない。先生は何をするだろうか。何かを見せ、説明する。生徒に興味を持たせる。資料を見せ、物事を比較する。たとえば、あるテーマが絵ではどのように表現され、舞踊や音楽ではどう表現されているかを比較し、説明するのである。

ギータ・ゴヴィンダ・プロジェクトの展示物は、音楽、舞踊、文学と、複数のジャンルにわたる。この展示でのコンピュータ技術の使い方は、映画の技巧を思わせる。画像をズームインしたり、スポーツ中継のようにインスタントリプレイ（直前の映像を即座に再生すること）を見せたりできるのである。踊り手にズームインしたところで映像を停止し、スローで再生することもできる。先生役が踊り手の身ぶりを誇張されたアニメーションで見せ、手の動きやおじぎの仕方を生徒に説明することも簡単にできる。インスタントリプレイやスローモーションといったテクニックを使えば、踊り手の速い動きをゆっくり見せることができる。画面の左半分で何かを説明し、右半分では舞踊のアニメーションを見せたり、再生している音楽の譜面を表示したりすることも可能である。ある楽器のボリュームだけを上げることができるので、演奏の中でどのような働きをしているかがわかる。踊り手の動作を他のものに合わせることもできるので、音楽が踊りにどう対応しているのかも、物語のどの部分を表しているのかも一目瞭然である。

このような豊かなプレゼンテーションの技法は、電子図書館の利用者にとっても大きな意味を持つ。ヴァネヴァー・ブッシュがなぜメメックスを考え出したかといえば、扱いきれないほど大量になった情報を理解し、情報の筋道となるトレイルを作るためだった。トレイルをたどっていくことで、蓄積された情報の意味をつかむことができる。マックーニが考案したシステムは、このトレイルの作成者を先生に置き換えたものだといえる。どのトレイル作成者も先生として次の世代にテクニックを伝える。トレイル作成者は後継者に何を残すのだろうか。ブッシュの場合は、後に残るものはトレイルだけだった。マックーニの場合はどうかというと、先生と生徒のあいだで交わされたコミュニケーションのすべてが残る。先生は身ぶりを加え、動き回り、資料を見せる。文化と夢に注目したマックーニは、ハイパーテキストの限界をも超えてしまった。彼が証明したのは、デジタルメディアを教材として利用するのであれば、テキスト以外のメディアも採り入れることによって、より大きな力を発揮するということである。すなわにマックーニのしていることは、事実上、マルチメディアティーチャーを作っていることに相当するのだ。単に教科書をネットワークに乗せるようなことをするのではなく、先生そのものを登場させたり、それが無理であれば先生の血の通った表情や行動にネットワークで触れられるようにしようというのである。

マックーニがこの構想を思いついたのは、インターネットにあるほとんどの情報がテキストを主体としている時代である。現在のＨＴＭＬ[*95]をベースとしたブラウザ[*96]のユーザーインターフェイスでは、あるページに書かれた文章を読んでいても、リンクをクリックすれば、ユーザーが勝手にそのページから出られる。つまり、そこには生徒を指導する先生はいないのである。教科書を読みながら、同時に学習のテーマをチェックすることもできない。リンクをクリックしてしまえば、ページが変わり、教科書の内容は消えてしまうからだ。マックーニのギータ・ゴヴィンダ・プロジェクトや、他のマルチメディアソフトでは、つねに先生がいて、画面の表示内容をコントロールし、身ぶりを交えて大切なところを強調する。説明するときも、何かを実際に見せるときも、先生が芸術作品や作業風景を生き生きと見せてくれるのである。

ところで、なぜこのようなことが重要なのだろうか。まず、優れたプレゼンテーションとは学習効果を高めるものだという考え方がある。作品をデジタル化すると、アクセスや理解が容易になり、人間の探求心を刺激するのである。また、すべての読者が同じ能力を備えているとはかぎらない。マックーニが考えたような先生であれば、好奇心はあるのに本を読まない人でも、自分の世界を広げることができるのではないだろうか。マックーニが生み出した先生は、知識の守護者という元型を見事に体現している。これから作り上げていく情報インフラのイメージをふくらませてくれる存在なのである。

95　ＨＴＭＬ
ハイパーテキストを実現するための記述言語。現在、インターネットのウェブページの記述に用いられている。タグとよばれる<>の記号で囲まれたコマンドを使用したテキストファイルをブラウザで閲覧すると、ハイパーテキスト形式で表示される。

96　ブラウザ
ファイルなどを閲覧するためのソフトウエアで、ＷＷＷサーバー上の情報を閲覧するためのクライアント側のソフトウエアをＷＷＷブラウザという。ＷＷＷブラウザには、ネットスケープナビゲータ、インターネットエクスプローラなどがある。

第Ⅱ部

電子メール

―― 通信媒体としての情報ハイウェイ

物語は薬である。わたしは初めて物語を聞いたときからずっと、その魅力にとりつかれてきた。物語にはそれほどの力がある。物語は何かをしろと命じたりはしない。ただ聞いているだけでいいのだ。

——クラリッサ・ピンコラ・エステ『狼とともに走る女たち』[*1]より

通信は別居を解消する。

——奇跡についての講義[*2]より

数年のうちに人間は、顔を合わせるよりも機械を通じてのほうがより上手に対話できるようになるだろう。

——J・C・R・リックライダー、ロバート・テイラー共著「通信装置としてのコンピュータ」[*3]より

人間は一人ではインターネットで何もできない。それは、世界中の興味深い通信がすべて二つ以上の場所を結んで行われていることから明らかだ。

——あるメーリングリストに寄せられたメールの一つ

トリックスター（外部から現れ、悪さをして既存の秩序を乱す者）を一種の使者と考えれば、それは世界中のさまざまな人を結びつけるコンピュータネットワーク、携帯電話、衛星放送の力強い味方でもある。

——アラン・B・チネン『英雄を超えて』[*4]より

1　Clarissa Pinkola Estés, *Women Who Run With the Wolves*

2　A Course in Miracles

3　J. C. R. Licklider and Robert Taylor, "The Computer as a Communication Device"

4　Allan B. Chinen, *Beyond the Hero*

ラドヤード・キプリングが書いた児童文学『なぜなぜ物語』[*5]の中に「最初の手紙はどうして書かれたか」という題の説話がある。ある猟師が生意気ざかりの娘を連れてナマズを捕りに川へ行くところから物語は始まる。猟師はナマズを捕るためのモリを誤って折ってしまい、座って直していた。退屈になってきた娘が父親に黙って辺りを歩き回っていると、隣の部族のやさしそうな男と出会った。男は娘が聞いたことのない言葉を話した。娘は白樺の木の皮を集め、その上に父親が魚をとっているところや、折れたモリや、住んでいる家などを描いて見せた。娘は、見知らぬ男にこの「手紙」を家にいる母親に届け、誰かに別のモリを持ってこさせてほしいと頼むことに成功した。母親は、手紙などそれまで見たこともなかったので、拙い絵や記号のようなものを見せられても、何のことかさっぱりわからなかった。彼女は夫が危険な目にあっているのだと勘違いし、村の兵士たちに夫を助けに行かせた。この物語は、誤解を招く手紙がきっかけとなって次々と起こる騒動を描いている。

わたしたちの時代には、キプリングが書いた物語のように手紙の内容がまったく理解できないということはない。それぞれの社会で言葉と文の書き方が決まっているからだ。この社会と通信の関連は決して偶然ではない。通信を意味する「コミュニケート（communicate）」と、社会を意味する「コミュニティ（community）」という二つの語は、同じ語源から派生したのである。すべての人間が誰とも関わりを持たず、一人きりで生きているなら、人と交流する必要はないし、おそらく言葉もいらないだろう。

手紙などのメッセージで使う言葉は、日常語から文学の香り高いものまでさまざまである。口で伝えられるメッセージは、何かに記録しないかぎり、紙に書かれたメッセージに比べて短

5　Rudyard Kipling, *Just So Stories*

時間で消えてしまう。聞いた言葉は左の耳から右の耳へと通り過ぎてしまうが、書かれた言葉は何度でも読み返すことができる。文書の利点は、通信の内容を後で読み返すためや後の世代のために保存しておけることにある。それは、電子図書館というメタファーや知識の守護者という元型に表れている。文書は、キプリングが書いた物語のように、遠く離れた人と連絡をとる場合にも利用できるし、日常生活での情報伝達や会話にも役立つ。メッセージとは、コミュニケートするコミュニティの人々を互いに結びつけるものなのである。

通信者を甦らせる神話と元型

コミュニケート（聞いたり聞かれたりすること）の必要性は、通信者という元型に表れている。もっとも代表的な通信者といえば「使者」だろう。使者にまつわる話はたくさんある。たとえば、紀元前一五世紀のこと、大軍勢を倒した古代ギリシア人は、マラソン平原の向こうまで使いの者を走らせ、市民に勝利を知らせた。この使者は、メッセージを届けたのち、その場にくずおれ、息絶えたという。四二・一九五キロという現在のマラソン距離は、この使者がマラソン平原を走り抜けた距離からきている。欧米の日常会話で使われる「使者を殺すな（don't kill the messanger）」という文句は、悪い知らせを運んできた者へ怒りをぶつけるなという意味である。エルバート・ハバードが書いた「ガルシアへのメッセージ」[*6]では、ある勇敢な兵士が危険なジャングルや敵の陣地を通って司令官に書簡を届けるという不可能に近い任

6　Elbert Hubbard, A Message to Garcia

務を負わされる。この物語は一八九九年に書かれ、五〇〇〇万部以上の売上げを記録した。

西洋文化において、もっとも有名な使者の元型といえば、ギリシア神話に登場するヘルメスである。ヘルメス（Hermes）はゼウス（Zeus）とマイア（Maia）の息子だった。ヘルメスはゼウスの使者であり、幸運をもたらすとされる。足が速く明朗で、賢いうえに慈悲深かったヘルメスは、靴と帽子につけた羽根で速く移動できた。ヘルメスは、雄弁家、著述家、競技者、商人、泥棒の擁護者でもあった。広告業界は、ヘルメスを速さの象徴として利用している。ローマ神話でヘルメスに相当する人物はジュピター（Jupiter）の息子メルクリウス（Mercury=マーキュリー）である。ケルトの神々では、ルーグ（Lug）という神が通信者と同じような役割をする。シュール・グレッグ・ウィルソンは『打楽器奏者の道』[*7]という著作でアフリカ人の精神世界について触れ、ヘルメスやメルクリウスと、アフリカの神話に登場するエレグバ（Elegba）、テヒュティ（Tehuti）、エシュ（Exu）、イファ（Ifa）といった神々とのあいだに共通性が見られると指摘している。

ヘルメスは電子メールや通信と関連づけて語られることも多い。アメリカの軍用ネットワークARPANETで初めて使われたメールソフトは、ずばりHERMESという名前で、一九七五年から一九七七年にかけてBBN（Bolt Beranek and Newman）で開発された。このソフトはアメリカ国防総省高等研究計画局（DARPA）の軍事メッセージシステムとして使用されたもので、任意のメッセージヘッダ[*8]を使えることとメールフィルタの概念を採り入れていた。興味深いことに、一九七六年ころにはBBNでHGと呼ばれるHERMESと同じようなメッセージシステムが作成されていた。HERMESの設計者の一人であるオースティン・ヘン

7　Sule Greg Wilson, *The Drummer's Path*

8　メッセージヘッダ
電子メールのメッセージ上部に添付される属性情報部分を指す。主な内容には、宛先アドレス、差出人アドレス、用件名（タイトル）などがある。

ダーソン（Austin Henderson）によれば、HGはしゃれた名前をひっかけたものだという。HGは水銀元素の原子記号Hgを意味する。水銀、mercuryはさらにヘルメスのローマ神話の名前のMercuryの英語綴りと同じであり、つまり同じヘルメスにいきつく。イギリスのある通信会社もヘルメスのイメージを会社のマークとして使用している。

コミュニケーションとコミュニティにまつわる重要な物語がもう一つある。聖書に出てくるバベルの塔の逸話である。バベルの塔は、ノア（Noah）の子孫が天国まで登り、神に近づこうとして建てたと言われている。神は、彼らが塔を完成できないように、いくつもの言葉に分けてしまった。このことによって、彼らは意志の疎通ができなくなったのである。そして神は彼らを引き離し、世界各地に送った。これとは正反対の話が新約聖書にあるペンテコステの説話である。「ペンテコステ（Pentecost）」は、ユダヤ人たちが春に行う収穫祭の五旬節を意味するギリシア語である。イエスの復活後、十二使徒がエルサレムに集まったとき、目の前にいくつもの炎が現れ、十二使徒にイエスの聖霊がくだった。そして彼らは異国の言葉を話し始めた。ちょうど収穫祭のころだったので、エルサレムには世界各地から人が集まっており、さまざまな言葉が話されていた。十二使徒は異国の者たちの中に入っていき、それぞれの国の言葉で説教を始めた。そして多くの人々がキリスト教に改宗した。これら二つの物語は、どちらも距離と言葉によってばらばらになったコミュニティをテーマにしたものだといえる。

通信者という元型は、コミュニティとの関係によってさまざまに姿を変える。雄弁家は意見を表明する市民であり、ペンパルは手紙を通して親密になった友人であり、仲人は男女を引き合わせるネットワーカーである。秘密をもらしてコミュニティに害を与える通信者もいる。

注進者、密告者、売国奴、スパイなどがそれに当たる。言ってみれば、人間はみな通信者である。教師も社内文書の作成者も、律儀に友人と手紙をやりとりする人も、形はどうあれ情報を伝達していることに違いはないのである。

通信者は、情報インフラについて考えるための指針を与えてくれる元型の一つでもある。現代においては、この元型は電子メールというメタファーとして体現されている。電子メールはインターネットでもっとも盛んに利用されているサービスである。ほとんど人は、電子メールを無料か電話より安い料金で利用できる。郵便を電子メールに対して「スネイル（かたつむり）メール」と呼ぶ人もいる。電子メールは瞬時に届くが、郵便は数日もかかるという意味である。電子メールはいつでもどこでも読むことができる。しかも切手を貼る必要がない。電子メールは、インターネットでは一九七〇年代からすでに広く使われていた。

このようにそこそこの歴史があるにもかかわらず、今でも電子メールを使い始めた当初は誰もがとまどいを感じるようだ。メールには人に面と向かっては言わないようなことが書いてあったり、大量のジャンクメール[*9]が届いたりするからである。それぞれの媒体には特有の性質があり、それによって利用のしかたが決まる。電子メールは郵便とは性質が異なるため、おのずと使い方もこれまでの手紙とは違ってくるのである。電子メールをメタファーとして考えると、なぜ電子メールが従来のメール（郵便）のイメージを覆すように見えるのかがわかってくる。

9　ジャンクメール
電子メールによる商品やサービスの広告、勧誘を目的にしたダイレクトメールの総称。インターネットの急速な普及や、メール送信の手軽さなどにより急増している。

電子メールというメタファーの深層

本来のメール、つまり郵便というものに慣れ親しんでいるせいか、電子メールというメタファーは初めから多くの意味を伴っている。したがって、電子メールというメタファーの深層は、従来のメールとその働きに対するイメージの中にあると言えるだろう。

手紙を送る過程から見てみることにしよう。まず、手紙を書く。普通は何度か書き直す。納得できる文面になったら、便箋を折り、封筒に入れる。もちろん、手紙を書く理由はさまざまある。文通相手や遠くにいる友達に手紙を書くときは、自分の内面を見つめ直したり、相手を思いやったりする。普通は、のんびりした気分で音楽を聴いたりしながら書く。落ち着ける場所へ行って書く場合もある。旅行へ行ったときに、見たりしたりしたことを手紙に書き、滞在先から友人に送るという人もいる。こうした手紙は、いずれも特定の人に個人的なことがらを伝えるために書く。つまり私的な手紙である。封をすることには、プライバシーを保護するという意味がある。

手紙が相手に届くまでには、郵便局の豊富な知識と資源が利用される。差出人は受取人の住所を封筒に書く。この住所の記載に抜けや誤りがあっても、普通はまちがなく相手に届く。手紙をポストに投函してから相手に届くまで、一般には数日かかる。今度は手紙を受け取る側から見てみよう。手紙は、ある決まった場所の郵便受けに届けられる。転居して住所が変わっても、前の住所に出された手紙は新しい住所に転送される。しかし、手紙をやりとりする相手には転居先を知らせておいたほうがよい。

どこの郵便受けにも大量のジャンクメールが届く。そのほとんどは個人からではなく企業や団体からのものである。ジャンクメールは、「料金別納郵便 (bulk mail, crd sort, pre-sorted)」などと封筒に印刷してあるので、簡単に見分けがつく。「料金別納郵便」と表記されている手紙は封も開けずに捨ててしまうという人もいる。

普通の人は、郵便料金、便箋や封筒の費用、それに手間もかかるので、大量の手紙を送るということはない。同じ内容を何人にも伝えるとなると、手紙を何部もコピーし、それぞれを別々の封筒に入れ、一つ一つに住所を書かなくてはならない。

このメールというメタファーには、電子図書館のメタファーと同じように、ある前提が伴う。それは通信規定と識字能力である。手紙は種類によって形式も通信規定も異なる。たとえば、会ったことのない相手に手紙を書くときには、自己紹介から始め、手紙を書いた理由を書く。こういった手紙は、非常に丁寧な文面になるのが普通である。それに対して、新聞の投書欄に出すような手紙は、それほど丁寧な言葉づかいは必要ない。それよりも簡潔で的を射ることのほうが重要になる。ほとんどの手紙では、敬称に気をつけ、相手に応じて、「先生」、「教授」、「様」などを使い分けなければならない。わたしが子供のころ、祖母は手紙の中でわたしを「ぼっちゃん」と呼んでいた。また、手紙を書くときには、必ず返事を期待しているものである。

手紙に対する固定観念を打ち破る

電子メールというメタファーも、電子世界の変化や特徴を見落としてしまうと、人々に誤ったイメージを植え付けかねない。電子メールの場合、手紙の書き方からして従来とは異なっている。電子メールはワードプロセッサを使って書く。ワードプロセッサには、カット&ペースト[*10]やスペルチェック[*11]などの機能がある。もちろん、こうした機能があっても、書き手が他のメールの文章をあわててペーストしたりすれば、大きな間違いをする。文章を誤って削除したり挿入したりしたために、文法や内容が間違いだらけという電子メールをよく見かける。ワードプロセッサの便利さにつられ、前に書いた文章を安易に使い回ししがちである。送信する相手にはまったく関係のない文章をメールに入れてしまう危険があるということだ。

郵便の場合、個人からの手紙は受取人によって一通一通異なるが、企業などからの手紙は誰に対するものも文面が同じである。ところが、電子メールの場合には、個人が同じ文面のメールを多くの人に送ることがある。ウィノグラードとフロレスの二人は、共著作の『コンピュータと認知を理解する』[*12]の中で、行動のための対話はいくつかの段階からなると指摘している。何かを要求する声が上がると、その後に約束、反対提案、提案の受諾といった一連の行動が起こる。対話の節目ごとにいくつかの行動が伴う。そうした行動はいずれも言葉と関係しているというのである。この考え方は、「情報レンズ（Information Lens）」と呼ばれる実験的な電子メールシステムを一歩前進させるきっかけになった。「情報レンズ」は、マサチューセッツ工科大学のトム・マローン（Tom Malone）たちが作った造語である。情報レンズには、

10 **カット&ペースト**
文書や画像、データなどの、ある部分を切り取り（カット）、それを他の場所やファイルに貼りつけ（ペースト）ること。

11 **スペルチェック**
単語の綴りが間違っていないかどうかを調べること。

12 Winograd and Flores, *Understanding Computers and Cognition*

さまざまな手紙の書式が登録されている。要望書、誓約書、通知書などである。通知書とは、会議の開催通知や出版案内などをいう。この情報レンズがめざしたのは、電子メールの作成を自動化し、それをさらにコンピュータ化することだった。たとえば、セミナーの開催が発表されたり中止されたりしたときに、コンピュータが予定表を自動的に書き換えるといったシステムを夢見ていたのである。

郵便で送る手紙を書くときには、切手を買って貼る必要があるので、すぐに費用のことが頭に浮かぶ。海外へ手紙を出したり、定形サイズより大きい手紙や小包を送る場合は、費用がさらに高くなる。一方、電子メールを送信すること自体は無料であり、文章の長さや送信する距離によって費用の額が変わるわけではない。切手を買う必要がないので、費用がどれくらいかかるかなど考えないのである。

住所の書き方にも違いがある。相手の仕事先や居住先がわかっていても、電子メールのアドレスを知ることはできない。電子メールのアドレス[*13]は記号の羅列のようなものだからである。姓や名前、イニシャルが入っていることもあるが、プロバイダーによっては意味不明の文字だけが並んでいる場合もある。インターネットは組織やメールシステムごとに異なる名前付け規則を採用しているいろいろな電子メールシステムを相互に接続している。電子メールのアドレスを正しく入力しなければ、メールは絶対に相手のところまで届かない。

郵便では、同じ内容の手紙を何人かに送ろうとすると、費用が高くなるうえ、非常に手間がかかる。電子メールの場合は、複数の人に送信する手間は一人に送信するときと同じであり、費用も変わらない。電子メールは「配信」が容易だと言われる。同じメールを何通もコピ

13　**電子メールアドレス**
電子メールにおける住所・宛名に相当するもの。
電子メールアドレスに記載された場所にメールが送られる。インターネットメールでは、通常、ユーザー名@ドメイン名で構成される。ユーザー名は、ユーザーの名前をドメイン名は所属を示している。

ーする必要はない。一通のメールに送りたい人すべてのアドレスを入力すればよい。電子メールは、自分の意見を複数の人やディスカッショングループに発表するには格好の手段なのである。

電子メールを複数の人に送信するのが簡単であれば、その回数はどんどん多くなっていく。電子メールを利用している人のほとんどは、メールを不特定多数の人に送ったことが一度や二度はあるにちがいない。メーリングリスト[*14]にメールを送る場合、そのテーマにふさわしい内容のメールかどうか確認しない人も多い。つまり、ほとんどの人がジャンクメールを一日に何通も受け取っているということである。

電子メールの場合は、個人が送るメールが完全に私的なものである必要はない。それがディスカッショングループを生み出すきっかけになった。ディスカッショングループは、送ったメールがグループのメンバー全員に配信されるしくみになっている。今では、音楽批評、映画、ガーデニングなど、ありとあらゆるテーマにまつわるディスカッショングループが存在する。

こうしたグループは、電子メールによって距離の制約がなくなった、いわば「バーチャル・コミュニティ」である。毎日欠かさずメールをやりとりするというメンバーもめずらしくない。隣のオフィスにいる人と話すより別の都市あるいは地球の裏側にいる人と会話するほうが多くなることもある。このバーチャル・コミュニティでは、コミュニティとコミュニケーションの感覚は十分に現実味を帯びている。バーチャルとは、人々が必ずしも空間的な意味で近くにいなくてもよいことを意味する。現実の空間ではなくサイバースペースでの隣人ということになる。このテーマについては、電子世界というメタファーを扱った第四部で詳しく論じる。

---

14 メーリングリスト
特定のメンバー間における電子メールの同時配信サービス。ホストのアドレスにメールを送ると、そのメールがメンバーに転送される。このしくみを利用して情報や意見の交換を行っている。

ディスカッショングループに寄せられるメールの多くは、実は誰かが前に送ったメールへの返信である。しかし、こうしたメールを読んでいる人のほとんどは、読むことが専門で、議論には積極的に参加しない。郵便と対比させて考えると、ディスカッショングループのメールを読むということは、プライバシーの侵害ではなく、公共的な行為の一部だといえる。新聞に掲載された投書を読むのに似ているかもしれない。

郵便では、封筒に入れることでプライバシーが守られる。電子メールの場合には、最近になってようやくプライバシーが議題にのぼるようになってきた。コンピュータが会社の設備なので、電子メールはビジネスの一部だという考え方に立つ企業もある。なかには、社員どうしがやりとりしている電子メールを幹部がいろいろなプログラムを使って読んでいるところもあるという。ある社員が経営側と対立したとき、このような幹部の行為がもとでプライバシー論争に発展したという会社もある。こうした状況でプライバシーを必要としている人のために、「プライバシー強化メール（PEM）」をうたった電子メールシステムも登場した。暗号化技術によってメールを受取人以外には読めなくするというシステムである。プライバシー強化メールは、通常郵便の場合の封筒に相当する「デジタル封筒」に入れて送信するということができる。これらの電子メールシステムでは、メールは復号用の鍵を持っている受取人しか読むことができないような暗号録で暗号化される。これらの鍵は、送信者の身元を証明する目的にも利用できる。

電子メールの利用に慣れてくると、送信者の名前やメールの要旨を表示するプログラムを使いたくなるものだ。こうするだけで時宜を逸した内容のメールや、広範囲に配付されるメーリングリストに送られたメールなどを読まずに破棄するのには充分なことがある。最新鋭のメールソフトになると、メールのフィルタリングとソートを自動的にやってくれる。その場合には、特定の送信者から送られてきたメールや特定のテーマについて書かれたメールを破棄するフィルタを作成したり、「即座に対応すべき」とか「即応の必要はない」といった優先順位をメールに付けることができる。

普通の手紙であれば、ポストが見つかるまで持ち歩くことになる。この余計にかかる時間に、果たして手紙を送ったものかどうかを考えるのに使う人もいる。とくに急いで書いた場合に。ところが、電子メールの場合には、歩き回ったり待つ必要はない。「送信」と書かれたボタンをクリックすると、それだけでメールは送信されてしまう。送信してしまったメールは、自分ではどうすることもできない。送信したメールを取り戻すことができるメールソフトもあるが、インターネットではあまり一般的でない。何かトラブルが起きないかぎり、送信したメールは数分のうちに相手に届いてしまう。郵便の場合は、送るときと同様、受け取るときにも時間がかかる。郵便受けまで取りに行かなければならない。それに対して、電子メールには質量がない。電話やネットワークからどこからでも電子メールシステムにログイン[*15]し、届いたメールを読み、返事を送ることができるのである。

電子メールにも約束事や決まりはあるが、従来の手紙とは違っている。そのために送信者と受信者とのあいだで行き違いが生じる可能性がある。たとえば、電子メールは瞬時に相手に届くため、すぐに返事がもらえると思いこみがちである。しかし、電子メールの良いところは、受け取ったメールを自分の都合のよいときに読めることなのである。とはいっても、受け

15 **ログイン、ログアウト**
ログイン：コンピュータやネットワークに接続・利用をはじめること。
ログアウト：コンピュータの利用を終了したり、ネットワーク接続を終了すること。

取ってから数日のうちに返事を出さなければ、やはり無礼だと思われてしまう。わたしの同僚に、個人的な急用や家族の用事がいくつも重なり、三カ月近くもメールをチェック[*16]できなかった者がいる。仕事に戻ると、何千というメールがたまっていたので、全部まとめて破棄してしまった。重要なメールがあれば、また送ってくるだろうと考えたのである。ところが、わたしは彼にあることを助けてほしくてメールを送っていたのだが、返事がなかったため、断られたのだと思っていた。共通の友人から彼が大変な状況にあることを聞いて、初めて誤解だとわかったのだった。このような事態に備え、長い休みをとるときには、届いたメールに休暇中であることを知らせる返事を自動的に送信するように、メールソフトを設定しておく人もいるようだ。長い旅行に出かけるときに、留守番電話の応答メッセージを変えるのと同じようなものかもしれない。

従来の手紙に比べると、電子メールは形式ばっておらず、匿名性も高い。普通の手紙には書けないようなことも電子メールには書けるようだ。メールを多くの人に送ることがあまりに簡単だからかもしれない。手紙であれば、ポストへ行くまでの道すがら、書いた内容を思い起こしたり、心を鎮めることもできる。しかし、電子メールの場合は、「送信」ボタンをクリックするだけだから、そんなことをする時間もない。ある問題について感情的に言いつのったメールのことを「フレーム(flame)」という。このパートでは、こうしたフレームの例とフレームに対抗するメールの書き方も紹介する。

ところで、電子メールを自分のデスク以外で書くときのことを考えてみよう。サンフランシスコのベイエリアにあるコーヒーハウスなどで、ラップトップコンピュータ[*17]を使って電子メ

16　メールチェック
新着メールの有無を確認すること。

17　ラップトップコンピュータ
携帯用の小型パソコン。ノート型パソコンともいう。

ールを書いている人の姿を見かける。そのたびに、同じ場所で紙にちょっとしたことを書くほどにはのんびりとはできないように見える。テーブルの端のあいたところや、足の上においた本の上でハガキやメモを書くのは楽だ。これと対照的にラップトップコンピュータはテーブルの真ん中に置かなければならないから、ピザパイやコーヒーカップを置く場所がなくなる。気に入った万年筆で手紙を書いたり、文章をひねり出したりするかわりに、二～三キロのコンピュータに気を使わなければならない。近くにコンセントがなければ、バッテリーの充電量を示すランプにもときどき目をやる必要がある。そのうえ、中古車一台分くらいの値段のコンピュータをテーブルに置いたまま、コーヒーのおかわりを入れに席を立つことはできないだろう。少なくとも現在のところは、人が大勢いる場所で電子メールが書ける装置というのは、多くの欠点を抱えていると言わざるをえないようだ。

電子メールの現状

本書では情報インフラについて考えるヒントとして四つのメタファーを取り上げている。電子メールというメタファーはその二つめである。最初に論じた電子図書館とは異なり、電子メールはすでに何百万という人々が長い期間にわたって利用してきた。コンピュータネットワークなどの新技術を論じるジャーナリストたちからは、「情報化時代」という言い方は誤りであり、「通信時代」というべきだという意見も聞こえてくる。電子メールというメタファーは現在の既存のコンピュータネットワークがどのようなものであるかを占めるガイドとしては良いが、通信インフラがどうあるべきかのガイドとしては不十分だ。第二部で取り上げる論文は、電子メールが現在どのような使われ方をしていて、それが人々や組織にどのような影響を与えているのかを論じている。

現在のところ、電子メールは単なる新しい通信手段であり、既存のあらゆる通信手段に取って代わるような気配はない。新しい技術に熱狂しがちな現代人は、従来の通信手段を使ったほうが簡単で情報を伝えやすいような場合でも、わざわざ電子メールを使う。最近のことだが、ある新聞で次のような電子メールの利用者に対する不満の投書を読んだことがある。

「彼は自分の部屋にこもりっきりで、コンピュータの画面と向き合い、何かにとり憑かれたように遠くにいる会ったこともない人にメールを書き続けています。メールの相手と一緒に世界の問題に立ち向かっているつもりになっているようです。そのあいだ、周りにゴミはたまっていくし、散歩させてもらえない犬はぐったり横たわっています」

隣のオフィスにいる人と話すのに電子メールを使うのは、果たして意味のあることなのだろうか。最近わたしが経験したことをもとに考えてみよう。ある日、わたしはソフトウェアの技術情報がほしくて五〇人ほどからなるメーリングリストに問い合わせのメールを送った。回答のメールが届き、読んでいると、その中に二つ先のオフィスにいる同僚からのメールがあった。彼が答えを知っていたのだ。もっと詳しいことが聞きたかったので、彼のオフィスへ行ってみると、オフィスにもビルの中にも見あたらなかった。彼は自宅から返事を送っていたのだ。わたしは自分のオフィスへ引き返し、詳しい情報がほしいというメールを彼に送った。数分後、今度は別の人からその答えが返ってきた。同僚に新しい問い合わせのメールを送ったとき、彼は答えられなかったが、そのことに詳しい人にわたしの質問を転送してくれていたのだ。このような場合、電子メールは、人生からの逃避ではないし、一方で、散歩したがっている犬をほっておき、電子メールを通じて世界の問題に立ちむかうというような大げさなものでもない。電子メールにしかない利点とは、配信、電子配布、そして非同期通信である。上の例でいえば、「配信」によって多くの人にすばやく問い合わせができたし、「電子配布」によって家にいた同僚にメッセージを届けることができた。また、「非同期通信」のおかげで、誰もが自分の都合に合わせて電子メールを読み、返信できた。電子メールがなければ、昔ながらの「電話の鬼ごっこ」を演じていたところである。

電子メールで情報を探すことができれば、図書館のかわりとして利用できる。知りたいことがあったら、図書館や本で調べることもできるし、メーリングリストなどに質問を送り、人に教えてもらうこともできる。メーリングリストを利用するのは、ラジオでパーソナリティや電話をかけてきた人が何百万人というリスナーにわからないことを聞き、知っている人がラジオ局に電話をしてくるのと似ている。電子メールは、配信する相手はずっと少ないが、ラジオと同じような配信の機能をもともと備えているのだ。たとえば、本書の執筆を始めたとき、わたしはゼロックス・パロアルト研究所の「ComputerResearch」というメーリングリストに登録されている約二〇〇人すべてにメッセージを送った。「情報の徐行帯(information speedbumps)」や「高速にのる(taking the on-ramp)」といった情報スーパーハイウェイのメタファーの使用例を送ってほしいと頼んだのである。その電子メールは金曜日の午後五時半ころに送ったのだが、その日の午後七時までに、六通の返答があった。それから二日間は返信のメールがどんどん増え、二週間後にやっと鎮まった。結局、全部で約二五通の返事を受け取ったのだった。

電子メールの使い方はもう一つある。それは電子図書館や電子出版と関連がある。下書き段階の原稿をやりとりすることである（このテーマについては、第一部で紹介した「科学発展の根幹をなすコミュニケーション」でレーダーバーグが論じているが、彼は「デジタル通信と科学研究」[*18]でも同じ問題を追究している）。電子メールやその他のコンピュータ機能を利用すれば、原稿を同僚に見せて批評してもらったり、共同で論文を書くこともできる。形式ばらない共同作業のための通信に役立つ何かが電子メールにはある。電子メールであれば、正式の出版や批評と違い、リアルタイムで対話ができる。仲間どうしで質問しあったり、用語の意味を取り決めたり、思い違いを正したりできるのである。電子メールは何といっても私的なものであり、編集者がチェックを入れることもないし、同僚が厳密な分析を加えることもない。

電子メールは多くの企業で盛んに利用されている。この第二部には、電子メールが通信手段の主流となった場合に企業がどのような影響を受けるかを探った論文もある。電子メールが組織において水平的なコミュニケーションを促進し、厳格な序列制度によって発言が制限されている現在よりも社内をまとめやすくなるだろうと指摘する評論家もいる。

電子メールが人々を相互に結びつければ、ネットワークを利用して海外の事態に対応することも可能になる。一九八〇年代に旧ソビエト連邦と中国で暴動が発生したときには、共産圏のコンピュータ関連の組織がそれまで緊急時に外部とのコンタクトをとるためによく使わ

18　Digital Communications and the Conduct of Science

れたアマチュア無線の代わりに電子メールやファクスを使って欧米の関係者と連絡を取り合った。このころすでに、ギリシア神話の神ヘルメスは、新しい技術を身にまとって姿を現していたのである。

電子メールの使い方は、本書で取り上げた情報インフラを考えるための他のメタファーと重なる部分がある。ここでもう一度、電子メールを自動処理する情報レンズについて考えてみよう。書式化されたメールを使えば自動処理が可能となり、メールに特定の種類のデータを入れ、書式の決まった箇所にその情報を書いて伝えることができる。実際にインターネットでは、こうしたメールの自動処理をメーリングリストへの入会や脱退の手続きで使用している。つまり、電子メールという媒体は、人間だけでなく、メーリングリストのサーバーのような「コンピュータエージェント」も利用しているのである。実は、わたしのコンピュータに届くメールの九〇%は、わたしに関係するものでありながら、わたし自身が読むことは想定していない。その代わりに、これらのメールはコンピュータエージェントが読むことになり、エージェントは、わたしの代わりにいろいろな面で手はずを整えてくれる。予定表を管理し、あらかじめ送出してあった文献調査の結果を集め、おもしろそうなニュースを選びグループ分けをする。こうしたエージェントの機能の可能性は新たなメタファーを指し、新しいネットワーク技術を読み解く異なる視点を与えてくれる。電子図書館の視点に立つと、このエージェントは知識サービスを提供するノボットである。電子メールの視点から見ると、メールの世界で機能していて定型メールを処理するものとなる。電子世界の視点に立てば、このエージェントは、デジタル・リアリティとして描かれる情報空間の構築に参加することになるだろう。

リー・スプロウル、サマー・ファラジ

電子グループがもたらす影響

Lee Sproull and Samer Faraj, "Some Consequences of Electronic Groups" より

解説

リー・スプロウルは、サラ・ケイスラー（Sara Keisler）とともに、企業における新技術導入の影響に関する研究の第一人者として知られている。一九七〇年代の終わりから一九八〇年代の初めにかけて電子メールが企業に根を下ろすと、筋書きができていたかのように、二つの変化が順序正しく起きた。一つは、電子メールの利用者がさまざまな関心事ごとに集まり、自然にディスカッショングループを形成していったことである。もう一つは、電子メールを通して、必ずしも会社内の序列とは一致しない人と人のリンクができあがり、社内の平準化が進んだことである。

電子メールは、通信範囲を拡大する方向へとたえず進んできた。そして今では、企業の境界をはるかに越えてしまっている。一企業だけで稼働する電子メールシステムなどは存在しな

いと言ってもよい。ダイヤルアップ[19]の電子メールサービスを提供するプロバイダーたちは、この数年でプロバイダー[20]どうしの相互接続を実現してしまった。今どき、同じ電話会社に加入している相手にしか電話がかけられなくても不平を言わないなどという人はいない。それと同じで、プロバイダーが異なっていても電子メールをやりとりできることがプロバイダーを選ぶ条件になる。そのことにプロバイダー自身も気づいたのである。この論文でリー・スプロウルとサマー・ファラジは、巨大なネットワークで利用される電子メールがもたらす社会現象について論じている。この文脈では、電子メールとは企業を中心として利用されるものという旧来の大前提は崩れている。人々は個人的な目的のために電子メールを使う。そして、その目的とは大きく見て社会的なものである。企業が電子メールを導入したのは、その通信機能を買っていたからだった。企業の幹部も情報管理者も、電子メールを新しいコンピュータツールやデータベース、ライブラリなどと同列に考えていた。スプロウルとファラジは、このような企業の態度を「技術的な視点」と呼ぶ。コンピュータネットワークを技術的な視点から見ると、情報ハイウェイや電子図書館などのメタファーが思考のよりどころとなる。それは、情報の伝送速度や情報を保存・検索する機能に重点を置いた見方である。技術的な視点から見えてくるのは、人々がばらばらに情報を求めてネットワークの中を泳ぎ回る姿である。

一方、電子メールを社会的な目的で利用することを考えた場合、技術的な視点に立ったのでは、ネットワークの利用状況に光を当てることはできない。むしろ社会的な視点に立つことで、連帯、支援、疑問の解決、コミュニティなどを求める人々の姿が鮮明に見えてくるのである。ネットワークでは、人々が互いに集まり、会話し、心を通いあわせる。同じことに興味

19　ダイアルアップ
電話回線やISDN回線などを介して、必要なときのみダイヤルしてネットワーク接続を行うこと。

20　プロバイダー
インターネットサービスプロバイダー、ネットワークサービスプロバイダー。インターネットへの接続サービスを行っている。

を持っている人を探し、グループを作る。スプロウルとファラジが着目したのは、電子メールを利用する大きな目的の一つとなっている電子ディスカッショングループである。インターネットのもっとも代表的なディスカッショングループといえば、Usenet[*21]だろう。Usenetのニュースグループには、毎日二万件を超えるメッセージが投稿され、テーマは今でもどんどん増え続けている。

オンライン・ディスカッション・グループが利用している電子メールの特性は、他のどんな媒体も対抗できるものではない。ディスカッショングループに投稿されたメッセージは、数百人ときには数千人という購読者のもとに届けられる。投稿者は、購読者の一人一人と面識があるわけではないし、メーリングリストの登録者が何人いるのかさえ知らないこともある。毎朝、何千人という人々がメーリングリストにメッセージを送っている。この現象を具体的にイメージするには、大きな模型地図の上に雨が降っている様子を思い浮かべるとよい。雨粒の一つ一つが地図の上に広がり、国中あるいは世界中の人々をめざしてメッセージを運ぶ。メッセージが購読者のもとへ送り届けられると、地図の上は雨が流れた跡でいっぱいになっている。

一人の人間が一分間に一通ずつメッセージを読んだとしても、八時間で四八〇通のメッセージしか読むことはできない。これだけのメッセージを全部読むことができる人などいるはずがない。この洪水のような情報を無駄にしないためには、メッセージを、クラシックカー、人権、SF映画、エンジニアの仕事といったテーマごとに分類し、それぞれのテーマに関心のある人々に分配する必要がある。そこで、大勢の投稿者から送られてくるメッセージを大勢の購読者に情報を振り分ける効率的なシステムが生み出された。ニュースグループの購読者が

21　Usenet
Usenet News。UNIXのネットワークにおけるニュースのことであったが、現在、インターネットにおけるネットニュースに同じ。

増えすぎて議論を進められなくなった場合には、グループを話題ごとに細かく分ければよい。ディスカッショングループでは、個人による情報発信、メッセージの配信、テーマ別のフィルタリングという電子メールの特性がすべて必要になる。他のどんな媒体も太刀打ちできるものではない。ラジオやテレビのような媒体の場合、配信の機能はあるが、一般の人々が放送できるわけではない。電話は、個人が情報を配信することはできるが、配信やフィルタリングはできない。郵便局は、個人が情報を配信でき、お金を払えば配信もできるが、手紙をテーマ別にフィルタリングすることはできない。これらの活動の結果もたらされるのは、人々を緊密に結びつける社会である。企業が支店とのあいだで電子メールをやりとりしていたように、今や、あらゆる人々が世界中の人たちとネットワーク上で電子メールを送りあっている。彼らはみな、電子メールがなければ決して出会うことがなかったような人たちである。この論文では、こうした活動の全貌を見渡すことができる。

現実の社会では、団体というものはメンバーに対し、物理的、経済的、観念的、情緒的な活動の資源となるものを与え、メンバーも団体に対して同じものを提供する。電子グループの場合には、物理的あるいは経済的な資源そのものを与えるのではなく、仕事や商品に関するヒントやアドバイスのような、資源となりうる情報を提供することが多い。ほとんどの電子グループが情報やデータをメンバーに提供する。たとえば、「comp.databases」というニュースグループは、次のような質問のメールを受け付けている。

VAX（VMS）版 Ingres データベースからデータを取り出すソフトを探しています。現在はPCLINICを使ってPCにデータを入力していますが、このデータに非同期ポートではなくイーサネットからアクセスしたいのです。IQソフトウェアや Gupta といった会社の製品について教えてくれませんか？　Ingres データベースをPCで使うためには、何が必要ですか（DOS対応のツールとか）？　どんな情報でもかまいませんので、よろしくお願いします。

名前が「comp.」で始まるグループは、多くが技術に関する情報を扱う。「comp.databases」では、新しいデータベースパッケージの技術的なメリットなどについて意見を交換している。「comp.object」というニュースグループでは、メンバーがオブジェクト指向のメソッドを使って専門家を唸らせるようなプログラムを作ろうと奮闘している。「comp.c++」というニュースグループでは、プログラミング言語の c++ がいかに難解であるかを論じあっている。c++ で書いたコードを送り、「絶対に動くと思ったのに、動かないのはなぜだろう」などと疑問をぶつける。他のメンバーに問題点を明らかにし、修正したコードを投稿してもらおうとしているのである。こうした技術系のグループには、大変な努力をして技術情報を集めたり提供したりしている人もいる。図書目録を作り、回覧している人もいる。多くの回答を受け取ったメンバーは、内容を要約し、発表しているようだ。

社会や政治を扱ったグループであっても、情報を提供する点では同じである。たとえば、「soc.feminism」というニュースグループには、フェミニズムに関する本や映画の新作に対する批評が寄せられる。こうした批評が引き金となり、現代の文化をめぐる問題についての議論がわき起こる。「soc.culture.lebanon」には、アメリカで発行されたレバノンへ旅行する際の注意書、毎日のレバノン・ポンドの為替レート、UPIとAP提供のレバノン関連のニュースなど、手に入りにくい情報が投稿されている。レバノン料理の作り方やアメリカでもレバノンでも通用するような子供の名前といった情報やアドバイスも交換しあっている。ジョークもよく投稿されるが、品のないものが多い。楽しいジョークは歓迎されるが、悪趣味なジョークを投稿すると他の読者から総攻撃を受けるので、慎んだほうがよい。

娯楽を目的とした電子グループも多い。これは情緒的な活動の資源を提供しているといえるだろう。Usenet の三大ニュースグループは、「alt.sex」、「alt.sex.stories」、「rec.humor」である。いずれも娯楽を第一の目的としていて、それぞれの購読者数は一〇万人を超えると言われている。技術界のオピニオンリーダーたちは、こうしたグループに不快感を抱いているようだ。確かに、知的な対話のレベルを上げるためのリソースとしてネットを捉えるような高尚な視点には合致しない。さらに内容に気分を悪くする人も多くいる。それにもかかわらず、これら三大ニュースグループは絶大な人気を誇っているのである。

電子グループは人間どうしの連帯感も与えている。電子グループのメンバーであっても、職場や学校では人間たちに囲まれているはずである。にもかかわらず、悩みを抱えていたり追いつめられた状況にあっても、相談する相手がいないために一人で苦しんでいる人が少なくない。周囲に同じような悩みや感じ方をしている人が見つけられなければ、自分に欠陥があるのだと思いこんでしまう。電子グループは顔を合わせたことのない他人ばかりで構成されるが、同じことに興味があって集まった人々であれば、似たような経験をしている可能性が高い。同じ境遇に置かれていたり同じことで悩んでいたりする人が見つかれば、「わたしは一人ぼっちではない！」と思えるにちがいない。電子グループはメンバーを精神面でサポートすることもできるのである。その例を三つほど挙げてみよう。

一九九〇年、博士号を取得した物理学者が、「若手科学者のネットワーク」というメーリングリストを開設した。対象は、彼と同じように物理学の分野での長期的な仕事が見つかりそうもない科学者たちだった。創設者は、職探しのコツ、研究費用補助を受ける方法、就職関連のニュースといった内容のメッセージを週替わりで掲載した（『サイエンス』一九九二年五月号六〇六ページに掲載されたJ・モレルの記事より）[*22]。購読者たちも、気づいたことや発見したことを投稿した。このメーリングリストは、仕事に就いていない科学者や充分な仕事が見つかっていない科学者への情報提供を目的として作られたが、すぐにサポートグループへと変貌した。ある物理学者は言う。「一番の価値は、仕事を見つける際の困難を他人も同様に経験していることを確認できたことだ」。次のように言う科学者もいる。「このメーリングリストを覗くと元気になれる。おかげで研究室の仕事が見つからないのは自分が無能だからではないということがわかった」。一年前には一七〇人ほどしかいなかった「若手科学者のネットワーク」のメンバーは、現在では三〇〇〇人にまで増えている。

一九八七年、ある女性コンピュータ科学者が「Systers」という私的なメーリングリストを始めた。目的は、オペレーティングシステムの分野で起こる出来事や話題を他の科学者たちと交換しあうことだった。Systersは、メンバーが増えるにつれ、「コンピュータサイエンスの分野における女性としての悩みや喜びについて語り合い、交流や助言の場を提供するフォーラム」（ボルグの言葉。『*Communications of the ACM*』一九九〇年一一月号三六ページのK・フレンケル

22　J.Morell, *Science*, May 1, 1992, p.606

の記事[*23]で引用された）に変貌した。このフォーラムでは、就職口、本の批評、学会などに関するメッセージがやりとりされているほか、気楽な世間話も交わされている。メンバーの一人は次のように言う。「親近感があって話しやすい」（調査記録一九九二年九月一日）。彼女は、このグループが個人的なものから出発し、各メンバーがメッセージを書くときに他人を尊重するように気をつけてきたからこそ、このような親近感が早くから芽生えていたのだと考えている。彼女は「今でも会話が論争に発展しそうになると、火消し役の人が必ず現れる」と言う。現在、Systersには世界一八カ国の一五〇の会社と二〇〇の大学が参加し、メンバーの数は一五〇〇人を超えている。

子育ての楽しさや苦労を語り合う「misc.kids」というUsenetグループもある。情報あり、ジョークあり、討論ありというバラエティに富んだグループで、おむつかぶれから体罰まで、幅広いテーマを扱っている。ある購読者は、このグループのことを「サポート組織と討論チームと百科事典と社会団体が一つになったようなもの」と表現し、「意見には同調できないような人でも、困っているときには助けてあげます」と話す（調査記録一九九二年五月）。「妊娠について悩んでいたときに（胎児の染色体異常）、そのことを書いて投稿すると、世界中から励ましのメッセージをもらい、とても感動しました」という人もいる（調査記録一九九二年五月）。misc.kidsには一日に約六〇件のメッセージが寄せられ、世界中に約四万八〇〇〇人の購読者がいる。

電子グループは情報を提供するだけではない。人間どうしが結びつきを深める場も提供する。人々の支えになったり、コミュニティの雰囲気を作りだしているのである。確かに電子グ

23 Borg, cited in K. Frenkel, *Communications of the ACM*, November 1990, p.36

ループは情報も提供する。しかしそれは、あるメンバーが言うように「個人の意見にもとづく情報」なのである。

現実の世界では、相互の利益が集団を長期にわたって維持する社会的な接着剤の役割を果たしている。どのメンバーも他のメンバーから利益を受け、他のメンバーに利益を与える。電子グループの場合、直接的に利益を相互に与えあうことは、不可能ではないとしても、なかなか難しい。しかし、ごく一般的な意味での利他主義であれば、それほど無理なく根づかせることができる。グループの中に困っている人がいたら、救いの手をさしのべるメンバーが一人や二人はいるものである(多くのメンバーは、助けることができても、忙しいとか、自信がないので手を出さないとか、エゴイズムに徹しているといった理由で返答しないだろうが)。メンバーが数千人しかいない場合は、返ってくる助言の数はごく少数になるだろうが、それでも一つぐらいは役に立つメッセージがあるだろう。また、こうした助言は他のメンバーも見ることができるので、同じような問題を抱えていながら、それをグループには打ち明けていないような人も助けることになる。

さらに、助言のメッセージは受け取ったものの、すぐに役立つような回答がなかった場合でも、相談者はメンバーたちが示した助け合いの精神を感じることができる。また、大きなグループだからといって、困っている人を助けるために一人のメンバーが何時間も知恵を絞る必要はない。どんな活動もグループ全体から見えるのだから、形ばかりの援助が少しでもあれば、コミュニティを支えることはできるのである。

メンバーが電子グループで得た情報を外部の人に伝えれば、電子グループは参加している人の枠を越えて利益をもたらすことになる。「友人がインターネットを利用できないので、わたしが代わりに質問します」といったメッセージもしばしば見かける。電子グループに投稿されたメッセージを友達や仕事仲間に見せるメンバーもいる。少なくとも技術系の電子グループについては、会社の従業員がメンバーになっていれば、電子グループで見つけた情報を仕事に生かすことができ、会社の利益になるのではないだろうか。

（中略）

もちろん、電子グループに入会することが良い結果ばかり生むわけではない。実社会で団体に所属すれば、良いことばかりではないのと同じである。価値のある情報は多いが、それと同じくらい誤った情報も多い。ニュースグループに投稿されたメッセージを読んでいると、すぐに何時間もたってしまう。議論が熱を帯び、対立や憎悪を生むこともある。しかし、数百万人とも言われる電子グループのメンバーにとっては、こうしたマイナス面よりもプラス面のほうが明らかに大きいだろう。

（後略）

注釈

ある中華料理店で食べたフォーチュンクッキー[*24]の紙きれに、こんな格言が書いてあった。「賢者はすべての事実を知りつくしている。切れ者はすべての人間を知りつくしている」。電子

24　フォーチュンクッキー
中華料理店などで食後に出すクッキー。中は空洞になるように焼かれ、そこに「おみくじ」のようなメッセージが書かれた紙片が入っている。

メールやオンライン・ディスカッション・グループでは、事実を知ることと人間を知ることの区別があいまいである。ディスカッショングループのメッセージを読むときには、人とコミュニケートしているというべきなのだろうか、それとも電子図書館で情報を検索しているというべきなのだろうか。わたしたちが向かおうとしているのは、「情報化時代」なのだろうか、それとも「通信時代」なのだろうか。どちらも近似でしかありえない。フォーチュンクッキーの格言に従えば、それぞれの人が他人との交流を深めようとするのか、情報を見つけようとするのかによって答えが変わるのだろう。

ピーター・ピロリらは、コンピュータ技術を利用する人々を「情報の狩人」としてモデル化することを提唱した。この考え方は、リー・スプロウルとサマー・ファラジが記述した技術的な視点と社会的な視点のいずれをも援護するものだといえる。採食行動は、捕食者がえものを追い、草食動物が草を食べる様子を一般化した概念である。採食方法は動物の種類や状況によって異なる。蜘蛛は獲物が来るのをじっと待っているが、狼は自分から獲物を追っていく。同じ場所にいつまで留まり、どれくらい協力すべきかを決めるのにはいろんな採食戦略をためすのが一番役立つ。砂漠では今、食料や水が十分にあったとしても、将来は手に入るかどうかわからない。このような環境に置かれた場合、人間たちは、必要なものを共同で使い生存の確率を高めようとする。この場合、食料を探すことと、人を探すことは、表裏一体の行為である。自然の豊かな土地であるほど、動物は縄張りを作って群居するようになる。荒れ果てた土地であれば、獲物を追って動物も移動する。このように、異なる採食行動の戦略のもとで、単独な縄張り行動をとることもあれば、社会的・共同的な行動をとることもある。

それは環境によって決まるのである。

ネットワークにおいても、狩りのしかたは状況によって変わる。あるトピックが注目を集め始めたばかりのころは、それにまつわる情報はわずかしかない。このような場合、情報の狩人の行動パターンは、砂漠における人間の行動と似ている。情報を分け合うのである。希少な情報を手に入れる一番の方法は、その情報を提供しているグループにアクセスすることである。時間がたち、情報が増えてくると、状況は変わってくる。一つのトピックに関する情報を一つ残らず集めても価値が少なくなっていることに気づくと、人々は小さなグループを作り、より専門的で狭い範囲に閉じこめる。

情報集めのツールの種類によっても狩りの行動パターンが変わる。ニュースグループに入会し、役に立つ情報が投稿されるのを待っているのは、蜘蛛の行動に似ている。ニュースグループの蜘蛛は、有益な情報が巣にかかるのをじっと待っているのである。蜘蛛を人間に置き換えると、ニュースグループに入会することを魚をとりにいくことにたとえることができる。入会するニュースグループを選ぶのは、網を入れる場所を決めるのと同じである。一方で、情報を探して電子図書館のリンクをたどる人は、ライオンか狩人と言ったほうが当たっているかもしれない。狩人という元型は、外の世界に出ていき行動する人間を意味する（第三部では、電子市場のメタファーに関連した行動をする元型の一つとして、狩人というトリックスターを取り上げ、探求する）。

新しいユーザーが大挙してインターネットになだれこんでくることを、オンライン・ディスカッション・グループの先輩たちは快く思っていない。その例として、あるニュースグループのメッセージを紹介しよう。これは、一九九四年の後半に、ペンティアムのマイクロプロセッサに演算上のバグが見つかったことがきっかけで起こった初期の混乱のさなかに投稿されたものである。

数年前、カリフォルニア大学バークレー校の数学教授アレックス・コリン（Alex Chorin）が書評を書いたとき、わたしが好きでよく使う「この本は人類が蓄積してきた知識を減らすものだ（This book detracts from the sum total of human knowledge）」という文句を書き出しに使った。わたしは、comp.sys.intel の活動がそうした状況に陥っているのではないかと思う。そこで、この問題について、わたしが興味のある点についてのより詳細（というより将来の）議論は、comp.soft-sys.matlab や sci.math.num-analysis のほうを読みにいくことにする。

ベテランのユーザーにしてみれば、新しいユーザーの大群は、エチケットもわきまえず、くだらない質問をし、何年にもわたってディスカッショングループを侵略してきたのである。これは社会的な問題であり、自然災害や戦争によって発生した難民を大量に受け入れた後の同化の問題と似ている。難民が一定数を超えると、受け入れ国では混乱が起こり、難民への援助が自国民の不満を招いて排斥運動へと発展することもある。まず、同化の速度に問題のひとつがあることがわかる。

また、ニュースグループの膨張速度だけでなく、その規模にも注意を向けなければならない。たとえば、あるニュースグループに一日のうちに場違いなメッセージを送ってくる人が千人に一人の割合でいるとしよう。メンバーの数が倍になると、場違いなメッセージの数も倍になる。

その結果、新たな入会を拒否すべきだという意見が強まっていく。情報の狩人という観点からすると、ニュースグループのメッセージが、非常識な意見、簡単な質問、時代遅れの情報といったものばかりでは、購読する価値は下がる一方である。

オンライン・ディスカッション・グループの存続を危うくしかねない行動の一つが「スパミング（spamming）」と呼ばれるものである。スパミングとは、ディスカッショングループのテーマとは無関係なジャンクメールを大量に送りつけることをいう。こうしたジャンクメールは、商品の宣伝もあれば、議論の攪乱を狙った不謹慎なメッセージもある。まともな記事を読むためには、ジャンクメールを避けながら、メッセージをかき分けて探すしかない。有益なメッセージを見つけるのに時間がかかるようになると、ニュースグループの評判はがた落ちになる。古くからのインターネットユーザーによると、かつてはおもしろかったニュースグループの多くがスパミングの被害に遭い、今では購読する価値がなくなっているという。対策はいろいろ考えられる。まず、編集者に広告メールを排除させるという手がある。しかし、真面目なメールまで誤って排除してしまうことも考えられるし、議論の進み方が遅くなる可能性もある。スパミングをしたことのあるメンバーからのメッセージを削除するプログラムを開発することもできる。本書を執筆している時点では、決定的なスパミング対策は現れていない。しかし、ネチズンたちの粘り強さとコミュニケーションへの飽くなき願望があれば、解決策は必ず見つかると確信している。

ニュースグループの寿命は、テーマとするトピックによって違いがでる。流行の話題を扱うようなグループは、その話題が主役の座を降りてしまえば、たちまちのうちに消えてしまう。

新技術をテーマにしたニュースグループは、技術が成熟するとともに、いくつかの専門グループへと枝分かれする。一方、普遍的な問題をテーマにしたニュースグループは、メンバーの入れ替わりを経験しながら安定した地位を保っていく。

スプロウルとファラジは、ポルノを売り物にしたニュースグループが現れていることを問題視し、コミュニティの規範と言論の自由をめぐる論争を避けて通ることはできないと指摘している。規範を設立すべきコミュニティというのはたまたまグループの電子メールを読むことのある個人でなく、むしろネットワークコミュニティすなわち世界中からの流動的な集団であるという。議論のテーマや内容が自分の趣味に合わないのであれば、入会しなければよいという理屈である。子供がポルノ画像を見たり、大人とセックスに関する会話を監視なしにすることを心配する人たちもいる。こうした不安の声に応え、ディスカッショングループの規制措置として、特定グループへのアクセスの制限、問題のあるテーマの禁止、規則を破ったメンバーの追放などを実行しているプロバイダーもある。

ディスカッショングループが入会を制限すると、誰もが参加できる公開フォーラムではなく、招待や料金制で会員を募る私的なクラブのようなものになる。このような排他的なクラブでは、大っぴらには言えないようなことも発言できるかもしれない。非公開のメーリングリストというのは、さまざまな分野の作業グループなどですでに一般化している。わたしも仕事場では、コンピュータサイエンスに関係する人々からなる複数のメーリングリストに参加している。こうした人々はみな、研究室の職員や作業グループのメンバーである。このようなメーリングリストは、メンバーを厳しく制限している。

私的なクラブという考え方をもう少し広げるために、そうしたクラブの可能性を探ってみたい。私的なクラブは、厳しい会員資格や厳格な秘密保持規約を定め、会員以外からの投稿も制限している。著名な財界人、慈善家、大企業の代表、科学者など、通常は接することのできない人々が参加した私的なニュースグループというものもありうる。こうしたニュースグループに一般の人々が媒介者を通してメッセージを送り、毎日それを正式の会員が読むとしたらどうだろうか。専門家にメッセージを読んでもらうためだったら、お金を払ってもいいという人はいるだろうか。このようなニュースグループは、限定部数の新聞と同じようなものといえるかもしれない。媒介者は編集委員あるいは広告業者の役割を果たすことになる（ネットワーク広告の価値については、第三部で紹介する電子市場のメタファーに関する論文が取り上げている）。

こう見てくると、電子メールとはきわめて柔軟性に富んだ媒体であることがわかる。個人的な会話、公的なニュースレター、私的なディスカッショングループと、いくらでも使い道がある。ネットワークが今後も発展を続ければ、新しい電子メールの可能性がまだまだ発見されるにちがいない。電子メールをグループ討議に利用するようになると、ネットワークはオフィスのコーヒーマシンそばやバーのような場所としての性格も身につけることになる。このように考えると、電子メールというメタファーは、本書の第四部で取り上げる電子世界のメタファーと交わる部分もあるようだ。

ネチケット[*25]一〇一

ジェイ・マチャード

解説

電子メールの高速伝送と配信という二つの特長には陰の部分もある。中傷や悪ふざけのメッセージが増える原因はそこにある。ネットワークのユーザーというのは、何か気にさわることがあると、怒りを抑えきれなくなって、感情のエネルギーを電子メールのメッセージにたたきつけ、だれかれかまわず送りつけてやりたくなるようだ。このような現象はいたるところで起きているらしく、「フレーム（flame）」や「フレーミング（flaming）」という呼び方までできてしまった。ガイ・スティールの『ハッカーの辞書（Hacker's Dictionary）』によると、フレーミングとは「何か気にくわないことについて、執拗に乱暴な言葉で言いつのったり、あからさまに嘲笑的な発言をすること」である。

健全な社会であれば、そうした常軌を逸した発言にはジョークで対抗できる。ところが、

Jay Machado, "Netiquette 101" より

25　ネチケット
「ネットワーク」と「エチケット」を合成した造語。ネットワーク上でのエチケットやマナーのこと。

ネットワークにはジョークに気持ちを込めにくいという欠点がある。ここに取り上げた記事は、フレームを始めとする電子メールの悪用をユーモラスな視点から紹介する二つの例からなる。最初の例は、チップ・ロウが書いた人を怒らせることまちがいなしというフレームの書き方である。これはもともと『スパイ・マガジン』に掲載されたものである。二つめの例は、フレーミングの被害に遭ったときに対処するための警告文である。ジェイ・マチャードは、この警告文をフレーマー（フレームの送信者）に送り返せばよいと考えた。ネットワークに流布されている笑い話と同じように、この警告文も匿名である。警告文で使われている「スレッド」という言葉は、「経路」といった意味で、ディスカッショングループでは特定のトピックに対する一連の返信メールを指す言葉として一般化している。

ネットワークユーザーを不快にさせる方法（チップ・ロウ）

でたらめな短縮語を作る。ネットワークのベテランたちは、隠語に明るいところを見せようとして、ＩＭＨＯ（in my humble opinion）＝「私見を申し上げると」やＲＴＦＭ（read the freaking manual）＝「あのひどいマニュアルを読んでください」といった短縮語を使いたがる。意味のない短縮語（ＳＥＴＯ、ＢＡＲＬ、ＣＰ30など）を作って、どんどん使ってやろう。そして意味を聞かれても教えてあげないことだ（「ＲＴＦＭの意味も知らないんですか？」といったぐあいに）。

メッセージをすべて大文字で書き、ピリオドを付けない。一行読むたびに左右へスクロールしなければならないように改行するのもいい。憤慨していることが伝わるように、感嘆符をたくさん使い（!!!!!!!!）、文字を二重にする（DDOOUUBBLLEESS）。

CC: ここに情報スーパーハイウェイの計画を提案したアメリカのアル・ゴア副大統領のアドレス（vice-president@whitehouse.gov）を入力し、電子メールを全部送りつけてやる。情報スーパーハイウェイの前段階ともいうべきインターネットがどんな状況になっているか、ゆっくり見てもらうためだ。

ディスカッショングループに入会し、そこで行われている議論をまったく関係のない方向へもっていく。たとえば、銃の規制について話し合っているグループであれば、「優れた遺伝子のトマトが重要な役割を果たしてきたようだ」といった意見を書いた返信メールを各メッセージに宛てて送信する。数日もすると、銃規制の論議はストップする。誰かが君に脅迫のメッセージを送りつけ、君を無視しようと言い始めるからだ。

フレーム警告文

［このメールは現在インターネットを巡回している。ここに掲載したのは、あくまでも参考のためである。］

様

［　］愚鈍［　］バカ［　］お山の大将
［　］イモ姉ちゃん［　］売女［　］共産主義者
［　］エルビス［　］かわりもの［　］田舎者［　］独裁者
［　］封建主義者［　］変質者［　］大学院生［　］げす

あなたがこのようなフレームを受け取るのには理由があります。

［　］あなたは退屈で無意味なくだらないメッセージばかり書いていました。
［　］あなたは同じスレッドに続けて何度も投稿しました。
［　］あなたは支離滅裂で意味のないスレッドを何度も開始しました。
［　］あなたは不道徳な内容のメッセージを投稿しました。
［　］あなたはインターネットの検閲必要論を擁護しました。

［　］あなたはヒステリックなメッセージを書いてきました（すべて大文字で書いた）。
［　］あなたはこのグループにはふさわしくないホラ話を投稿しました。
［　］あなたは根拠のない儲け話を投稿しました。
［　］あなたは「殺すぞ」といった言葉で人を脅しました。
［　］あなたは偏見に満ちたメッセージを書きました。
［　］あなたは不当な発言や人を見下した表現を繰り返しました。
［　］あなたは自分をこのグループの主役と勘違いしています。
［　］あなたはユーモアに欠けた発言を繰り返しました。
［　］あなたは明らかに何が何でもすべてのスレッドに首を突っ込もうとしています。
［　］あなたは他人を攻撃するメッセージを匿名で投稿しています。

∨お読みくださってありがとうございます。何ごとも経験だと思ってください∧

注釈

このような警告文を送ってフレームの犯人をやりこめるのは、火に油を注ぐような行為ではないだろうか。わたしのところにも本書の執筆中にフレームが届いた。その一部を紹介するが、送信者の要望に従い、名前は伏せておいた。その送信者が言うには、この一件のために自分の名前が活字になって残るのはいたたまれないということらしい。わたしがこのフレームを選んだのは、インターネット上の電子メールと電子市場というテーマにぴったりだったからである。それに、このメッセージが広まった経緯も興味深かった。もとのメッセージは一七〇〇語もあったが、全文を収録する余裕はないので、かなりの部分を割愛した。

インターネットに詳しくない人のために、いくつか言葉の意味を説明しておこう。『*HotWired*』はインターネットの電子雑誌、「Mosaic」[*26]と「Netscape」[*27]はブラウザ[*28]の名前である。

わたしがこのメールの大部分をここに載せなかった理由は、次に紹介するメッセージを読むとはっきりする。このフレームから学ぶべきことは何点かある。まず、このフレームを書いた人は、「五分かかった」と言っているように、インターネットで何かを経験し、それが原因で憤慨したのである。そこで見たことが引き金となり、我慢の限界を超え、積年の思いを爆発させるにいたった。彼は、どこかで密約が取り交わされており、いよいよそれが発表され、否応なく従わされるという思いにとらわれていた。このメールには、受け取ったらできるだけ多くの人にばらまくようにとの指示がある。もっぱらインターネットの情報につきまとう広告や画像を標的にした内容だが、自由についての議論、ネットワークの経済的問題、ネットワークのメリット、テレビの問題点などにつながる意味合いも含んでいる。卑劣で偽善的な陰謀者たちを告発し、「……であることは認めよう」といった人を見下した言い方を多用している。このメールを受け取ってから四時間後、同じ送信者から二通めのメールが届いた。

26 Mosaic
一〇四ページ参照。
27 Netscape
一〇四ページ参照。
28 ブラウザ
一七七ページ参照。

From: <送信者名削除>
Date: Thu, 3 Nov 1994 09:49:03 -0800
Mime-Version: 1.0
To: <stefik@parc.xerox.com>
Subject: 陰謀：HotWiredは広告を恥ずかしいことだと思っていないのか

このメッセージをできるだけ多くの人に転送してほしい。

HotWiredにアクセスして5分間読んで、いくつかの奇妙な点に気づいたのである。

1. どうしてMosaic CommunicationsはWiReD 2.10であんなに大きく宣伝されているのか？
2. どうしてHotWiredはMacWebのユーザーを受け入れないのか。
3. どうして（Mosaic Communicationsの）Netscapeでは必要なインライン画像だけを選んで読み込むことができないのか。

1. 広告にどれほど大きな経済的効果があるかは承知している。今日の『マーキュリー・ニュース』に7ドル50セントもの大金を広告費のおかげで支払わなくていいのはうれしい。ターゲットとする購買者が見るかどうかわからない媒体に広告を載せるというリスクの伴うことを広告主がしていることにも感謝する。（わたしは新聞はめったに買わないので、『マーキュリー・ニュース』に使った広告費はわたしに関しては無駄金ということになる）。
2. インターネットの情報を有料化する必要があることは認めよう。一般大衆は、あまりに長いあいだ多くの人がインターネットを「無料」で利用してきたのだから、ホームレスの人のためにわれわれが公共図書館に端末を買い与えよと要求し始めているのだ。

　わたしが許せないのは、裏工作と偽善行為である。

　もしわたしの疑念が正しいとするなら……テレビと同じ経済モデルを選択すれば、テレビと同じ低俗きわまりないコンテンツ*29がインターネットを支配すると断言できる。

　……インターネットがすばらしいのは、どこからでも1対多通信となっている通信史上初めての媒体だからである。

　わたしは自分が間違っていることを心から願っている……

　わたし宛てに直接、返事を送ってほしい。このメールが行き着くメーリングリスト*30を購読していないかもしれないので。

29　**コンテンツ**　内容の意。インターネットでは、情報の内容、情報サービスを指す。
30　**メーリングリスト**　一九一ページ参照。

フレームがばらまかれたことで、このフレーマーは注目を集め、たくさんの返事を受け取った。誰でもメッセージを何万という人に送りつければ、数分かそこらで大量の返事を受け取る。このフレーマーは礼儀正しくフレームを撤回した。もっとも、最初のフレームを受け取ってもすてしまった人には二度目がきたことにはかわりはないしかし、この二通めのメールで終わりではなかった。それから三〇分もすると、同じフレーマーから三通めのメールが届いたのである。

誤った認識が目立つのは最初のメールだけではない。その後に送られてきたメールも誤りが多い。想像するに、最初のフレームがあまりに過激だったので、多くの人が反応し、世界中でたくさん

From: <送信者名削除>
Date: Thu, 3 Nov 1994 13:27:42 -0800
Mime-Version: 1.0
To: <stefik@parc.xerox.com>
Subject: カラスのコルドンブルー風…Netscapeは特におかしいわけではなかった

これまで何人もの人に言ってきた格言を書き忘れていた。「愚行のせいにできるものは陰謀のせいにしてはならない」というものである。

わたしが質問して25分もすると答えが返ってきた……

ある返事でわたしは次のようなことを知った……

それで、HotWiredとMosaic Communicationsが共謀しているという告発は取り下げることにした。

前のメールを送った先にこのメールをもう一度お送りくださるようお願いする。

……わたしは自分が無知でばかだったことを認める。そして返事をくれた方々の幸福をお祈りしたい。

「よくぞ言ってくれた。あの宣伝スポンサーなどくそくらえ」という返事をくれた人がたくさんいたことにはがっかりした。

のフレームを生んだのではないか。その数は数千にものぼったかもしれない。両軍が同じ戦法を使うと、決着がつかずに戦いは自然に鎮まる。ネットワークのフレーム戦争も同じことかもしれない。最初の送信者が三通めのメールを送った後でリタイアすると、表面上、フレーム合戦は沈静化した。

この出来事を電子メールのメタファーと元型の観点から分析すると、他のどんな媒体（電話、郵便、ラジオなど）も、電子メールほどの威力は持ち合わせておらず、正しく利用する責任も問われないということがはっきりする。このフレームは、ネットワークにおいて怒りの感情を呼び起こした。このフレームの送信者は、自分のメッセージについて長く検討することもしなかった。彼はメッセージを何千人もの人々に発

From: <<送信者名削除>>
Date: Thu, 3 Nov 1994 14:04:58 -0800
Mime-Version: 1.0
To: <stefik@parc.xerox.com>
Subject: もっと問題あり……

わたしは今、寝ようとしているところである。今日一日はまったくの徒労だった……
差出人:<<送信者名削除>>

>意外な事実が判明した。lynx[*31]でHotWiredにアクセスすると、広告を見たくても見ることができないというのである。広告主には不公平な話である

これが真実でないことも明らかになった。何がわかったかというと、憤慨している人々が、憤慨しているということだけで信じたときに、何を知り得るかということを示しただけにすぎない。おやすみなさい……

31　lynx
画像・動画を表示しないテキスト・ベースのＷｅｂブラウザ。米国カンザス大学で、開発された。

信してみたいという欲望に勝てなかった。そして最後には、自分の過ちから多くのことを学ぶはめになったのである。

ネチケットに関心のある人は、アーリーン・リナルディ（Arlene Rinaldi）の「Netiquette」ホームページをチェックしてみるとよい。このページは次のアドレスにある。

http://rs6000.adm.fau.edu/faahr/netiquette.html [*32]

チュク・ヴォン・ロスパシュ（Chuq Von Rospach）が書いた『*A Primer on How To Work With the Usenet Community*』も参考になる。次のアドレスで読むことができる。

http://www.eff.org:80/ftp/Net_info/Introductory/netiquette.faq [*33]

ブラッド・テンプルトン（Brad Templeton）が書いた『*Dear Emily Postnews*』という風刺のきいたネチケットガイドもあり、次に示すアドレスで読める。

http://www.eff.org:80/ftp/Net_info/Introductory/netiquette.faq [*34]

ジェイ・マチャードは『*Bits and Bytes*』というニュースレターを電子メールで配信している。興味がある人は、SUBSCRIBE bits-n-bytes というメールを書き、次に示すアドレスに送れば

※（訳注）本文中のURLはすべて執筆当時のもの。脚注32、33、34のURLは一九九九年一一月時点のもの。

32（訳注）アーリーン・リナルディのホームページは、http://www.fau.edu/netiquette/net/index.html.

33（訳注）チュク・ヴォン・ロスパシュの文は、http://www.faqs.org/faqs/usenet/primer/part1/ などで読める。

34（訳注）ブラッド・テンプルトンのDear Emily Postnewsは、http://www.templetons.com/brad/emily.html

購読できる。

listserv@acad1.dana.edu

購読を中止するには、UNSUBSCRIBE bits-n-bytes というメールを上と同じアドレスに送ればよい。

第Ⅲ部

電子市場 ―― ビジネスの場としての情報ハイウェイ

時代にそぐわなくなった規制や法制度に代わって市場の原理が力を持つにしたがい、社会は情報と情報技術の普及や多様性を促進する方向へと向かっている。

——アメリカ合衆国副大統領アルバート・ゴア（一九九三年一二月二一日）[*1]

市場では、海、田畑、ぶどう園で働く者たちと、織工、陶器職人、香辛料の収集者たちが出会う。地の精を呼び覚まし、自らの体内に誘い入れ、価値の尺度と判定を神聖化するのだ。

——カーリール・ジブラーン『預言者』[*2]より

ビジネスが世界を動かす。この言葉は、物理学に反してはいるが、何事かを成し遂げる人々への賛辞である。「不言実行の人」という表現を聞いたことのない人はいないだろう。「口先よりも実践の方が大事（action speaks louder than words）」という格言は誰でも知っている。この現実の世界では、行動こそが人間の生活を支えているのである。

世界の中で何かをすることは、どんな文化においても社会の存続に不可欠のことであり、その方法を教える物語があらゆる文化に残っている。そうした物語は、生活の条件が変わるとともに、しだいに変化していく。男性の場合、教えの中心は、狩人の理想像から農夫の理想像へ、そして戦士の理想像へと移ってきた。それを促したのは、文化の変遷であり、何かを成し遂げることの価値の変容である。そして今、このデジタル化の時代においても、価値は再び変動のきざしを見せている。こうした価値変動の本質を捉え、狩人や農民などの元型が生み出された背景を探るために、考古学と神話学をひもといてみたい。

1　Vice President Albert Gore, December 21,1993
2　Kahlil Gibran, *The Prophet*

商人を甦らせる神話と元型

狩猟採集文化は人間社会の原型である。この社会は、遊牧文化あるいは単に狩猟文化ともいう。この文化が栄えたのは旧石器時代だが、今でも一部の地域に残存している。多くの研究がなされている狩猟採集文化の代表例がメソポタミア文明である。メソポタミアとは「川にはさまれた土地」という意味のギリシア語で、バグダッドの北からアルメニアの山岳地帯に至るチグリス川とユーフラテス川にはさまれた三角形の地域を指す。狩猟文化は、この地域で紀元前八〇〇〇年前後まで栄えた。この時期に、農業革命によって農耕と牧畜が始まり、男女の社会的役割が根本的に変化した。

狩猟文化において、世界で何かを為すことについての物語での中心的存在は、シャーマン、狩人、トリックスターが融合した元型である。このような元型は、神話に登場するだけでなく、アフリカのクン族、北アメリカのイヌイット、そしてオーストラリアのアボリジニなどの現存する民族の生活にも痕跡が残っている。トリックスターは狩人であり、多くの場合、狩人は男である。女性は、果実、植物の根、野菜、木の実などを採集する。こうした文化では、男と女が協力し、日々の生活を支えている。狩人は、策略と協力を頼りに狩りをする。たとえば、オーストラリアのアボリジニは、エミュー[*3]を捕まえるときに、自らがエミューの格好をする。アフリカのブッシュマンも、ダチョウを捕らえるときには身体に鳥の羽を付ける。このように、狩人たちは必要に迫られ、策略をめぐらす。そして、命を守るために（狩りは不確実で危険である）、狩りに出発するときには呪術的な儀式を行う。狩人たちが遠くへ出かけると

3　エミュー
エミュー科の鳥。外見はダチョウに似ている。

きに、シャーマンが獲物とその心臓を射抜こうとする矢の絵を描くという民族もいる。イヌイットのシャーマンは、動物の守護神に祈りを捧げる。ブッシュマンは、法悦の踊りによって恍惚状態となり、偉大な動物になったと思いこむという。狩猟の時代が終わりを告げると、狩人の元型は力を失い、別の元型が姿を現す。

農業の発見は、文化的な革命ともいうべきものだった。穀類とパンが主要な食糧になったのである。豚や牛などの家畜から食肉を得るようになると、狩りは重要性を失っていった。農業では、勤勉など、狩猟の時代とは異なる価値が求められたため、自発性や危険に挑むといった男性的な狩人の特性は価値を持たなくなっていった。狩人にとって、狩猟技術の未熟な子供は狩りの足手まといだったが、農民の場合は、子供が多ければ、それだけ働き手が増えることになる。多くの社会は、農耕文化に移行すると同時に母系社会へと変わっていった。たとえば、ナバホ族はアラスカやカナダからアメリカの南西部に移り住んだとき、伝統的な狩猟生活を捨て、付近のプエブロ族から農耕を学んだ。それと同時に、彼らの社会は典型的な初期の農耕文化である母系社会へと移行したのである。

紀元前四〇〇〇年頃から、メソポタミアでは母系制の農耕文化から家父長制の文化へと変わり始める。ジェルダ・ラーナーの『家父長制の誕生』[*4]によると、人口が着実に増加し、農民たちは富を蓄積した。メソポタミアの人々は山地から高原へと移住し始めた。紀元前六〇〇〇年頃までには、アッシリアからユーフラテスまでの地域のあちこちに村が形成されるようになっていた。同じころ、地球規模の寒冷化によって肥沃な土地をめぐる争いが増え、豊かな開拓地は侵略の的となった。資源の獲得を目的とした計画的な暴力の行使すなわち戦争が出

4 Gerda Lerner, *The Creation of Patriarchy*

現したのである。考古学の研究によると、戦闘場面を描いた壁画が最初に現れるのは石器時代の末期である。文化の存続にとって戦士は不可欠の存在となり、そのことが男性の理想像を根本的に変えてしまった。少年たちは恐怖や苦痛に屈しないように教育され、強い戦士を育てるための厳しい訓練が考え出された。また、戦場から戻った戦士に穏やかさ優しさを取り戻させるための新しい儀式も生み出された。

戦争の出現と人口の増加は、より大きく、より組織化された社会の発生をもたらした。メソポタミアでは、政治組織が生まれ、交易と政治の中心地が形成された。石材、木材、金属などの原材料を扱う業者の取引も増加した。紀元前三一〇〇年ころには都市が発生し、紀元前二〇〇〇年ころにはメソポタミアで洪水対策と灌漑の設備が完成した。メソポタミアは好戦的な隣国によって繰り返し侵略され、この地域の古代名はメソポタミアからシュメール、そしてバビロンへと変わっていく。紀元前七四五年には、この地域のほとんどがアッシリア帝国の領土になっていた。

メソポタミアにおける狩猟採集社会から農耕社会、そして組織化された社会へという発展のパターンは、世界のあちこちで見られた。このような社会の発展はあらゆる地域で起こり、人間の理想像を狩猟採集者から戦士や英雄へと変えていったのである。

トリックスターから英雄へ：神話と元型の進化

アラン・チネンは、『英雄を超えて』[*5]の中で、シャーマン、狩人、トリックスターを融合した元型が旧石器時代に生まれ、農耕社会の母系制のもとで隅へと追いやられ、家父長制における英雄、戦士、王を融合した元型に押されて葬り去られていった経緯を説明している。

トリックスターは、多くの文化の神話に登場している。たとえば、ギリシア神話のヘルメス、アフリカのレグバ（Legba）、北アメリカのコヨーテ（Coyote）、ポリネシアのマウイ（Maui）などである。トリックスターのイメージは、狩り、治癒、シャーマニズムと結びついている。旧石器時代に残された多くの壁画には、半人半獣の踊り手が描かれている。その象徴性は、狩猟文化におけるシャーマンの役割と相通ずるものがある。シャーマンは、獲物の動物に語りかけ、その霊魂に狩りの成功を祈願する。旧石器時代の壁画には、踊りながら呪術を操るトリックスターとともに、傷ついた人間も描かれている。伝統的なシャーマニズムでは、傷つくことはシャーマンになる一過程なのである。傷ついた人間のイメージには、大きな動物を狙う狩人に降りかかる危険も暗示されているだろう。負傷というテーマは、身体への攻撃や自尊心への打撃をものともせず生き延びるという、トリックスターの能力を表しているとも考えられる。

アメリカ・インディアンの伝説に登場するコヨーテは、もっとも有名なトリックスターの一つである。コヨーテは、いたずら好きで悪賢く、ときには破壊者にもなる。ミドゥ族を始めとするアメリカ南西部の部族は、コヨーテの執拗ないたずらを恐れている。特に恐いのは、

5　Allan B. Chinen, *Beyond the Hero*

狩りの邪魔をしたり自由に姿を変えたりする能力である。神話に登場するトリックスターを特徴づけるものは、知恵を生きるための武器にしていることである。トリックスターは、狩人と同じように、粗野ではあるが残忍ではない。凶暴ではあるが、暴力は働かないのである。

古くからある元型は、社会の状況によってもてはやされたり忘れられたりすることはあるが、完全に消え去ることはない。シャーマンでありトリックスターでもある元型は、ヘルメス、ヘパイストス（Hephaestus）、ディオニュソス（Dionysus）というギリシア神話の三人の神々として具現されている。賢者で知られるヘルメスは、現在でも狩りと結びついている。ヘルメスは、生まれるやいなや肉を食べたがった。ヘパイストスは、火や金属細工などの重要な発明を人間にもたらした。ヘパイストスの特性は、北アメリカのワタリガラス、ポリネシアのマウイ、そしてアフリカのレグバと類似している。ヘパイストスのイメージは、シャーマンでありトリックスターでもある元型に特有の負傷も暗示している。酒と饗宴の神であるディオニュソスは本来、トリックスターとは見なされないが、典型的なトリックスターと同じように抑制のない衝動と結びついている。コヨーテやケルトのセルノス（Cerunnos）と同じように、ディオニュソスもまた、何度殺されようと再び甦るのである。

家父長文化が農耕文化や狩猟文化に取って代わったとき、英雄、戦士、王がさまざまな形で結びついた新しい元型が現れた。そうした元型のさまざまな特徴や形態を詳しく論じた本にジョセフ・キャンベルの『千の顔をもつ英雄』[*6]がある。家父長制の社会と切り離せないものが変化と対立である。その例として、さまざまに形を変えながら終局的には争いへと至る父と息子の関係がある。平和的な手段を使うか、暴力的に引きずりおろすことによって、息子

6　Joseph Campbells, *The Hero with a Thousand Faces*

が父親から家長の地位を奪うという筋書きの神話はいくつもある。そうした神話では、多くの場合、これから家長になる者が英雄であり、現在の家長はかつての英雄とされている。家父長制は、軍隊の厳格な階級制度とぴったり重なることが多い。さまざまな神話において、年老いた家長は暴君に変貌する。

電子市場でのビジネス

これまでに挙げた元型の中のどれが現代社会で何かを為すための指針を与えてくれるだろうか。電子市場に当てはまる元型とは、どのようなものだろうか。

階級制度に基づく企業組織は、どちらかと言えば家父長制の社会と戦士の理想像に寄り添う傾向にある。それに対し、小さな組織やいわゆる仮想企業では、リーダーが複雑な活動を統御し、主導権を握り、人と共同で事にあたる必要がある。こうした資質はトリックスターという元型に近い。

第三部で取り上げる二つめの論文において、マローンらは、電子通信の発達によってビジネス・コストが下がり、ヒエラルキー型（階級制度）の組織よりも市場型の組織のほうが有利になってきていると論じている。このような変化が起これば、価値を置くべき人間の理想像にも変化が訪れると考えられる。戦士という元型が表舞台から姿を消し、通信や調整というトリックスターの能力が再評価されるだろう。この理想像の交代は、社会や地球環境の問題に対する企業の対応を機敏にさせるという役割も果たすかもしれない。アラン・チネンは、世界を脅かす問題として、環境破壊、宗教対立、貧富の差の拡大を挙げている。多くの人が指摘しているように、これらの問題の元凶は、敵と戦い、自然を征服しようとする戦士の精神と元型なのである。

電子商取引[*7]はインターネットの新しい利用法であり、現在試みられていることはほとんどが実験段階である。もともと研究活動を目的としていたARPANET[*8]では、商取引は慎むべきこととされていた。電子メールを広告に使うなどということは、ARPANETの悪用だと考えられていたのである。ネットワーク上で金銭をやりとりする手段も存在しなかった。しかし、一九九〇年代に入ると、ネットワーク上の商取引が禁止からまず容認に変わり、やがて奨励、推進へと変わっていく。ネットワーク上でクレジットカードやデジタルキャッシュ[*9]を使用するための方法論は、ほぼすべて出そろったといえるだろう。今や問題となっているのは、ネットワーク上で金銭をやりとりすべきかどうかではなく、どの方法がもっとも有効かである。

一九九三年には、インターネットでの電子商取引を実現する技術や業務プロセスの市場テストを実施する組織 CommerceNet がカリフォルニア州北部で発足した。この組織は、ユーザー、販売会社、技術開発者の交流を促進し、オープンな電子市場を創造することを目的としている。この目的こそ、電子市場としての全米情報インフラのビジョンに適ったものである。

7　電子商取引
二三ページ参照。

8　ＡＲＰＡＮＥＴ
一七ページの高等研究計画局ネットワーク参照。

9　デジタルキャッシュ
二三ページの電子マネー参照。

電子市場というメタファーの深層

電子市場というメタファーは生来的に、市場のメカニズムに関する多くの前提を含んでいる。昔は世界の町々に市が立ち、生産者がさまざまな物を町の中心部に運んできた。ほとんどの市場では、農産物や土地の特産物が取引の中心になるが、中には世界中から集めた物品を売る商人もいる。こうした市場の経済上の利点は、さまざまな技術を持つ人々がそれぞれの地域で多様な商品を生産できることである。人間が専門化することで、商品の値段が安くなり、生活水準が向上するのである。

市場というメタファーにはもう一つの要素がある。お金である。はるか昔に遡れば、物々交換が一般的だった時代もあるが、通貨の登場によって取引が容易になった。後払いや信用取引で商品を購入できる市場もある。商品というものには価格がある。価格は、需要と供給のバランスによってつねに変化する。市が立つ一日のうちにも、価格は変わる。交渉によって安くなることもあるし、オークションや株式市場のように入札によって価格が決定されることもある。

市場が拡大し、複雑になってくると、商品を生産せずに取引だけを専門に行い、購入価格と販売価格の差から利益を得る人間が出現する。販売者は、複数の供給者から仕入れた物品を組み合わせ、目に見える価値を付け加えて製品に仕立て、もとの価格にいくらか上乗せして、儲けを得るようになる。市場で売られる商品の数が増えてくると、客の金をめぐる競争が激しくなる。客はいつまでも市場にいるわけではないので、売り手は売り声や広告で客の目を引こうとするのである。

市場に対する固定観念を打ち破る

従来の市場と電子市場の違いを見落とすと、電子図書館や電子メールというメタファーと同じように、電子市場というメタファーも議論を誤った方向に導きかねない。全米情報インフラ（NII）へと結実しつつある技術と時代の流れは、同時に別の面でもわたしたちの生活に変化をもたらしている。安直に従来の市場というイメージをデジタル化し、それを情報インフラの未来像とするだけでは、情報インフラを生み出すことはできないのである。

まず何よりも、決まった日に商品を売買するために行く場所という市場の概念からして違っている。電子市場が従来とはまったく異なる意味を持つ場所であることは、今さら説明するまでもない。そこでは、人の移動よりもビット[*10]の移動のほうが簡単で安上がりである。わたしたちは物理的な意味で電子市場へ行くことはない。電子市場のほうがわたしたちのところへやって来るのである。要するに、電子市場にとっての場所とは、わたしたちの便宜のために作り出された幻影なのである。

時間と地理的な広さもまるで異なっている。農産物を取引するような市場では、小さなコミュニティの人々が場所と時間を取り決めておき、その日に集まる。このような市場に集まる客は地元の人々だけである。電子市場の場合は、通信費が安いため、時間帯が異なるほど

10　ビット
情報量の単位。四二ページ参照。

遠くに住む人々も参加できる。電子市場の運営を人間ではなくコンピュータ・エージェントに任せることもできる。つまり、多くの場合、電子市場はきわめて広い地域を対象とし、完全無休で営業できるのである。

インターネット上で使用する金銭も、使い慣れている現金、小切手、クレジットカードなどとは異なる形態になるかもしれない。新しい支払い方法がすでにいくつか実験されているが、プライバシー保護[*11]やセキュリティ[*12]が強化された別の方法を模索している人々もいる。その一つに、顧客が受取人に身元を明かすことなく電子小切手を振り出すことができるシステムがある。このようなしくみの評価や市場については、まだこれから定まっていくだろう。

従来の市場においては、製造コストと運送コストが最大の制約である。電子市場においても、物理的な商品を販売する場合は、同じ制約がつきまとう。電子市場をデジタル商品専門の市場にすることもできるが、その場合も商品の開発コストそのものを下げることはできない。企業のオフィス・オートメーションへの投資から学ぶべき教訓は、コンピュータ技術が経費の節減や生産性の向上といった面で目に見えるほどの効果を上げていないということである。しかし、デジタル出版の場合など、商品はビット・パターンでできているため、低コストで複製を作ることができる。そのため、これまでの書籍出版とは違い、一部あたりの単位コストが安く、部数の増加に伴って下がることもない。つまり、広い市場をもつ本とごくせまい市場しかない本の価格差が小さくなるということである。また、デジタル商品の安い運送コストは、地元の生産者の地の利をなくし、商品の流通範囲を世界中に広げる可能性がある。

11　**プライバシー保護**
データプライバシー保護とも。個人情報のデータについて目的外使用・流出の危険性の回避、正確性の確保が必要である。データ保護については、私事を他人に公開させないこと、個人情報の流れを制限する権利の二通りの考え方があり、欧米では保護の対象を個人データに限る国と法人データも含む国とがある。

12　**セキュリティ**
コンピュータシステムが安全で信頼できるようにするための方法。ハード面としてはコンピュータシステムの安全、ソフト面では、蓄えたデータの改竄や盗難などに備えること、である。

電子市場の創造

電子市場を創造するとなれば、いくつもの選択をしていかなければならない。どのような選択が必要かを明らかにするために、ここでは広告の値段、情報商品のブランド・ロイヤルティ、買い物という三つのことについて考えてみたい。これらを取り上げるのは、実際の市場と電子市場の架け橋になるものだからである。

印刷広告の場合、その値段には途方もなく大きな幅がある。たとえば、ある専門職の人々にダイレクトメールを送る場合は、千人当たり一一〇ドルはかかることがある。このような広告は、印刷広告でももっとも高価な部類に入る。その理由は、ターゲットが絞られていて、もっとも効果的だと考えられるからである。業界誌の広告であれば、千人当たり四〇ドル前後になる。この種の広告もターゲットは絞られるが、ダイレクトメールほど絞られてはいない。一般誌の場合は、千人当たり三〇ドルくらいまで落ち、新聞では千人当たり二〇ドル以下になる。千人当たり一〇ドル以下の値段で広告を出したい場合は、印刷媒体からラジオやテレビなどの放送媒体に移行しなければならないとされている。では、コンピュータネットワークに出す広告の価値はどれくらいになるだろうか。広告を印刷するのではなく伝送することから、値段は安く設定されるかもしれない。しかし、ターゲットが絞られるのであれば、高くなることもあるだろう。電子市場が実際に出現すれば、このような疑問も解けるはずである。今のところ、デジタル媒体での広告の価値については、あれこれ推測するしかないのである。

物理的な商品の場合、メーカーや小売業者はブランド・ロイヤルティ（買い手が特定のブランド商品を好意的な態度に基づいて継続的に購入すること）を確立するために相当な努力をする。ブランド・ロイヤルティと知名度は、ファーストフード・レストラン、自動車、音楽、旅行ガイドなど、あらゆる商品やサービスの重要な要素なのである。では、電子市場でもブランド・ロイヤルティは確立できるのだろうか。雑誌出版社や新聞社は、読者にアピールする一定の体裁や内容を作り上げるために努力し、ラジオやテレビのプロデューサーも、それぞれ局のイメージにふさわしい番組を作ろうと懸命になる。インターネットにおいてオンラインサービスやインタラクティブ情報サービスの提供に乗り出そうという会社が、自らのアイデンティティやブランド・ロイヤルティを必死で確立しようとしても不思議ではない。一九九〇年代に起こった画期的な出来事の一つは、コンピュータで情報を検索することが図書館司書の独壇場ではなくなり、小学生を含む多くの人々へと広がったことである。参考図書が収録されたCD—ROMやワールド・ワイド・ウェブを利用しさえすれば、図書館司書と同じように誰でも必要な情報を探し出せるようになったのである。このことは、情報を提供する会社がブランド・ロイヤルティを確立する機会が生まれたことを意味する。たとえば、最近、アメリカのテレビ局NBCは、マイクロソフト・ネットワーク（MSN）から発信するインタラクティブニュースの制作計画について発表した。NBCはボスニア紛争を例に挙げ、通常は新聞やテレビニュースで伝えられる毎日のニュース、月刊ニュース雑誌に掲載されるような特集記事、そして百科事典や歴史書の資料をリンクする可能性を論じたのである。これらの情報をすべてネットワークの情報サービスに統合することもできるだろう。このようなサービスが愛着を示しやすい学齢期の子供たちを引きつけることができたら、大人になっても変わることのないブランド・ロイヤルティを作り上げられるかもしれない。

電子市場における買い物の方法もさまざまな面から模索されている。いくつかの案を検証してみよう。

イエローページを利用した買い物――現在でも多くの人が電話を利用して買い物をしている。電話帳とメモ用紙を手元に置き、いろいろな会社に電話をかけることによって「指に歩かせている」のである。[*13] イエローページをめくっているような人は、購入直前のことにあることが多い。その意味で、マーケティングの観点からするとイエローページの広告は非常に効果的である。そのため、イエローページに広告を載せるには二万ドルもの費用がかかる。この金額は新聞の広告をはるかに上回る。新聞の広告は、発行日にその種の商品を購入する気のない大多数の読者の目にはとまらないからである。インターネットでの買い物は、イエローページを利用した買い物と似ているかもしれない。インターネットを利用すれば、欲しい商品を提供するサービスのディレクトリをチェックし、表示される広告を見て検討できる。こうした広告は、製品やベンダー[*14]のセールスポイントを実演によって説明するマルチメディア・プレゼンテーション[*15]のようなものになるかもしれない。マウスをクリックすれば、詳しい情報を見たり、商品を注文したり、店員に話を聞いたりすることもできる。

カタログを利用した買い物――カタログ・ショッピングという買い物の方法もある。この場合は、イエローページとは違い、購入できる商品が特定の会社のものに限られる。インターネ

13　（訳註）
アメリカの電話会社AT&Tのイエローページ広告スローガンは「Let Your fingers do the walking＝あなたの指に歩かせてみてください」

14　ベンダー
売り手のこと。転じて、ハードウェア、ソフトウェアを供給するメーカーや販売者をいう。

15　マルチメディア
四二ページ参照。

ットではすでに、本や楽器などのカタログ・ショッピング・サービスが登場している。その多くは、従来のカタログをそのままオンライン化したもので、商品の画像、説明、価格、注文情報などを掲載している。このようなオンライン・カタログを利用する場合は、注文書に記入する必要はなく、画面の指示に従ってクリックするだけでよい。カタログ・ショッピング・サービスのディレクトリで会社名をクリックすれば、そのままカタログのページにアクセスすることもできる。

仲介業者を利用した買い物――仲介業者を利用する購入方法もある。購入したい車がはっきり決まっている場合は、仲介業者に電話をすれば、さまざまなディーラーと交渉し、買い得の車を見つけてくれる。ディーラーどうしが値下げ競争をすれば、買い手は得をする。インターネットの仲介業者とは、コンピュータ・エージェントを操る人間ということになるだろう。買い手はカタログなどから商品を選び、仲介業者にできるだけ安い価格で入手してほしいと依頼する。仲介業者は、商品選びに役立つアドバイスや情報も提供してくれるかもしれない。たとえば、製品の批評記事をオンラインで簡単に表示できる「消費者レポート（Consumer Reports）」のようなものがあれば、仲介業者は批評記事の内容と販売会社が提示した価格を照らし合わせて、買い手に情報や多くの選択肢を提供できるだろう。

ショッピング・モールでの買い物――現代においてもっとも一般的な買い物の方法は、ショッピング・モールへ出かけることではないだろうか。ショッピング・モールにはいろいろな店があり、相談ができる店員もいる。たとえば、CDショップへ行く人とそこの店員は、どちらも音楽に興味を持っている。このように、ショッピング・モールでの買い物は、人との接触があるという点で、カタログやイエローページでのショッピングとは大きく異なる。インターネットで買い物をするときに、現実の販売店とビデオで接続されていたり、他の買い物客と話ができるとしたらどうだろう。文字を使ったリアルタイム通信やビデオでの会話ができるインターフェイスがあれば、同じ商品に興味を持っている買い物客や店員の会話に参加することができる。このような電子市場のイメージは、第四部で取り上げる電子世界のメタファーとつながりがあり、従来の市場の社会的な側面とも関連している。デジタル・ショッピング・モールでは、遠くに住む友人と一緒に買い物を楽しむことができるかもしれない。電子世界では、いつも誰かと一緒にショッピング・モールを歩き回り、カタログを眺め、あれこれ意見を交わすことができるのである。

本書を書いている今の時点では、電子市場はまだ第一歩を踏み出したばかりである。本、洋服、楽器など、さまざまな商品のオンライン・カタログ・ショッピングが登場している。オンライン情報ブローカーのようなサービスも現れ始めた。しかし、コンテンツをオンラインで販売することには、まだいくらか問題があるようだ。著作権で保護された情報の再販売を防止する手段がほとんど手つかずの状態だからである。

この第三部には、緒についたばかりの電子商取引について述べた論文を集めてある。最初の論文は情報インフラの利用によって企業の分権化と市場指向が進み、それがきっかけとなって起こる組織構造の変化について論じている。次の論文は、インターネットで本の販売に挑戦しているオンライン企業家の実体験を詳しく紹介している。最後の論文は、電子商取引の障壁を取り払うことにつながるデジタル作品の著作権保護のアプローチを模索している。

電子市場と電子ヒエラルキー

トーマス・W・マローン、ジョアンヌ・イェーツ、ロバート・I・ベンジャミン

Thomas W. Malone, Joanne Yates, and Robert I. Benjamin, "Electronic Markets and Electronic Hierarchies" より抄録

解説

南太平洋には、かつて通貨として石を使っていた土着文化がある。今日でも、各国の銀行や政府は、通貨制度の維持を目的とし、交換可能な富として金を保有している。しかし、金融業界では最近、希少で高価な品物はもとより、紙幣や証券などの紙でできた金券さえも、取引に使われることは少なくなっている。金融取引に電子的な手段が入り込んできたからである。

電子的な資金移動の先駆けと言えるのが、電子データ交換（EDI）[*16]である。EDIは、長期的な関係を持つ企業間の大量取引に的を絞っている。企業どうしで事前に取り決めがなされている取引を支援するものだといえる。もともとは金融業界向けに開発されたEDIだが、現在では企業と取引業者のあいだで日常的に行われる定型的な取引でも使用されている。

16　電子データ交換（EDI）
企業間でネットワークを介して商取引に関するデータをやりとりすること。

この数年で、取引システムはシングル・ソース・チャネルから電子市場へと変化を遂げた。たとえば、ユナイテッド航空は、一九七六年に旅行代理店が同社の航空券をじかに予約できる販売経路を作った。これが、いわゆるシングル・ソース・チャネルで、アメリカン航空がもっと強力な武器で反撃に出るまで、ユナイテッド航空は競争上の優位を保つことができた。アメリカン航空は、自社の航空券だけでなく他社の航空券も予約できるシステムを独自に開発した。するとユナイテッド航空は、旅行代理店がアメリカン航空のシステムへ乗り換えるのを防ぐため、すぐさまアメリカン航空と同じシステムを採用したのである。このシングル・ソース・チャネルから電子市場への移行は、多くの業界に波及していった。現在、インターネットは巨大な電子市場に姿を変えつつある。オンライン・サービスは次々とインターネット接続を開始しており、インターネット上で金融取引を行う新しい方法もいくつか登場し始めている。

電子市場の概念は、ビジネスのあり方を根底から変えようとしている。一九八〇年代以降、ダウンサイジング、分権化、アウトソーシングというトレンドを支えてきたのも電子市場という考え方だった。企業の未来は仮想企業にあると予想するジャーナリストもいる。経済の大変動とグローバル化が進む中で、柔軟性のない硬直化した企業は、ビジネス・チャンスに即応して個々のプロジェクトごとに集結するビジネス・チームに主役の座を奪われようとしている。その原因はどこにあるのだろうか。マローン、イェーツ、ベンジャミンの三人が指摘しているように、経済活動を調整するメカニズムがヒエラルキー（階層）からマーケット（市場）に移行しているのは、決して偶然によるものではない。技術がもたらす効果という原動力があってのことである。その原動力の代表ともいえる柔軟性の向上とコストの削減は、いずれも情報技術の発達によって実現されたのである。

分析の枠組み

マーケットとヒエラルキーの定義

経済には、付加価値連鎖の各段階で物やサービスの流れを調整する二つの基本的なメカニズムがある。マーケット（市場）とヒエラルキー（階層）である。調整メカニズムとしての「マーケット」とは、需要と供給の原理や、個人および企業どうしの取引といった働きを意味する。需要と供給という市場の原理によって、製品の設計、価格、数量、出荷時期などが決まり、それが次のプロセスを動かす情報となる。次のプロセスとは商品の購入である。商品やサービスの買い手は、いろいろな会社を比較し、設計や価格といった条件から見て最高と思われるものを購入するのである。

一方、「ヒエラルキー」が物の流れを調整するのは、管理階層の上位からの経営陣の統括および指揮によってである。付加価値連鎖のある段階から次の段階へ送られる製品の場合、設計、価格、数量、出荷時期を決めるのは、市場の原理ではなく、管理上の決定である。したがって、買い手は多くの候補の中から仕入業者を選択するということはなく、事前に決められている単独の仕入業者と取引を行うだけである。多くの場合、このヒエラルキーとは一つの企業を意味する。しかし、電子ネットワークで接続され、独占的な取引を行うという緊密な関係にある二つの企業が一つのヒエラルキーを形成する場合もある。

物の流れを調整しているのがマーケットとヒエラルキーのどちらであるかはっきりしない場合もあるが、普通は必ずどちらかの特性が支配的になる。複数の買い手に対し、ある商品の売り手が一社だけである場合、売り手と買い手の関係は基本的にヒエラルキー型になる。なぜなら、買い手は多くの候補の中から売り手を選択するのではなく、ただ一つの決まった売り手から購入するからである。一方、一人の買い手に対し、売り手が複数ある場合、両者の関係は市場の原理に支配される。なぜなら、買い手は複数の候補の中から売り手を選択できるからである。売り手の数が一に近づけば、マーケットとヒエラルキーの両方の力が作用する関係が存在しえる。

マーケットとヒエラルキーを左右する要素

これまで、多くの理論家(『マーケットとヒエラルキー』[*17]のO・E・ウィリアムソンなど)が、経済活動におけるヒエラルキー型とマーケット型のそれぞれの利点を、調整や取引にまつわるさまざまなコストの観点から分析している。調整コストとは、情報収集、契約締結、「日和見主義的」な取引に対するリスク対策などのコストをいう。こうした研究をもとに、マローンとスミスは、マーケット型とヒエラルキー型のトレード・オフを生産や調整といった業務のコスト

17 O.E.Williamson, *Markets and Hierarchies*

という観点から要約した。表一は、その分析結果から本稿の議論に関連する部分を抜き出したものである。

表一の「低」と「高」は、両者の比較を表すもので、絶対値ではない。生産コストには、商品またはサービスの作成および提供に必要な物理プロセスなどの一次プロセスが含まれている。調整コストとは、一次プロセスを実行する人間や機械を統括するのに必要な情報処理のコスト、つまり業務（管理）コスト全体をいう。たとえば、付加価値連鎖の中を移動する製品の設計、価格、数量、出荷時期などの決定も調整コストである。マーケット型における調整コストとは、売り手の選択、契約の交渉、代金の支払いなどを指す。ヒエラルキー型での調整コストとは、管理者による決定、説明、計画立案、統括といったプロセスをいう。生産業務と調整業務の分類は、分析のレベルと目的によって異なるが、直感的なレベルでは明確に区別できる。

表一が表していることは、情報の検索や負担の分配に伴うコストと、「限られた合理性しかない」取引相手による「日和見主義的」な行為から生じるコストを分析した結果と一致する。ウィリアムソンが結論づけたように、「生産コスト経済（マーケット型に有利だと思われる）と管理コスト経済（逆に企業内部に有利だと思われる）のトレード・オフを認識する必要がある」。

多くの買い手と売り手が存在する純粋な市場では、買い手は複数の売り手を比較し、設計や価格などの条件から見て最高の製品を提供する売

表1　マーケットとヒエラルキーのコスト比較

組織形態	生産コスト	調整コスト
マーケット型	低	高
ヒエラルキー型	高	低

り手を選択できるため、売り手は製品の生産コストをできるだけ削減しようと努力する。このメカニズムには誰が見ても明らかな利点がある。その一つは、多くの買い手の需要がまとまることで、大量生産のメリットと負担の均一化が促進されることである。ただし、このように選択の幅が広い場合、市場の調整コストはむしろ高くなる。買い手がさまざまな売り手の情報を収集、分析しなければならないからである。場合によっては、「日和見主義的」な取引相手との取引によって、交渉やリスク対策のコストが余計にかかることもある。

一方、ヒエラルキー型では、買い手の選択が一つの売り手だけに限られるため、生産コストは概してマーケット型の場合より高くなる。ただし、買い手が異なる売り手に関する情報を大量に収集し、分析する必要がないため、調整コストはマーケット型の場合より低くなる。

種々の要素によって生産コストと調整コストの比重が変化し、結果としてマーケット型とヒエラルキー型のどちらを評価するかも変わってくる。しかし、ここでは新しい情報技術で変化しやすい要素に焦点を当てることにする。そうした要素の一つが調整コストであることは明らかである。調整という作業は、本来的に情報の伝達と処理を伴う。したがって、情報技術を利用すれば、調整コストは削減されるはずである。情報技術によって変容すると考えられる要素は、ほかに二つある。「資産の特殊性」と「製品説明の複雑さ」である。これらもまた、マーケット型とヒエラルキー型のどちらの調整システムが望ましいかを判断するうえで重要なものである。

資産の特殊性

ある企業（または一般消費者）が使用する資産が、場所の特殊性、物的資産の特殊性、あるいは人的資産の特殊性のために他の企業では簡単に使用できない場合、資産の特殊性が高いという。たとえば、ある特定の場所で産出され、移動するには莫大なコストがかかる天然資源には、場所の特殊性がある。ある一つの目的のために設計されている専用工作機械や複雑なコンピュータシステムには、物的資産の特殊性がある。他の目的には簡単に使用できない高度に専門的な技能には、身体的なもの（適用範囲が非常に限られた熟練を要する技術など）であろうと、知的なもの（ある特定の企業の業務に関するコンサルタントの知識など）であろうと、人的資産の特殊性がある。そして、ここでわれわれはさらにもうひとつの特殊性、時間の特殊性の考えを提出する。比較的短い期間内にユーザーのもとへ届かなければ価値が大きく目減りするような資産には、時間の特殊性がある。たとえば、製造日から短期間のうちに目的の場所に届き、使用（販売）されなければ腐ってしまうような食品には、時間の特殊性がある。同じように、製造工程に必要な材料が所定の時間内に到着しなければ莫大なコストや損失が生じる場合、その材料にも時間の特殊性がある。

特殊性の高い資産は、マーケット型の調整よりもヒエラルキー型の調整によって調達されることのほうが多いと考えられる。それにはいくつかの理由がある。資産の特殊性がある製品の取引では、売り手が買い手のニーズに対応する必要があり、開発や調整のプロセスが長くなりやすい。このようなプロセスでは、ヒエラルキー型に見られる関係の継続性が重要な意味を持つからである。そのうえ、当然のことながら、物的資産の特殊性または人的資産の特殊性が高い製品の場合、その買い手も売り手も代わりがいないため、両者とも大きなリスクを負うことになる。どちらか一方がビジネスから手を引いてしまったり、製品やその生産量に対する要求を変更したりすると、相手側は途方もない損失を被ることになりかねない。そのため、管理が厳しくなり、調整が綿密になるヒエラルキー型の関係のほうが、両者にとって好ましいのである。

製品説明の複雑さ

製品説明の複雑さとは、潜在顧客（製品を材料として入手する調達者や商品として入手する消費者）が購入を決断できるほど詳細に製品の特性を説明するために必要となる情報の量を意味する。たとえば、株や市況商品には定型化された説明があるが、事業保険や複雑な大規模コンピュータシステムとなると、説明はかなり複雑になる。この要素は、しばしば資産の特殊性と関連する。多くの場合、専用工作機械のような特殊性の高い資産のほうが、特殊性の低い資産よりも複雑な製品説明を必要とする。しかし、「製品説明の複雑さ」と「資産の特殊性」という二つの要素は、このようなしばしばみられる相関関係があるにもかかわらず、論理的には独立している。たとえば、工場に隣接する炭鉱で産出された石炭は場所の特殊性が高いが、製品説明はきわめて単純である。逆に、ほとんどの自動車は多くの消費者に利用される可能性があるので、資産の特殊性は低いが、自動車の潜在顧客は購入を決定するために性能に関する詳細で高度な記述を必要とする。

他の条件が同じであれば、説明が複雑な製品はマーケット型の調整よりもヒエラルキー型の調整によって取引されることが多くなる。その大きな理由は、通信コストである。ヒエラルキー型よりもマーケット型のほうが調整コストが高くなることはすでに指摘したとおりである。その理由の一つに、マーケット型の取引では、多くの売り手から情報を収集し、契約条件を取り決めなければならないことがある。商品説明が複雑になるほど、情報交換の回数が多くなり、必然的にヒエラルキー型は調整コストの面でますます有利になる。したがって、複雑な説明を必要とする製品の買い手は、（社内的にも外部的にも）ヒエラルキー型の緊密な関係にある一つの売り手と取引するようになる。一方、簡単な説明しか必要としない製品（株や等級のついた商品）の買い手は、多くの売り手を自由に比較することができる。

一般に、資産の特殊性が高く、複雑な説明の必要な商品は、ヒエラルキー型の関係を通して取引され、資産の特殊性がそれほど高くなく、複雑な説明を必要としない商品は、マーケット型の関係を通して取引される。表の残る二つの項目に適した組織形態は、資産の特殊性と説明の複雑さのどちらが重視されるかによって決まるだろう。

歴史上の市場構造の変化

この分析手法の妥当性を明らかにするために、一九世紀を代表する情報技術である電信に着目しながら、アメリカにおける市場構造の発展の歴史を簡単に振り返ってみたい。

一九世紀の半ばまで、アメリカの産業活動の各段階を調整していたのは、ヒエラルキーではなく規模の小さな地方市場だった。調達、生産、流通という製造業の三大機能は、それぞれ別の組織が実行するのが一般的だった。一九世紀の中頃、電信と鉄道の発達によって通信機能と輸送能力が飛躍的な向上を見せ、遠距離で情報や商品を交換できるネットワークが確立された。その結果、マーケットやヒエラルキーの影響が及ぶ範囲が一気に拡大したのである。

われわれの分析手法を当てはめると、こうした技術の進歩がどのような場合にマーケットの拡大や効率化を促し、またどのような場合にヒエラルキーの拡大や多機能化を促進したかを明確に理解できる。表一を見るとわかるとおり、ヒエラルキー型よりもマーケット型のほうが通信に対する比重は大きい。そのため、通信に要する時間とコストの低下はマーケットの拡大にとって追い風となる。しかし、その一方で、マーケットの範囲が拡大すると、潜在的な取引相手の数が増加し、効率化に必要な通信の量も増えることになる。このような状況では、むしろヒエラルキー型のほうが有利になる。異なる産業のあいだで電信を使用した場合の効果は、この分析の対象外の要素に大きく左右される。

われわれの分析から予想できるように、株や先物取引のための、電信に依存した全国規模の市場が発達した商品は、多くの潜在顧客がいる特殊性のない資産だった。そのうえ、説明が容易だったので、説明の様式化が可能となり、電信のコストを削減できた。たとえば、商品先物市場が全国規模に成長したのは、統一格付け規定の採用によって製品説明が簡素化してからのことである。

大規模なヒエラルキーが登場するまでの過程は、全国規模の市場が出現する場合より複雑で、電信以外の要素もいくつか絡んでくる。しかしここでも、この分析手法を用いれば、どの条件がどちらの組織形態にとって有利かをはっきりと説明できる。市場範囲の拡大は生産量の増加を促した。その原動力となったのは新しい大量生産技術の開発であり、それが規模の経済を生み出すことになった。ところが、こうした製造業者の多くは、従来の調達・流通メカニズムでは規模の経済を実現するほどの大量生産に対応できないという壁にぶつかっていた。とりわけ問題になるのは、特殊な設備や専門知識が必要な場合である。

調達、生産、流通を初めて垂直的に統合し、ヒエラルキーに組み込んだのは、資産の特殊性が高い製品を扱う企業だった。たとえば、冷蔵貨物車と高速配送を必要とする精肉業者や、販売やサポートに特殊な技術を必要とする複雑な工作機械のメーカーなどである。前者の場合、製品説明はそれほど複雑ではないが、時間の特殊性はきわめて高い。後者の場合は、製品説明が複雑なうえ、販売プロセスは人的資産の特殊性が高い。こうした企業にとって、電信はヒエラルキー型の綿密な調整を遠くまで行き渡らせる絶好の手段となった。この業務の統合を推進した最大の要因は規模の経済だったが、どのような企業が電信をマーケット型の通信メカニズムではなくヒエラルキー型の調整メカニズムとして使用することで業務を統合できるのかを判断する材料となったのは、資産の特殊性と製品説明の複雑さだった。

このように、通信以外の要素も重要な役割を果たしている場合でも、われわれの分析手法を適用すれば、通信技術がどのように組織形態を変化させたのかを理解することができる。今度は、この分析手法を現代の状況に適用してみることにする。

現代における市場構造の変化

ここで、電子ヒエラルキーと電子市場の本質を明らかにし、それぞれが発展するための条件を挙げてみる。また、電子ヒエラルキーから電子市場へと移行しつつあるというわれわれの主張のその根拠についても述べてみたい。

電子相互接続の出現

まず、電子相互接続を望ましいかたちで実現する技術革新について触れておきたい。現代の新しい情報技術は、電信が登場したときと同じように、情報伝達の時間とコストを激減させた。なかでも、情報の転送に用いたコンピュータとネットワーク通信技術は、いわゆる「電子通信効果」というものをもたらした。電子通信効果とは次の二つをいう。(一) これまでと同じ時間でより多くの情報を伝達できる (これまでと同じ量の情報をより短い時間で伝達できる)。(二) 通信コストが一気に低下する。これらの効果は、マーケット型とヒエラルキー型のどちらにも利益をもたらす。

これらは、よく知られた電子通信の利点だが、それ以外にも電子的な調整によって生じる効果がある。電子仲介効果と電子統合効果である。「電子仲介効果」は、主としてコンピュータ・ベースの市場で効果を発揮する。仲介業者とは、多くの買い手や売り手と接触し、いろいろな組み合わせを考えたうえで、両者を引き合わせる代理人のことである。仲介業者の存在によって、買い手と売り手が取引相手となる多くの候補と接触する必要が大幅に減る。電子仲介効果とは単に、中央データベースを介して電子的に接続された多くの買い手と売り手からなる電子市場が、現実の仲介業務と同じ機能を果たすことを意味する。電子市場の標準とプロトコルで、買い手は明らかに要求と合致しない売り手を除外し、さまざまな売り手の製品を速く、安く、簡単に比較することができる。つまり、電子仲介効果の具体的な内容は次のようになる。(一)取引相手の候補が増える。(二)最終的な選択の質が向上する。(三)製品選択プロセス全体のコストが低下する。

売り手と買い手は、製品に付加価値を加える段階ごとに情報技術を利用した共通のプロセスを設けることで、「電子統合効果」の恩恵を受けることができる。この効果は、情報技術によって単に通信を高速化しただけでは得られない。同時に、情報を作成するプロセスと使用するプロセスを情報技術によって密接に結びつけることも必要なのである。この効果には、データの入力が一回だけで済むため、時間を節約でき、エラーも回避できるという単純な利点もある。情報の作成プロセスと使用プロセスを密接に統合することには、もっと大きな利点があるが、それは特定の状況でもたらされる。たとえば、CAD／CAM技術を使用している設計エンジニアと製造エンジニアは、互いのデータにアクセスしながら、いくつかの設計案をテストし、双方が納得できる製品を完成させることができる。もう一つ例を挙げよう。売り手と買い手の在庫管理プロセスをリンクするシステムである。このシステムでは、売り手は買い手の製造プロセスに合わせて「ジャスト・イン・タイム」で製品を出荷でき、買い手は在庫保有コストをゼロにすることができる。リンクした二つの企業の在庫コストを一挙に削減できるのである。電子統合効果がすぐに現れるのは電子ヒエラルキーのほうであるが、電子市場でも効果がはっきりと見られることがある。

電子相互接続がもたらす利益は計り知れない。その利益を受ける者は、買い手であれ、売り手であれ（あるいは両方の場合もある）、直接的にも間接的にも、必要な費用を負担することをいとわないはずだ。電子市場や電子ヒエラルキーのサービスを提供するものは、巨額の収益を上げられる場合が多いと思われる。

ヒエラルキー型からマーケット型への移行

情報技術は、経済活動の調整という用途で盛んに利用されるようになるだろう。この予測は、その根拠となる三つの効果（電子通信効果、電子仲介効果、電子統合効果）の分析は目新しいものであっても、意外というほどではない。ここでは、もっと大胆かつ重大な予測をしてみたい。それは、情報技術がもたらす効果を全体として見ると、むしろマーケットによって調整される経済活動の割合のほうが大きくなるだろうというものである。

これまで述べた情報技術の効果は、明らかにマーケット型とヒエラルキー型の両方を効率化する。それに対し、ここでは、ヒエラルキー型の調整からマーケット型の調整へ移行していくだろうという予測を二とおりのアプローチで論証したい。一つは、表一に示した分析結果に基づく概括的な論証である。もう一つは、資産の特殊性と製品説明の複雑さが変化していることを論拠とした特定的な論証である。

ヒエラルキー型からマーケット型への移行の概括的論証——まず、ヒエラルキー型からマーケット型へ移行するという予測を二つの論拠から立証してみる。一つめの論拠とは、情報技術が普及することで調整の「単位コスト」が低下するという見方である。すでに述べたように、「調整（coordination）」とは、仕入先の選択、契約の締結、業務のスケジュール作成、資源の確保、資金の流れの管理などの業務に伴う情報処理のことである。当然、こうした調整のプロセスには情報の伝達と処理が伴う。したがって、情報技術をうまく活用すれば情報処理のコスト・ダウンにつながると考えるのは、きわめて穏当ではないだろうか。

二つめの論拠とは、表一に示したトレード・オフに基づくものである。すでに指摘しているとおり、経済活動を調整する手段としては、マーケット型のほうがヒエラルキー型よりも生産コストの面で優れている。マーケット型の大きな短所は、市場取引そのものに伴うコストである。このコストは、いくつかの理由から、概してヒエラルキー型よりもマーケット型のほうが高くなる。調整の「単位コスト」が全体的に低下すれば、マーケット型の短所である調整コストの重要度が低くなる。その結果、以前はヒエラルキー型のほうが適していた状況において、マーケット型のほうが優れたメカニズムになる。つまり、他の条件に影響を与えることなく調整コストだけを削減すると、マーケットによって調整される経済活動の割合が大きくなるはずである。この単純明快な論証は、コストの具体的な金額、生産コストと調整コストの相対的な重要度、ヒエラルキー型の調整とマーケット型の調整の比率には影響されない。

この論証の簡明さには十分な説得力があると思われるが、その明白さはまだそれほど広く理解されていないようだ。明快さの点では少し劣るかもしれないが、同じ結論にいたる論証がある。この論証は、調整システムの優劣を判断するための要素――資産の特殊性と製品説明の複雑さ——が変化していることを軸としている。

電子市場と電子ヒエラルキーを左右する要素の変化——コンピュータ・ベースの新しい情報技術には、この分析で指摘した二つの要素を、ヒエラルキー型からマーケット型への移行を促す方向へと変化させているものがある。たとえば、データベースと広帯域通信の技術のおかげで、複雑で多様な製品説明の処理や伝送がこれまでよりずっと容易になった。そのため、製品説明の複雑さの度合いを分ける基準ラインが上下にのびたスケールの上方に移動したのである。航空券の予約方法の説明などのように、以前はかなり複雑な部類に入っていた製品説明が、今ではそれほど複雑だとは思われなくなっている。情報技術が発達を続けるかぎり、この基準ラインもさらに上方へと移動していくだろう。

資産の特殊性にも同じような変化が起こっている。最近の製造技術は柔軟性が高く、ある製品から別の製品へとすみやかに生産ラインを切り替えることができる。特殊性のない部品をすでにつくっている会社がそれに類似した物的資産の特殊性をもつ部品を作る事例が増えるだろう。設備を整えることなどできなかった工場でも、今では生産ラインの切り替えに多くのコストをかけることなく、物的資産の特殊性をもつ部品を少量生産することが可能になった。資産の特殊性が全体に弱まっており、その基準ラインは左右にのびたスケールの右方向へと微妙にずれ始めているのである。

これら二つの変化は、マーケット型の調整が望ましい領域を拡大しており、ひいてはヒエラルキー型からマーケット型へ移行するだろうという主張を補強しているのである。

電子市場への移行例――電子市場への大規模な移行は、すでに航空業界で起こっている。顧客が航空会社へ直接電話をし、飛行機の座席を予約すると、航空会社の販売部門が予約の依頼を処理する。この販売プロセスは、販売部門と航空会社の他の部門とのあいだにあるヒエラルキー型の関係によって調整される。飛行機の座席を旅行代理店で予約するときには、航空会社の外部販売代理人としての旅行代理店が切符を販売し手数料を受け取る。この場合、販売プロセスは旅行代理店と航空会社のあいだにあるマーケット型の関係によって調整される。電子市場での容易にアクセスできる選択の幅が広いのが主な理由と思われるが、客が直接航空会社からでなく代理店経由で予約をする割合は、アメリカン航空の予約システムが導入されて、三五％から七〇％に倍増した。

同様に、ＩＢＭ、ゼロックス、ジェネラル・エレクトリックといった多くの企業が、自社製品で使用する他ベンダーからの調達部品の割合を増加させている。このように生産活動を他の企業に移すことを「垂直的解体（vertical disintegration）」という。垂直的解体がメリットを生むようになったのは、コンピュータ化された在庫管理システムや、その他の電子統合によって、企業内部のヒエラルキー型の関係に特有の利点を取引業者とのマーケット型の関係でも引き出せるようになったからである。

（中略）

結論と企業戦略のヒント

ビジネス雑誌に軽く目を通すだけで、企業の中でも企業どうしでも電子接続がますます重要性を増していることがはっきりとわかる。われわれの分析手法は、こうした変化の多くを解明した。まず、電子通信効果、電子仲介効果、電子統合効果の結果として、いかに電子相互接続が普及しているかを明らかにした。また、電子相互接続の形態が電子ヒエラルキーと電子市場のどちらかに決まるうえで、製品説明の複雑さや製品の顧客に対する特殊性などの要素が与える影響についても分析した。

そして最後に、情報技術によって調整コストが低下するに伴い、経済活動を調整する手段がヒエラルキー型からマーケット型へと移行することを論証した。おそらく、これがもっとも重要な意味を持っているだろう。この分析手法を適用することにより、現在起こっている変化の多くがより大きな枠組みの中にどう位置づけられるかを見きわめることができるし、情報技術がさらに社会へ浸透していったときに、どのような革命的変化が起きるかを予測することもできるのである。

この分析結果には、企業戦略のヒントがいくつか隠れている。それは次のようなものである。

一．市場関係者は、それぞれが属する市場に電子市場を導入することにどのようなメリットがあるかを十分に考えるべきである。場合によっては、電子市場を導入することで、製品やサービスの売上げが増加するかもしれない。また、電子市場を作り上げる活動そのものが新しいビジネスになる可能性を秘めている。

二．社内の業務をより綿密に調整することと、電子ヒエラルキーによって顧客や仕入先との関係を緊密化することのどちらがメリットを生むのか、検討する必要がある。

三．特殊性がなく、説明のたやすい製品にかたよった電子販売経路（電子ヒエラルキーまたは一部の販売者が優遇される電子市場）は、市場の原理によって、いずれは一部の販売者が優遇されることのない市場に席を譲る可能性が高い。したがって、その種の製品の電子販売経路を先駆的に構築した企業は、そのシステムがもたらす競争上の優位が無限に続くと思ってはならない。そして、電子市場を創造する活動そのものから収益を得ることができるように偏向しない市場へと移行する戦略を模索すべきである。

四．現在の社内業務の一部をコンピュータ・システムを使って選択、管理できる外部の業者に委託するほうが、安上がりで合理的ではないかどうか検討する必要がある。

五．情報システム部門は、本稿で述べたような内部相互接続および外部相互接続を実現するために必要となるネットワーク・インフラの導入計画に着手すべきである。

六．コンピュータ・ベースの先進的マーケティング技術を開発する企業は、買い手が多くの候補の中から製品を選択するのに役立つインテリジェント・システムの開発を検討すべきである。このようなインテリジェント・システムは、買い手の自動化されたコンピュータ・エージェントのようなものに発展する可能性がある。また、売り手に顧客の好みに関する詳細な情報を提供するような機能も持ちうるだろう。

要するに、われわれの予測が正しいのであれば、将来の電子的に相互接続された世界とは、今の現実世界を高速化し、効率化したような単純なものではないはずである。企業や市場が商品やサービスの流れを調整する方法に根本的な変化が訪れると考えなければならない。これらの予測が妥当であることを確認するためには、体系的でデータをもとにした研究と綿密な分析が必要である。ここで提示した分析の枠組みが、そうした調査の方向性を定める助けになるものと期待している。

注釈

この論文は、コンピュータネットワークが企業のあり方やビジネスの進め方に変化をもたらすと予測している。マローン、イェーツ、ベンジャミンの三人は、二つの対極的な組織形態に着目している。一つは、従来の階層型企業であり、もう一つは、仮想企業や分散型企業に見られるマーケット型の機構である。彼らの分析を見ると、どちらの組織形態にも固有の利点があるようだ。階層型の組織は、供給元を内部に組み込んでおり、市場の原理が働かないだけに非効率的で、結果的に生産コストが高くなるが、調整コストは低い。マーケット型の組織は、逆に生産コストは低いが、調整コストは高くなる。しかし、調整コストは電子通信の利用によって軽減できる。その点で、マーケット型の組織である仮想企業のほうが有利だといえる。

階層型からマーケット型への組織形態の変化は、人間のあるべき姿を表す元型の交代をも促す。階層型の組織は、家父長制を背景とする戦士という元型を尊ぶのに対し、マーケット型の組織は、トリックスターという元型の特徴である情報交換や調整の能力を高く評価する。軍隊がそうであるように、戦士という元型は支配や征服によって力と富を得ようとする。そのような他を犠牲にしてのしあがるような態度は、連携、協調、反復作業が要求されるビジネスの世界では必ずしも効果を発揮しない。だからといって、仮想企業が競争と無縁だというのではない。それどころか、市場はまさに競技場そのものであると見ることもできる。

しかし、古い元型が完全に消え去るわけではない。たとえば、製造業の種類によっては、大規模で集中的な資本投資が必要になる。投資の財源はその時々によって変わるが、工場の組織は一般に、長期的な階層型の形態をとる。こうした工場で働く人々は、一つのプロジェクトが完了したからといって、別の工場へ移り、別のプロジェクトに従事するようなことはない。

社会において成功に必要な人間の性格が定まると、人間の資質の新たな組み合わせが現れる。階層型の組織にもっとも適しているのが戦士という元型であるとすれば、仮想企業に適しているのはトリックスターという元型である。戦士は、与えられた命令を忠実に実行し、明確に定められた任務を遂行するだけでよい。しかし、トリックスターには、柔軟かつ臨機応変に行動することが求められる。デジタル通信の利用によって、ビジネス界では階層型の組織からマーケット型の組織へと重心が移りつつある。そうなれば、農耕文化によって狩りの必要性が薄れ同時に表舞台から姿を消し、なおかつ農地を守る必要から階層的な家父長制社会が生まれたときに忘れ去られた、トリックスターが再び甦ることになるかもしれない。

電子市場には、商取引を効率よく行うためのメカニズムが必要である。マローン、イェーツ、ベンジャミンの三人は、EFT（電子資金移動）についてしか述べていないが、ジェリー・ミハルスキー（Jerry Michalski）は、一九九五年一月発行のニュースレター『リリース一・〇』[*18]の中で、電子商取引を三つのレベルに分け、それぞれのレベルごとに異なるメカニズムが必要だとしている。一番上のレベルには、一回限りのサービスや特別の契約を必要とする非常に複雑な商取引が位置する。そうした取引の例として、企業の買収、ブロードウェイ・ミュージカルのセット・デザイン、特別注文の部品の購入などを挙げている。このような取引は、カタログや標準の注文書で表現するのが難しい。当然、このレベルに属す商取引は、電子市場への移行がまったく進んでいない。

すでに電子市場に移行している取引の大部分は中間レベルに位置する。その中には、種々の事務処理やどんどん展開しているオンライン・ショッピング・モールなどが含まれる。ある企業の在庫管理システムと別の企業の注文入力システムをリンクするEDIも、この中間レベルに属している。このレベルは、マローン、イェーツ、ベンジャミンの論文でも取り上げられているが、インターネットがもっとも本領を発揮できるだろうと言われている。

一番下のレベルには、非常に単純な取引が属す。価値があまりにも低いために、従来の請求システムで処理したのでは非効率になるような取引である。デジタル商品を扱った場合、このレベルに属す取引が大量に発生することもありえる。たとえば、学校に提出するレポートにデジタル写真を使用するために五セントを払ったり、家庭のプリンタでデジタル新聞を印刷するために一ページあたり一セントにも満たない料金を払っていたら、どうなるだろうか。あ

18 *Release 1.0*, newsletter of January, 1995

るいは、一回の利用料が数セントという「マイクロトランザクション（小取引）」を提供するオンラインサービスも登場するかもしれない。このようなオンラインサービスがいくつも現れ、十分に多くの人が利用するようになれば、全体では巨大な市場ができあがることになる。

このように、あらゆるレベルでデジタル通信が変化を遂げており、電子商取引の発展を推進している。今の世界は、ビジネスはどうあるべきか、電子市場はどうのようなモデルや価値で形成されるのかをだんだんと見出しつつあるのだ。

ローラ・フィルモア

新しいマシンの奴隷——無料と有料をめぐる謎を探る

Laura Fillmore, "Slaves of a New Machine: Exploring the For-Free/For-Pay Conundrum" より

解説

社会学者は、社会集団が大きな変化にさらされている時代ほど研究していておもしろく感じる。デジタル化の波をまともに受けている出版業界という社会集団は、今まさに大きな混乱と実験のさなかにある。デジタル出版が成り立つためには、高性能で低価格の読み取り装置が必要であり、代金の支払い方法や、デジタル財産を安全に流通させる手段も整えなければならない。しかし、ローラ・フィルモアがオンライン・ブックストアという会社を設立した当時は、これらの前提条件は一つとして整っていなかった。現在でも、コンピュータはほとんどの人にとって高価な商品であり、そう安々と買えるものではない。デスクトップコンピュータの持ち運びは大型テレビに劣らず不便であり、ラップトップコンピュータは数時間ごとに充電しなければならない。本のように手軽に扱えるディスプレイも存在しない。ネットワーク上

での電子決済が現実化しようとしているのに、いまだにデジタル財産を保護する標準的な方法さえ存在しないのである。

ここで紹介するローラ・フィルモアの講演が注目に値する理由は、デジタル出版ビジネスを始めたときの苦労話が聞けることだけではない。ネットワーク出版というまったく新しいビジネスを生み出した彼女のすばらしいひらめきが感じとれるからである。

（前略）

わたしは、インターネットでの出版で利益を上げてはいない。このビジネスで成功した人が他にいるという話を聞いたこともない。オンライン・ブックストアというわたしの会社では、一九九二年からインターネット出版[*19]を手がけてきた。そして、このビジネスがパラドックスと予知できないものに満ちたものであることに気づいたのである。そこでは、つねに前向きに考え、アイデアを出し続けることが求められる。パラメータがたえず変化する方程式を解いているようなものである。

わたしは、インターネット出版に関する執筆、講演、会議、相談といったビジネスにおいては成功している。しかし、肝心のオンライン出版[*19]が儲かっているかというと、答えは「ノー」である。自分の経験をもとに言うと、インターネットという分散型の環境で出版ビジネスを展開した場合、入ってくるお金よりも出ていくお金のほうが多い。このような認識を持っているのは、わたし一人ではないと思う。最近は、インターネット出版などというもの自体、存

19　インターネット出版・オンライン出版
ネットワーク上で本の中身を入手できる出版形態。電子出版の一つ。

在しないのではないかとさえ思い始めている。もっと正確に言えば、辞書に定義されているとおりの出版というものはないということである。みなさんにとってそれほど目新しいことはないかもしれないが、自分のこれまでの経験からわかったことをお話ししてみたい。

オンライン・ブックストアはエディトリアル社の子会社として発足した。エディトリアル社は、わたしが一九八二年に設立した出版請負会社で、これまでに数百冊の本を制作している。一九九一年には、事務所を三つに増やし、一九人の社員が一日三交代で勤務し、デスクトップコンピュータを使って、タイム・ワーナー社の『スポーツイラスト年鑑』[20]、バンタム・ブックス社のアンディ・ウォーホールの伝記、エルンスト－ヤングの『クウェートでのビジネス』[21]といった本を作った。エディトリアル社の業種は、言ってみれば紙を扱うサービス業だった。コンピュータを導入したことで、いくつものジャンルの本を制作できるようになったし、何百人ものフリーランサーと契約を交わし、社内のスタッフの人数を抑えることもできた。出版社のための出版社とでもいうべき会社になったのである。それは一種の仮想企業であった。

エディトリアル社は、一九八〇年代の半ばに高まったデスクトップ・パブリッシング（DTP）[22]の波をタイミングよく捕らえた。デスクトップ・パブリッシングの普及により、出版界の主流が集中型の大企業からパソコンを使った分散型の会社へ移っていった。エディトリアル社は、その波に乗り、PageMaker, Ventura Publisher, Scribe, TROFF, TEX, Polaris PrintMerge などのページ作成システムを使用して本を制作した。わたし自身は Polaris PrintMerge が気に入っていた。それは、このシステムがパソコンベースのパブリッシングプログラムとしては世界初で、きわめて原始的なものだったこともあるが、何と言っても、この講演のテーマで

20 *The Sports Illustrated Almanac*, Time/Warner

21 *Doing Business in Kuwait*, Ernst and Young

22 デスクトップ・パブリッシング（DTP）四三ページ参照。

ある電子機器の奴隷というキーワードを教えてくれたからである。

ここで時計の針を一〇年前に戻してみよう。当時、会社には従業員が五人しかおらず、わたしはそのうちの一人がストレスに堪えきれず、投げ出した仕事をしかたなくやっていた。その仕事は、病院の管理人を対象としたマニュアルで、三段組になっており、病院を衛生的に保つための方法を詳しく述べていた。読者となる掃除夫は、各ページの左上の欄の制服の着用についての説明から読み始め、最後の右下の欄を読むまでに制服を身につけなければならない。各ページには、床掃除やゴミ捨てなど、ある一つの作業が統一されたレイアウトで説明されていた。すべての段で各項目を縦三列に揃えなければならなかった。WYSIWYG[*23]が常識となる前のことである。タイプミスやレイアウトを確かめるには、そのつどプリントアウトするしかない。しかも、一ページのプリントアウトには五分近くもかかってしまう。締め切りは目の前に迫っている。わたしは一ページ入力してはプリントアウトが済むまで五分間待ち、ピリオドやカンマの間違いを見つけては修正した。わたしはまるで、ベルトコンベア式の単調な仕事を文句も言わずに続けるロボットのようだった。やっと作業が終わって、宅配業者に電話し、完成した原稿を送った。そして、ページ作成の仕事など二度とやるものかと誓い、専門のオペレーターを雇うことにしたのである。

これは、わたしにとって電子機器の奴隷になった初めての経験だったが、実はそのときはそう思わなかった。むしろ、ビジネスチャンスだと考えたのである。商業的な観点から見れば、確かにその通りだった。だがわたしは、いかに有能な人であっても、Polaris PrintMergeを使用すれば、この出来の悪いソフトウェアの犠牲になり、ロボットと化してしまうことを知っ

23　WYSIWYG
(What You See Is What You Get)
「ウィズィウィグ」と読む。What You See Is What You Getの頭文字をとったもの。
ディスプレイ上で見た通りのイメージのものが得られる。すなわち、プリンタに出力できることをいう。

た。それがPolaris PrintMergeを使って仕事をするときの宿命だった。誤りを犯す、人間という「ウェットウェア」が結果をコンピュータから引き出して、その結果は使えるか、あるいは誤まっているかのどちらかという仕事を繰り返す役目を負っていたのである。

このPolaris PrintMergeという華々しく登場した最新技術は、確かに利益をもたらしはしたが、同時に人間から尊厳というものを奪い取った。しかも、専門のオペレーターを雇う機会まで与えてくれた。その機会は驚くほど早くやってきた。わたしは新しい社員を雇い、昼夜を問わず画面に向かわせた。できあがったページから次々とプリントアウトさせ、段落で半端になった行の処理に悪戦苦闘させ、またプリントアウトさせた。このデスクトップ・パブリッシングの第一世代が味わった奴隷のような屈辱は、どこにも接続されていない孤立したマシンで本を制作することに起因していた。過去の遺物にされた巨大なメインフレームの機能をデスクトップコンピュータで再現していたにすぎなかったのである。わたしたちの売り物はこうしたパソコンの出力だったので、単なるコンピュータの副産物には見えないものを作るべく、何度も作り直していた。コンピュータの出力をせっせとフォーマッティングしているうちに、コンピュータの使い道を悟り、コンピュータとは何なのかを理解し始めていた。しかしそれでも、今から考えれば、コンピュータに使われていたにすぎない。コンピュータの本当の便利さには気づいていなかったのだ。孤立したコンピュータからフォーマット済みで動きのない出力を得るというのは、コンピュータの誤った使い方である。そのことに気づいている人はほとんどいなかった。現在ですら、この誤りを多くの人が犯している。試行錯誤を繰り返すなかでわかってきたことだが、分散されたコンピュータで本を作っていた時代は、いわば静的な出力を使った出版から動的なデータを使った出版へと進展する過渡期だったのである。コンピュータ業界ではよくあることだが、デスクトップ・パブリッシングの最前線はしだいに勢いを失い、やがて停滞を始めた。

（中略）

暗い現実ばかり強調しているようだが、状況は変わろうとしている。一九八〇年代の後半になると、コンピュータネットワーキングに関する本が次々と出版され始めた。どの本も、世界中のコンピュータをリンクしたネットワークの構造と機能に焦点を当てていた。そこに描かれたコンピュータは、出力媒体として使用すると人間の尊厳を奪うが、通信媒体として使用すると人間を生き生きさせるものだった。世界規模のコンピュータ・ネットワークについて書かれた最初の本は、おそらくジョン・クォーターマンの『マトリックス』[*24]（デジタル・プレス社）だろう。この本は、コンピュータネットワークと世界規模の会議システムを主題にしている。一九八九年、わたしの会社がこの本を制作していたのだが、著者のクォーターマンのおかげで、わたしは当時まったくなじみのなかった電子メールという概念に出会うことになる。

（中略）

ジョン・クォーターマンが送ってきた電子メールには、制作している本のテーマとは関係がないものも混じっていた。その年の春に起こった天安門事件[*25]の渦中にいた学生がメーリングリストに投稿したメッセージや、ヴァルディーズ号の事故[*26]について石油会社が発表していない事実を暴露した当事者のアラスカ州の人からのメッセージなどである。こうしたメッセージは、世界各地で起こった重大な事件を直接かつ即座に伝えるものであり、メディアが手を加えて

24　*John Quarterman, The Matrix,* Digital Press

25　**天安門事件**
一九七六年四月五日と一九八九年六月三日に中国の天安門広場で起こった事件を天安門事件とよぶ。ここでは、一九八九年六月三日深夜から四日未明に、天安門広場で、民主化運動を進めていた学生市民にむかって人民解放軍が発砲し、武力排除した事件（血の日曜日）をさしている。

26　**バルディーズ号の事故**
一九八九年にアメリカのアラスカ沖で起きた大型タンカー・バルディーズの座礁による原油流出事故。この事故は、環境・海洋汚染問題として大きく取り上げられた。その後、この事故を教訓とし、一九八九年九月にアメリカの環境保護グループCERESが、企業が環境問題についてどんな判断基準を持つべきかを示した「バルディーズ原則」と呼ばれる倫理原則を発表した。

いない、ほんの数時間前のニュースである。この情報は、人々の発言を電子データとして記録したもので、まったく新しいマシンがもたらした。そのマシンとは、相互接続された多数のコンピュータの集まりであり、人々の意見を伝える伝送路として使われた。独裁制のハイチでは、フリーランスのタイピストは四人の監視員に発言を禁止され、電話も使えず、ましてやインターネットなど利用できなかったというのに、北京の学生とアラスカの住民は、電子的な手段で話すことができたのである。そして、その話をすぐに電子的手段によって聞いた人は世界中に何百万とおり、それを止められる人間は一人もいなかったのである。インターネットは、開かれたネットワークであって、誰もが利用でき、誰の所有物でもないのである。

中国の学生やアラスカの住民が、インターネット上での投稿、つまり「出版」によって、金銭的な利益を得たかどうかはわからない（ここで「出版」という言葉を使ったのは、結局のところ出版とは、どのような伝達手段を使おうと、社会に向けて何かを書くことだからである。インターネット出版の伝達手段とは、インターネットアクセスである）。しかし、彼らは事件の目撃者として自分の意見を世界に発したことで、お金よりもっと貴重なものを得たのである。明らかに、ネットワークという新しいマシンは、単に文字を出力するマシンとして機能したのではなかった。紙の上に見慣れた単語を複写する道具ではなかったのである。言ってみれば、世界的な情報配信媒体の役割を果たしたのである。

電子メールの経験がもとになったひらめきというべきか、単なる経済的な必要性というべきか、わたしの会社は電子出版に移行し、従来の紙を使った出版に別れを告げた。この新機軸の第一歩は、出版社が企画した本の制作を請け負うのではなく、独自に本を企画、制作することから始まった。その本とは、トレイシー・ラクウェイの『インターネット・ビギナーズガイド』[27]である。この本を出版したのは一九九二年のことで、好評を博した最初のインターネット入門書だった。この本は、非常に短期間で制作したが、豊かな知識と才能の持ち主である著者が書いたこともあり、完成する前から評判を呼びそうな予感があった。そしてそのとおり、出版後すぐにベストセラーとなったのである。当時は、インターネットにおける著作権についての議論がほとんど手つかずの状況で、営利目的の出版についての規定も整っていなかったので、インターネット上で本を販売することなどできなかった。トレイシー・ラクウエイは勇敢にも、書店では今までどおり販売し、インターネットではASCIIテキストとして無料で配布するという画期的な試みに賛同してくれた。オンライン・ブックストア（OBS）の誕生である。何千という人々がインターネットにアクセスし、この本のファイルを手にした。もっとファイルの種類を増やしてほしいと書いてきた人もいた。しかし、代金を払おうとした人は一人もいなかったのである。

　ところが、常識では考えられないような謎の現象が起きた。それは一種のパラドックスであった。ASCIIファイルをanonymous FTP[28]によって無料で配布したことが、本の爆発的な売れ行きにつながったのである。考えてみれば、数百ページにも及ぶASCIIファイルのテキストをコンピュータの画面で最後まで読み通すことなど、誰にもできない。出版元も、わたしたちの試みを支持し、売上げに満足した。この出版社だけが特別だったわけではない。プレンティスホール社もブレンダン・キーホーの『初心者のためのインターネット』[29]をインターネットで無料提供しているが、本も飛ぶように売れている。MIT出版局の『ハッカーズの

27　Tracy LaQuey, *The Internet Companion:A Beginner's Guide to Global Networking*

28　anonymous FTP
通常FTPにおいて必要な相手方コンピュータへの登録、ユーザーID、パスワードが不要なFTPがanonymousFTPである。特に利用者を指定、制限することなく、無料で公開するソフトやデータ、ファイルをサーバー内に格納し、誰でもがそのサーバーに対してアクセスできる公開型FTPをanonymousFTPサーバーという。

29　Brendan Kehoe, *Zen and the Art of the Internet*, Prentice-Hall.

辞書』[*30]についても同じことがいえる。この辞書もインターネットで無料で読むことができるが、書店での売れ行きも好調である。これが「何か価値のある物を無料で提供すれば、お金が儲かる」という第一の謎である。この謎は、現実の世界では富が理屈どおりには手に入らないことを暗示している。与えれば与えるほど豊かになるというわけである。これを新しいマーケティング戦略と呼ぶ人もいる。これが本当であれば、誰でもぜひ伝授してもらいたいと思うだろう。しかし、これは本当の意味でオンライン出版と呼べるものなのだろうか。オンライン出版と従来の出版が混在しているからこそ生まれた成功ではないのだろうか。

インターネットで配布した『インターネット・ビギナーズガイド』のASCIIファイルが好評を博したせいで、わたしは従来の本に対する関心をどんどん失っていった。そして、当時でも一千万人はいると言われていたインターネットユーザーに引きつけられていったのである。読み書きができ、自由に使えるお金を持った人々が一千万人もいる巨大な市場を見逃す手はない。いろいろな本の権利を取得し、デジタル化してオンライン・ブックストアに並べたらどうだろうか。人気作家の本のファイルが安い値段で売られていたら、インターネットユーザーの何割かは購入するにちがいない。そう考えたわたしは、読者がオンラインブックに代金を支払うかどうかをテストするために、世界的なベストセラー作家スティーヴン・キングと交渉し、彼の新作『悪夢と夢の情景』[*31]の中の一編の版権を獲得した。数字には魔力がある。一千万人のうちのほんの一パーセントのユーザーが、インターネット上のオンライン・ブックストアでしか手に入らないスティーヴン・キングの作品に五ドル支払っただけでも、五〇万ドルの儲けになるのである。

30 *Hacker's Dictionary*, MIT Press

31 Stephen King, *Nightmares and Dreamscapes*

わたしたちは、この作品をできるだけ多くの人が注目し、利用できるものにしたいと考えた。そこで、Voyager Expanded Book形式[32]、電子メールしか利用できないユーザー向けのASCII形式[33]、Adobe Acrobat形式[34]、Mosaicユーザー用のHTMLと[35]、四つの形式で提供した。また、ドイツ語版の版権も取得し、二カ国語版を制作して、世界最大のブックフェアであるフランクフルト・ブックフェア・九三に合わせて発表した。そこで、スティーヴン・キングの作品は、ラジオ、テレビ、出版社など、あらゆるメディアの注目を浴び、インターネット史に大きな足跡を残すこととなった。しかし、例の五〇万ドルの単品（per-copy）の売上げのほうはどうだったのか。この作品のデジタル化には、オンライン・ブックストアのほか、インターネット・カンパニー、テキサス・インターネット・コンサルティング、バイキング・ペンギン、ホダー・ストートン、EUnetジャーマニー、ホフマン・アンド・キャンプ、アルデア・コミニュケーションズ、ブンイップといった会社が参加した。しかし、どの会社の単品売上げも、このビジネスの準備にかかった電話料金にも満たないものだった。このときも、オンライン版が宣伝の役割を果たしたようで、印刷された本のほうは話題を呼び、そしてなりゆきで出版社と作家には大きな利益をもたらすはずだったのに実際には単品売り上げはほとんどなかったのだ。自己完結していて、ネットワーク上の資源とリンクしていない出版物には、単品販売モデルは向いていないのかもしれない。このような結果になったオンライン出版サイトは、わたしのオンライン・ブックストアだけではなかった。

単品販売というアプローチは行き詰まったが、それよりはるかに優れたサイトライセンスというアプローチがあった。この方法は、あらゆる方面である程度の商業的な成功を収めて

32　**Voyager Expanded Book**
米国Voyager社が開発した電子出版用フォーマットソフト。Windows、Mac OSのプラットフォームにかかわらず、同じデータファイルを再生することができる。

33　**ASCII**
ANSI規格、標準的な米語文字コード。アルファベットや記号を1Bite （256） のコードで管理している。基本的なコードであり、このコードによる文字は世界中のコンピュータで表示できる。

34　**Adobe Acrobat**
米Adobe Systems社が開発したソフトウェア。Adobe AcrobatでPDF（Portable Document Format）というファイル形式に変換することによって、受け手側のコンピュータの機種、使用ソフトウェア、書体などの属性に左右されることなく、作成したとおりのスタイルで表示できる。（表示にはAdobe Acrobat Readerが必要）

35　**HTML形式**
一七七ページ参照。

いた。わたしの会社でも、オンラインサービス[*36]や企業にサイトライセンス[*37]を販売し、成果をあげていた。サイトライセンスは、作品のオプションを取得した企業やオンラインサービスに独占的権利を与える。それによって作品の著者は、一定数のユーザーを獲得し、作品を無断コピーから保護し、利益を得ることができる。サイトライセンスの利点は、「タイムリー」ということにあるかもしれない。情報やアイデアが古くなる前に、まずオンラインで発表するということである。このサイトライセンスモデルは単品販売モデルより利益につながりやすい。なぜなら、ライセンサーがライセンス料を受け取ったあと、情報を無料で提供しても、希少価値のある情報を独占的または半独占的に提供するという競争での優位という利益がはっきりしているからであろう。

この無料と有料を組み合わせた方法は、単品販売、サイトライセンスに続く第三の販売モデル、スポンサーシップモデルにも見ることができる。このモデルでは、モービル社がマスターピース・シアターのスポンサーになっているように、企業がインターネット上で無料配布される出版物のスポンサーになる。このようなスポンサー出版では、本や情報の購入者が代金を支払うという従来の経済理論はくつがえされる。スポンサーは、無料で配布されるテキストに社名と自社製品を添付することで利益を得る。スポンサーが存在を主張できるのは、ファイルに添付される簡単な製品情報とロゴだけである。お金の流れは次のようになる。誰かが anonymous FTP でファイルを取り出すたびに、スポンサーが一定の金額（数セント）を支払う。ファイルを取得した人は、一銭も払わなくてよい。この場合、商品となっているのは、情報ではなく読者の「関心」である。ここでも、情報やアイデアが販売経路の役割を果たす。

36　**オンラインサービス**
オンラインシステム上で行われる各種のサービスのこと。オンラインショッピングや、新聞社の記事の検索サービスなどが様々なものがある。

37　**サイトライセンス**
一一三ページ参照。

スポンサーシップモデルは、スポンサーにとって安楽で危険のないものでなければならない。もちろん真実を客観的にスポンサーすることはあまりないだろう。たとえば、天安門広場の学生たちのスポンサーになった企業などあるだろうか。

このスポンサーシップモデルは、現在すでにインターネットでよく目にする。その一つに、無料の電子サンドボックスがある。これは、誰でも自由に出入りして活動できる公園の砂場のようなものである。代表例は、サン・マイクロシステムズとシスコ・システムズが出資しているSUNsite である。スポンサーは、自社のソフトウェアを提供し、人々に電子サンドボックスの中で独創的な使い方を競ってもらう。すると、その成果を外から見ていた人がスポンサーのソフトウェアを購入する。こうしてスポンサーは利益を上げることができるのである。『インターネット・ビギナーズガイド』のASCIIファイルを無料で配布したことで本の売り上げが伸びたのも、同じ理屈である。SUNsite という無料の砂場を提供することで、製品の売れ行きに弾みをつけることができる。これは、最高の動く広告であり、インターネットを取り巻く経済の根本的な変化をうまく利用したといえる。現在は、アイデアを具現した物を売買するという希少経済から、物だけではなくアイデアや情報に興味を持つ人々の心や関心を売るという豊富経済へと移行しているのである。このような一見したところ「無料の」オンライン環境は、値段が付いた商品を所有したいという欲求から人間が解放されるという歓迎すべき変化をもたらすことになる。豊富経済では、社会的ステータスが「所有していること」から「アクセスできること」へと変化するのである。

「アクセスできること」という概念は、インターネット出版の第四のビジネスモデル「購読方式の出版」へと結びつく。この世界中に分散したマルチメディア・ハイパーテキスト環境(長い表現だが、ほかに適切な表現があるだろうか)では、トラフィックが一年で数十万パーセントも増加し、ないものはないというほどの状況にある。それを考えれば、購読モデルは理に適ったアプローチのように思える。情報をデジタルの川だと考えてみよう。その川から汲んだ水の入ったボトルが売っていたとして、それを買いたいと思う人がいるだろうか。川にアクセスする権利を手に入れて、月間利用料を払い、魚もオタマジャクシも、自分があびる水の流れも、上流の人が投げ入れた漂流物までも手に入れたいと思うのではないだろうか。

購読モデルは、Mosaic 環境においても必要になってきた。Mosaic は、ワールド・ワイド・ウェブ用のマルチメディアブラウザで、現在は無料で配布されている。Mosaic はオンライン出版用の決定版アプリケーションとして普及しているため、世界中のコンピュータをめぐり歩き、デジタル化されたあらゆるものにアクセスできる。気に入ったものがあればダウンロードし、自分で手を加えることもできる。しかも、すべて無料である。とはいっても、ワールド・ワイド・ウェブを構成するサーバーには、しっかりと料金所が設けられていた。それは現在でも変わらない。ケーブルテレビに加入したり『ニューヨーカー』誌などを購読したりする場合とは異なる購読システムが必要なのかもしれない。Mosaic は、分散性、双方向性、記録性という、オンライン出版環境の三つの側面を合わせ持ったものだからである。これらの側面をすべて兼ね備えた放送媒体や印刷媒体などはありえないのである。

Mosaic ブームが起こる一年前までは、「コンテンツが肝心」が合言葉で、オンライン出版を成功させるにはコンテンツへの簡単で低料金のアクセス手段を提供しなければならないと考えられていた。しかし、Mosaicの登場で、コンテンツへのアクセスはいとも簡単なものになってしまった。初心者でもMosaicの使い方を覚えるのに三〇分とかからない。いたるところにコンテンツがあることも、毎日のように新しい情報が増えていくことも、すぐに実感できるのである。コンテキスト（脈絡）が存在しなければ、コンテンツはたちまち意味を失ってしまう。オンライン版の小説が何百とあっても、アクセスの手段であるネットを活用することでこれらの小説を読んだり考えたりするための手段としてのコンテキストを提供しなければ何の役にもたたない。上のほとんど無料のコンテンツアクセス体験からヒントを得て、読者が読書中の思考の変遷を出版社に記録、調査することを許すことで、小説に無料でアクセスできる出版ビジネスモデルを提案できるのではないか？　ここでいう読書中の思考の変遷とは、オンラインで小説を読み、考え、学習しているときに読者がたどるリンクの時系列をいう。ジェームス・ミッチェナーという人気作家が書いた『チェサピーク物語』[*38]であっても、何の特色もない閉じた平板なオンラインテキストでは、たとえ五ドルで読めたとしても誰も買おうとはしないだろう。しかし、作者自身が作品を解説するセミナーがあり、それをもとにした思考の道筋をたどることで、小説の評論を読んだり、関連する資料やグラフィックス、ビデオ、サウンド、体験、著者自身などにリアルタイムでアクセスしたりできるとしたら、もっと高い料金を払うかもしれない。とはいっても、このようなコンテキストに彩られた作品には、どれくらいの料金を設定できるだろうか。何を出版し、何を販売することになるのだろうか。ただ、動的な要素を採り入れた出版環境では、個々の利用者が決めるコンテキストのほうが主役となり、動きのないテキストそのものは脇役となることだけは明らかである。

38　James Michener, *Chesapeake*

（中略）

実のところ、オンライン出版は、マーケティング戦略の一環としてはすでに成功している。これはいわばわたしたちの中でいまだに所有して独占しようとしている人々、おそらく死すべき運命に抗い、財産の砦を築こうとする人々にとっては成功している。これらの商売人たちは、見えすいたマーケティング戦略で作品を小出しにする。ある章だけをオンライン化し、それに広告を付けるのである。そうしておもむろに本や製品を売り出すというわけだ。しかし、個人レベルのオンライン出版は、もっと自発性があり、小出しでなく、より完結したものになるだろう。アイデアのフリーマーケットとでも言うべきものかもしれない。そこでは、インターネットでは時間と関心こそが実際のお金に換算できない価値ある通貨であるという考え方をテストすることができる。個人でホームページを開設し、インフォバーン（インターネット）に面して、自分のコンピュータでファーストフード店や古本屋を開いたり、誰でも自由に出入りできる公共スペースを提供したりできる。それと並行して私的なスペースを作り、レンタルスペースのように、そこへのリアルタイムアクセス権をライセンスしたり売ったりすることと、「貸します」という看板もおくこともできるだろう。

インターネットでは、記録された思考、すなわち出版物と呼んできたものと、いきいきと躍動するリアルタイムの思考を組み合わせたものが商品になりうる。このモデルは、最初に紹介した『インターネット・ビギナーズガイド』の場合と同じように、リアルタイムの精神活動という生あるものと、精神活動の記録という死したものとの混合体である。人間は関連づけによって思考する。その関連づけがリンクである。わたしたちは、物や人のことを考えることによって、それに価値を与えているのである。一九九三年に三四万一千パーセントものトラフィック[39]増加率を示したワールド・ワイド・ウェブは、関連づけによる精神活動を地球規模に広げるハイパーテキスト環境である。そこでは、ばらばらに存在する情報にアクセスし、それぞれの人が自分なりに関連性を与えることができる。テキスト、グラフィックス、ビデオ、サウンド、体験（電子美術館や電子図書館）など、デジタル化できるものなら何でもリンクできる。電子メールを使用すれば、リアルタイムで人間をテキストにリンクすることもできる。このようなハイパーライフ環境では、生きている情報だろうと、書庫に眠っている情報だろうと、あるいは動きのある情報だろうと、じっと動かない情報だろうと、その名称と場所が商品になる。たとえば、わたしがネットワーク設計者で、上司からイーサネットの構築を明日の朝まで終わらせるように命令されたとしよう。そんなときは、ユナイテッド・テクノロジーズ社のイーサネット専門家であるバッド・スパージョンのアドレスを調べ、直接問い合わせたり、彼が書いた文書をオンラインで読めるのであれば、大金を払っても惜しくないと思うだろう。特にバッド・スパージョンにリアルタイムで相談し、自分の抱えている問題の解決に協力してもらうことにはすすんで支払うだろう。この問題の価値は、今夜は千ドルだとしても、明日にはゼロになる。ネットワークを立ち上げられなければ、わたしは仕事を失うのである。電子メール、電話、そしてテレビ電話へと親密さが高まっていくようなＢｕｄへのアクセスを提供するとなれば、インターネットのウェブのマルチメディア機能を駆使することになるだろう。

これは、人間という情報をリアルタイムで売り買いするという話である。このような言い

39　トラフィック
ネットワークや通信回線上における情報量。

方をすると、奴隷という本稿のテーマを思い出すかもしれない。しかし、ここで言おうとしているのは、独裁政権下のハイチで人間をキーボードに縛り付け、精巧にフォーマットされたマニュアルをコンピュータから出力させるようなことではない。リアルタイムの精神活動への双方向的[*40]なアクセスを有料で提供するということである。

（中略）

周囲を見回すと、インターネットからお金を得ている人はたくさんいる。インターネットを利用するためのハードウェア、接続サービス[*41]、ソフトウェアを販売する、いわば手段の作り手である。ところで、ワールド・ワイド・ウェブを利用するための手段が整ったら、今度は何が必要になるだろうか。リンクブローカーやURL先物取引などといったビジネスが登場するのだろうか。皿洗いや綿摘みなどの技能ではなく、人間の心が売り買いされるようになるのだろうか。現在のインターネットはマルチメディア環境である。とすれば、その現状を見きわめるには、レコード業界について考えてみるのが近道かもしれない。わたしたちの目の前にあるインターネットという謎の世界は、記録された情報と今を生きている情報の両方に価値を与えるものだからである。記録された精神活動や音楽は、ある意味で死した情報である。音楽が生きた情報になるのは、双方向性を持つときである。演奏者と観客との対話が成立するコンサートがそうである。見方によってはカラオケもそうかもしれない。ロックバンドのドアーズが『ブレイク・オン・スルー』をレコーディングしたとき、その曲は動きのない記録物となり、売買の対象となる。このレコードは、ジム・モリソンが若くして命を落とした後、価値が上がったのだった。インターネットであれば、『ブレイク・オン・スルー』は無料で聴ける

40　**双方向（的アクセス）**
どちらからでも送信・受信が可能な通信のこと。

41　**接続サービス**
インターネットへの接続サービスのこと。インターネット・プロバイダーが行っている。ユーザーの端末から、プロバイダーにアクセスし、インターネットが利用できる。

かもしれないが、ジム・モリソン自身にアクセスしようとすれば、高い料金を請求されるだろう。カラオケでドアーズの曲を歌う場合も料金がかかる。これこそ、わたしが言っている生きた双方向型のリンクである。このリンクは、「巨大な記録」マシンになろうとしているインターネットに人々を隷属させるようなものではない。新たなるオンライン環境へと導き、わたしたちを豊かにしてくれるものなのである。

注釈

このローラ・フィルモアの講演は、まだ活動を始めていない市場について論じたものである。ジョン・ブラウニングとは違い、フィルモアはネットワーク上の知的財産に値段を付けるべきかどうかについて迷いはない。彼女が問題にしているのは、どうしたら知的財産で利益を上げることができるかなのである。世界で何かを為す人間の元型という観点から考えると、フィルモアがどんな元型に当てはまるか、答えはすぐに出る。彼女は、典型的な狩人であり、トリックスターである。彼女が武器にしているのは、機知、進取の気質、そして闘争心である。この講演で披露された見解を見れば、彼女がネットワーク上でビジネスを行う現実的な方法をいかに深く追究しているかがわかる。

しかし、何より興味をそそるのは、ネットワーク上でもっとも移ろいやすい情報の価値についての話である。従来の出版では、ハードカバー、文庫本、雑誌、新聞、ビラという出版物の階層があり、この順序で作品の永続性が低下する。パッケージが丈夫であるほど、情報の寿命は長くなるはずである。ところが、インターネットでは、少しでも時間がたつと価値が失われる情報ほど、違法にコピーされたり再販売されたりする危険が小さくなる。このような情報の極端な例としては、個人的な相談や社会集団への参加で得られるリアルタイムの情報がある。

フィルモアが指摘していることで特に説得力のあるものは、次のような言葉である。「ジェームス・ミッチェナーという人気作家が書いた『チェサピーク物語』であっても、何の特色もない平板なオンライン・テキストでは、たとえ五ドルで読めたとしても誰も買おうとはしないだろう。しかし、作者自身が作品を解説するセミナーがあり、それをもとにした思考の道筋をたどることで、小説の評論を読んだり、関連する資料やグラフィックス、ビデオ、サウンド、体験、著者自身などにリアルタイムでアクセスしたりできるとしたら、もっと高い料金を払うかもしれない」

このような小説に対する考え方の変化は、本書のテーマである三つのメタファーを一気に駆け抜ける。オンライン作家の仕事場は、電子図書館というメタファーを超え、電子市場を通り抜け、最後に取り上げる電子世界というメタファーに行き着くのである。目の前で変化が起きているとき、わたしたちはチャンスに気づくかどうか試されている。狩人でありトリックスターでもあるフィルモアは、いくつかのメタファーを用いて変化の本質を捉え、すかさずビジネスチャンスをつかんだのである。

フィルモアが指摘した料金についての謎を考えると、彼女の講演のテキストを下記のサイトで（無料で）読むことができるというのは皮肉な話である。

http://cism.bus.utexas.edu/ravi/laura_talk.ht

オンライン・ブックストアのアドレスは次のとおりである。

http://marketplace.com/obs/obshome.html

マーク・ステフィック

光を放つ——電子出版ビジネスの活性化

Mark Stefik, "Letting Loose the Light: Igniting Commerce in Electronic Publication" より

解説

ロバート・カーンとヴィントン・サーフは、『電子図書館プロジェクト——ノボットの世界』の中で次のように問いかけている。「一〇〇〇冊の本が収録されたCD-ROM[*42]を購入して、その中の一冊しか読まないような場合、著作権料の支払いはどのようにすればよいのか。出版物の電子コピーを提供する場合、料金をどのように請求したらよいのだろうか」。この問題提起の背景には、CD-ROMが普及し始めたことをきっかけに一九八八年に起きた著作権保護と情報使用料をめぐる論議があった。

一九九四年になっても、著作権についての論争は決着を見るどころか、最高潮に達しようとしていた。一九九四年五月には、ローラ・フィルモアがインターネット上での出版ビジネスに乗り出したことで、さまざまな限界も明らかになった。デジタル出版物は実際にインターネ

42　CD-ROM　八七ページ参照。

ット上で販売されたが、取引規定は形ばかりのものだった。しかも、デジタル作品は簡単にコピーできるため、情報は無料であるべしと信ずる人が増えていった。また、ネットワーク接続の高速化によって、プログラムやデータの取引はオーディオテープを使った音楽ミキシングと変わらないほど簡単になった。要するに、ネットワークユーザーにとっては、著作権を尊重するより侵害するほうがずっと楽な状況になったのである。

これこそ、Electric Frontier Foundation のジョン・ペリー・バーロー（John Perry Barlow）が言ってから流行語のようになった「著作権は死んだ」という言葉の背景である。情報無料論の支持者は、デジタル作品をコピーしてもオリジナルが無くなるわけではないのだから、情報をコピーするときに料金を払う必要はないと主張する。マーク・ステフィックがこの論文を書いた一九九四年の後半というと、出版業界では、ソフトウェアの入れ物はもともと漏れやすいものであり、それに対処する有効な手だてなどみつかりはしないだろうという見方が一般的だった。しかしながらこの論文は、そのような考え方に一石を投じ、ネットワーク上の情報を販売するための方策を提案している。

わたしは長いあいだサイバースペースというものに注目してきたが、この仮想世界で戦わされている、法律、倫理、政治、社会に関する議論の根底には、ある根深い難問が一貫して未解決のまま横たわっている。デジタル化された財産に関する問題である。それは、いくつもの疑問を含んでいる。わたしたちの財産を誰でも無制限に複製し、一瞬にして世界中へばらまくことができ、しかもコストはかからず、わたしたちが気づく間もなく、手元から財産が消えるわけでもないとしたら、どのようにして財産を守ることができるのだろうか。自分の精神活動の産物である出版物に対し、どのように報酬を要求したらよいのだろうか。報酬を要求できないとしたら、こうした出版物の継続した執筆や配布がどうして保証されるだろうか。

——ジョン・ペリー・バーロー著「アイデアの経済[*43]」より

ノープロブレモ

——『ターミネーター2』のT-101（アーノルド・シュワルツネッガー[*44]）の言葉

問題は、トラストシステムの概念を本当の意味で理解しているかどうかである。トラストシステムの概念に納得できなければ、商取引とデジタル出版に対するこのアプローチ全体がまったく考慮に値しないものになってしまう。しかし、その意味を真に理解すれば、すべて容易に得心がいくのである。

——ラルフ・マークル（Ralph Merkle）

多くの文化を通じて、知識や認識は光にたとえられている。この論文のタイトルに選んだ「光を放つ（Letting loose the light）」という表現は、知識が活字媒体などを通して世界に広がっていく様子を表している。このメタファーと呼応するように、哲学や科学に関する書物が続々と世に現れた一八世紀の啓蒙主義[*45]のことを英語でEnlightenmentという。この語のもともとの意味は「光で照らすこと」である。今世紀に入り、知識を光にたとえるメタファーは、芸術と物理学の両面で現実のものとなった。本、絵画、映画、音楽などの芸術作品は、取り

---

43 John Perry Barlow, "The Economy of Ideas"

44 T-101 (Arnold Schwarzenegger) in Terminator 2

45 **啓蒙主義**
一七世紀後半に英国からはじまり、一八世紀にはヨーロッパで主流となった思想。人間の思考を理性に内在する原理によらしめようとするもの。理性に基づく新しい宗教観、自然観、社会観、国家観が生まれた。科学的な合理主義と人間の自然権、社会契約論などの考え方が誕生した。

扱いが便利なデジタル形式で表現できるようになった。そして、デジタル化された作品は、光ファイバーケーブル[*46]を通り、まさに光パルスとして伝送されるのである。

出版物がデジタル化され、瞬時に転送されるようになると、出版ビジネスは計り知れない影響を受ける。なにしろ、印刷コスト、在庫管理コスト、輸送コストという出版ビジネスの足かせとなっている経済上の三要因が大きく軽減されるからである。デジタル出版物は、ただ同然でコピーでき、保管場所をとらず、世界中のどこにでも一瞬にして転送できるのである。

このような情報の可搬性は、今以上に輝かしい情報化時代への夢をふくらませる。図書館について言えば、世界中の活字化された知識へ自由にアクセスできることが数世紀来の夢だった。今日、多くの図書館は、誰もがコンピュータでアクセスできる電子目録を備えている。雑誌の記事をファクスで送信することもできる。科学技術の信奉者が思い描くのは、本や雑誌を紙に印刷する必要がない時代である。デジタル作品であれば、世界中の誰もが、いつでもどこでも手に入れ、読むことができるのである。

ただし、デジタル化された質の高い出版物への自由なアクセスという夢は、あと少しというところで逃げていってしまう。質の高い出版物はデジタルでは手に入りにくいのである。というのも、出版社側とすれば、出版物が無断でコピーされたのでは死活問題だからである。この厄介な問題が今後も解決される見込みのないことは、歴史を振り返れば明らかである。出版業といえども儲けがなければ成り立たない。儲けを得るためには、無断コピーを規制するしかないのである。

コンピュータが、ワードプロセシング、電子メール、ネットワーク通信に使われている様

46　光ファイバーケーブル
(optical fiber)
光伝送用の線材。遠くまでほとんど減衰せずに信号を伝達することができ、電磁波の影響を受けない、伝送ビットレートが高速であるという特徴がある。

子をみて、デジタル出版物のコピーは簡単で、だからこそなくすことはできないという意見がある。出版物をデジタル化することと、著者と出版社の商業財産および知的財産に対する権利を尊重することのあいだには、明白で本質的な矛盾が存在するようにみえる。しかし、著作権の侵害に手を貸すことがコンピュータの宿命ではない。設計を工夫しさえすれば、どんな媒体よりも強力で柔軟性に富んだ出版ビジネスの武器になりうるのである。デジタル出版と営利事業が相容れないもののように見えるのは、これまでのコンピュータシステムの設計思想がもたらした幻影にすぎないのである。

デジタル出版物の取引に必要な技術はすでに完成している。そうした技術は、現在のコンピュータの使い方にとらわれない画期的なもので、本などの出版物と同じようにデジタル出版物の売買や貸与を可能にする。この新技術によって、デジタル出版物の購入や流通のあり方が変わり、必ずしも無料ではないにしろ、あらゆる種類の出版物に一日二四時間いつでもアクセスできるようになる。出版物のサンプルを入手したり、借りたり、安い料金で貸したり、友人のためにコピーしたりできるのである。クリエイティブな才能を持った人なら、自分の出版物を友人のネットワークに発信し、コピー料金をとることもできる。技術の粋を集めたこのシステムは、デジタルブックやデジタルテレビから、デジタル音楽やデジタルテレビゲームまで、あらゆるものに影響を与える。デジタル図書館、デジタル書店、デジタル音楽店、デジタル新聞、デジタル放送などの概念は、根本から変わることになるだろう。そのうえ、十分な技術力さえあれば、どんな企業でもデジタル出版のシステムを実現できるのである。

この新しい約束の地へと至る道すじを見てみることにしよう。まず、著作権法の歴史と、デジタル化された出版物は無許可でコピーされてもしかたがないという誤った思い込みが広まった理由について考える。次に、デジタル出版というビジネスを実現し、支援する最新技術の動向に目を向ける。そして最後に、目の前に立ちはだかる制度上、ビジネス上の課題を明らかにする。こうした課題を解決するのに必要なものとは、セキュリティ、簡便性、展望、持続性を備えた基盤を作り上げる英知、意志、そして手段である。

著作権の発祥と意義

汎用コンピュータでデジタル出版物をコピーするというときには、無法者になるほうが簡単で、正直者であることは難しい。コンピュータソフトウェアのパッケージには、購入者にソフトウェアを一台のコンピュータに限りインストールして使用する権利を許諾するというライセンス規約[*47]が印刷されている。友人のために合法的なコピーをもう一つ手に入れるには、販売店に赴いてソフトウェア製品そのものを購入しなければならない。しかし、こうした同じソフトウェアを別のコンピュータにインストールするほうが、ずっとたやすく、安上がりで時間もかからない。このようなコピー行為はまったく私的で簡単なことであるため、ほとんどの人は深く考えず、罪の意識もなく行ってしまう。

もちろん、コンピュータにおいて無許可で行うコピーの対象は、自分で購入したソフトウェアだけに限らない。文書の一部、記事、本、ライフワークのような作品にしても、その作

47　ライセンス規約
ライセンスとは免許、許可の意で、ソフトウェアにおけるライセンス規約とは、ユーザーがソフトウェアを使用する際に従わなければならない、使用許諾契約における規約のこと。

者や出版社にお金を払うことなく、キーを数回たたくだけでコピーできてしまう。無断のコピー行為や使用は何も今に始まったことではない。ビデオテープに印刷されているFBIの警告メッセージを無視してダビングしただけで、著作権を侵害したことになる。コンパクトディスクに収録された音楽をカセットテープに録音した場合も同じである。しかし、実際上の問題として、このような事例に著作権法を適用するのは不可能だった。著作権法を厳格かつ効率的に適用するにはレコーディング装置を持つ人が多すぎるのである。

デジタル情報の著作権問題を技術によって解決することはできないというのが一般的な見方である。コンピュータ業界の著名な論客、ジョン・ペリー・バーローは、来るべきデジタル時代へ向け、特許や著作権の概念を再考しなければならないと主張する。情報は独占できるものではないというのが、その論旨である。情報は自由であるべきだという。サイバースペースはニューフロンティアであり、その指導者と開拓者は情報の自由化について急進的な考え方を展開している。実際、バーローは知的財産と市場規制という概念を完全に捨て去るべきだと提言している。この解決案は何度か試みられたが、一度として成功したことはない。明々白々の事実だが、質の高い出版物を社会に行き渡らせるためには、著者が創作活動と流通によって生計を立てられなければならないのである。

バーローの主張は、フランス革命期に戦わされた知的財産をめぐる激論を思い出させる。革命主義者たちはバーローと同じように、精神活動の所産というものは所有できないのだから、規制を加えるべきではないと主張した。革命期には、多くの作家や反体制の出版社が、専制政治の反対を叫び、出版の自由を要求することで、大衆啓蒙の英雄として現れた。精神の革命には、著述業、印刷業、出版業、書籍販売業を統制する法律や制度の解体が必要である、と彼らは強調した。完全に自由な通信がもっとも大切な人権の一つだった。すべての市民は、自由に話し、書き、そしてとくに重要なものとして出版することができるべきだと考えられた。この哲学的理想によれば、人間には知識欲があり、どんなものでも読み、学ぶことができなければならないのである。本が広く流通し、出版の権利が認められることは、知識の普及に欠かせない要素と考えられていた。

一七八九年、革命政府は啓蒙主義の偉大な作家の出版物をフランス全土に安い値段で配布されるべきという信念に基づき、出版の規制を完全に撤廃した。それがどんな結果を招くかは、作家たちも出版社も、まったく予想していなかったにちがいない。出版物として世に出たのは、啓蒙主義の本などではなく、アジビラかポルノグラフィーばかりだったのである。また、印刷業者も競い合うように、他社が莫大な費用を投じて企画した本の廉価版を製作した。まともな本も作られはしたが、制作費が削られたため、質は目に見えて低下した。ほとんど時間をかけずに作られ、内容はまちがいだらけだった。出版社は次々と倒産し廃業した。規制が取り払われた出版界に宿る破滅性は、革命の熱気の中ではあまり顧みられなかったが、出版産業が混乱を極めるにしたがい、明白な事実となっていった。かつて出版の自由を叫んだ指導者たちは、遅まきながら自分たちの愚行に気づいたのだった。規制のない出版界という混沌を目の当たりにし、作品の出版を見合わせる高名な人気作家もいた。自分の作品が無断で出版されることを規制できないために、執筆で生活を成り立たせることができなくなったからである。

一七九三年、出版業界の秩序を回復するための法律が議会を通過した。この法律は、著者の権利を認め、出版業を市場原理の中に位置づけ、著者を創作者として、本を財産として、そして読者を選択をする消費者として規定している。この法律は、啓蒙主義的な考え方の根本的な転換を意味している。創造的な作品の制作と出版を支えるには、著者が自分の精神の産物に対して所有権を主張できることが必要であると考えるようになったのである。フランスでの知的財産の扱いをめぐる歴史は、カーラ・ヘッセの『革命期のパリにおける出版と文化をめぐる政治問題[*48]』に詳しい。

今日、ほとんどの人々は、コンピュータにおいては著作権の侵害は避け難いとみている。ここでは、この思い込みの背景にあるコンピュータの設計思想をひもとき、この問題を解決するためには固定観念にとらわれた思考方法から脱却する必要があることを論証する。

デジタル出版の発展を妨げている主な要因としては、次の三点が考えられる。(一)低電力で低価格の見やすいフラットパネルディスプレイ[*49]がない。(二)金銭をデジタル処理する安価で信頼性の高い方法がない。(三)デジタル出版物の使用やコピーの明細を報告する統一された方法がない(これを広く普及させる必要がある)。まず、ディスプレイの課題は今後五~一〇年の技術進歩でほぼ確実に克服できるだろう。電子書籍と電子新聞に可搬性を持たせるためには、このようなディスプレイが不可欠であると考えられている。ただし、この問題は、デスクトップコンピュータのディスプレイで十分に対応できる場合や、音楽作品の転送などでディスプレイが必要でない場合には、それほど深刻ではない。第二の要因である小切手、

48 Carla Hesse, *Publishing and Cultural Politics in Revolutionary Paris, 1789-1810*

49 フラットパネルディスプレイ　画面に歪みがない、平面型ディスプレイ。

クレジットカード、(誰のものかをたどることのできない)現金の形式の金銭をデジタル処理する手段については、このところ多くの実験が行われている。焦点となるのは、三つめの課題である。コピー権などの権利を定めた著作権という概念を拡大した、いわゆる「デジタル財産権」または「使用権[*50]」に基づく商取引のテクニックに議論の的を絞ることにする。

出版社の中には、違法コピーがビジネス上のリスクとして大きすぎるとみなし、デジタル形式の出版物をいっさい扱わないところもある。電子新聞では、写真やグラフィックなどの重要で価値の高い内容を省略することも多いが、そのようにして質が低下した新聞には大金を払う気にならないものである。つまり、質が低いとみなされてしまう出版物は、出版社の儲けが少なく、また消費者の選択肢も少ないというヒヨコが先か卵が先か式の問題を生じるのだ。コンピュータソフトウェアなど、定期的なアップグレードが必要な出版物の場合は、世に出回っているコピーのうち、許可を得たものよりも得ていないもののほうが多いにもかかわらず、皮肉なことに、そうした違法コピーが顧客基盤の拡大につながっている。ソフトウェア会社は、違法コピーによる損失は許容できる範囲だと判断しているのである。しかし、そのために代金にまつわる不公平が生じている。ソフトウェア会社は、プログラムの使用頻度を考慮せずに、一律の価格で販売するので、プログラムをあまり使わないユーザーにはどうしても割高になるのである。

コンピュータやネットワークの発展にともない、デジタル出版物を保護する有効な手段の必要性が認識されるようになってきた。最近は、音楽作品、映像作品、両者を組み合わせたマルチメディア作品など、新しい種類の出版物もデジタル化されるようになっている。そのた

50　使用権
使用する権利のこと。コンピュータソフトウェアでは使用許諾契約という形で用いられている。ソフトウェアの使用開始の際に、ユーザーが使用条件を認める契約を使用許諾契約という。購入したソフトウェアのパッケージに、開封前の注意とともに記載されていたりする。主な内容は、プログラムの著作権に関する条項、使用条件の範囲等である。

め、さまざまな業界が有効な解決策を模索している。このように、必要性は広く認識されているにもかかわらず、解決策がなかなか見えてこないのはなぜだろうか。それは、わたしたちの考え方がマンネリズムに陥っているからではないだろうか。つまり、メールソフトやワードプロセッサ、あるいは現在使われているほかのアプリケーションで処理がなされているようにデータ処理をしなければならないと仮定してしまっている。

普通わたしたちは、汎用コンピュータ[*51]で汎用オペレーティングシステム[*52]と汎用プログラム[*53]を使用する。コンピュータ業界は、ソフトウェアとしてプログラミングできることであれば何でもコンピュータで処理できるという前提に基づいて、ワードプロセッサ、表計算ソフトウェア、データベース、カレンダー、グラフィック処理プログラム、コンピュータゲームなど、さまざまな機能を持ったプログラムを制作している。そして、ユーザーが著作権で保護されたファイルをコンピュータでコピーしても、メーカーは責任を認めようとはしない。ある会社がコンピュータを製造し、別の会社がコピー機能をもったソフトウェアを作成する。そのハードウェアとソフトウェアは、いずれも汎用性つまりユーザーが望むすべての目的に適うことをめざしている。コンピュータメーカーにしても、ソフトウェア会社にしても、意図せずして著作権を侵害するようなやり方でコンピュータを使う者に対して責任を負いたくはない。犯罪者となるのは、厳密な意味で正直者でいるよりも無断でコピーを作成する無法者でいるほうが簡単であることを知ってしまった消費者なのである。

コンピュータユーザーは、この構造に固執し、デジタル財産のコピー行為を規制するいかなる試みにも反対している。この構造とそのすべての前提を受け入れているかぎりは、この悪

51　**汎用コンピュータ**
使用目的を問わずに利用できるコンピュータ——事務処理計算用、科学技術計算用のどちらにも向くコンピュータ——のこと。大型のコンピュータの場合が多い。

52　**オペレーティングシステム**
OSという。ハードウェアとソフトウェアの仲介にたつソフトで、プログラムの実行管理や周辺装置の管理などを行い、「基本ソフト」ともよばれる。主な役割として、ファイルやメモリの管理、ユーザーインターフェイスの設定、ユーティリティソフトの提供などがある。
パソコン用OSとして主なものに、MS-DOS, Windows98, MacOS, BTRONなどがあり、ワークステーション用OSとしてはUNIXなどがある。

53　**プログラム**
コンピュータに実行させる動作を規定するもので、ある一定の記述言語を用いて記述したもの。
プログラムを記述する言語をプログラム言語、プログラムを作成することをプログラミングという。

循環を断ち切ろうという意欲を持つ勢力が現れることも、デジタル財産を保護するための有効な手段が考案されることもないだろう。現在、適用可能な財産権が存在しないために、文章、インタラクティブゲーム、音楽作品の作家たちは、自分の著作物の利用料を受け取れないことが多い。彼らの作品がなければ、世界は陰鬱で退屈な場所になってしまう。彼らの創造的な作品を未来のデジタルシステムで尊重するためには、現在使っているシステムの設計思想を覆さなければならないのである。

デジタル出版へ向けた設計思想の見直し

ここで提案するアプローチは、次の二つの考え方を核とする。(一)デジタル出版物はトラスティドシステム間で売買される。(二)出版物には使用権が付属していて、その使用権によってできることと、使用権を行使する際に発生する費用が規定されている。

トラスティドシステム(trusted system)

「トラスティドシステム」という用語は、特定の作業を行うのに際して信頼できるコンピュータを意味する。たとえば、作者や出版社が特定のデジタル出版物のコピーを完全に禁止するとしよう。この取り決めを絶対確実に遂行するのがトラスティドシステムである。出版物のコピーを強要するような恫喝やそそのかしに遭っても、トラスティドシステムはまったく動じない。トラスティドシステムは、物腰は柔らかいが、違法コピーを最後には必ず拒絶する。同様に、出版物はコピーできるが、コピーの完了時に支払うべき料金を確実に記録するのが、トラスティドシステムである。トラスティドシステムでは、出版物をコピーすると、必ず料金を記録する。コピー処理を中断したときには、定められた方針に従う。たとえば、不完全なコピーを削除し、料金を記録せず、コピーを開始したが完了しなかったという記録を残す。ここでも、どのようなそそのかしがあっても、動作が変わることはない。トラスティドシステムは、規則を遵守することに関し、決して裏切ることはないのである。

　コンピュータでデジタル出版物を保護できないことを「精霊《ジン》と壺」というたとえで説明することがある。このたとえは、よく使われているが誤まっている。このたとえでは、貴重なデジタル出版物が「精霊」であり、その容れ物が「壺」である。たとえば、デジタル出版物をコンピュータに送る際には、暗号化して送信できるので、たとえ傍受されても読まれることはない。しかし、出版物の合法的なコピーが手には入れば、それをもとにいくつでもコピーを作ることができる。暗号鍵があれば、出版物を復号化し、コピーできるからである。あるいは、暗号化されたままの出版物をコピーし、鍵のコピーとともに渡すこともできる。精霊がいったん瓶から出てしまうと、このシナリオでは、もはや精霊を瓶に戻すことはできない。どうあがいても、デジタル出版物の違法コピーが出回ることを阻止することはできないのである。これはトラスティドシステムで対処できる問題である。

　トラスティドシステムは、他のトラスティドシステムと通信プロトコル[*54]に従って対話し、トラスティドシステムであると確認できないシステムに対しては情報を転送しない。このしく

54　**通信プロトコル**
九ページのプロトコル参照。

みによって、デジタル出版物のコピーはトラスティドシステムの内部にあるか、そうでなければ暗号化されていることが保証される。トラスティドシステムの内部にある場合は、使用が規制される。トラスティドシステムの外部にある場合は、復号化しないかぎりコピーを使用することはまずできない。しかし、重要なことは、保護や封じ込めだけではない。単に情報の流れを制限してしまうのでは、デジタル出版物の可能性が十分に発揮されなくなる。情報の活発なやりとりを支援し、促進しなければならない。精霊をしかるべき壺に閉じ込めるよりは、精霊が商取引の規則に則って壺から壺へと飛び回るようにすべきなのである。

このようなシステムについて、きわめて現実的な疑問がある。「ファイルをフロッピーディスクにコピーすれば、人に渡すことができるではないか」というものである。トラスティドシステムは、許可がないかぎり、出版物をフロッピーディスクなどにコピーすることは絶対にない。出版物をコピーする許可が与えられている場合でさえ、トラスティドシステムではないという理由でフロッピーディスクにはコピーしないのである。磁気テープやコンパクトディスクはトラスティドシステムではないし、ハードディスクにしてもトラスティドシステムではない。トラスティドシステムとは、コンピュータを備え、保護された記憶装置を内蔵し、プロトコルに従って通信するものをいう。ユーザーの目から見ると、トラスティドシステムとは記憶装置にほかならない。トラスティドシステムは、それ自身または他のトラスティドシステムにしかデジタル出版物をコピーしない。フロッピーディスクに暗号化されていないコピーを格納することは、使用権を尊重しない汎用コンピュータからアクセスできる無防備な媒体に、壺の中から解き放った精霊を潜り込ませるに等しい行いだからである。

トラスティドシステムの捉え方には重要な点がひとつある。ひとつの捉え方はトラスティドシステムは消費者が不正直だという前提に立ったものだというものだ。この考え方は的外れで、おそらく誤りであろうが、にもかかわらず真実味がある。トラスティドシステムが消費者に本当の意味で利益をもたらさないかぎり、生活を複雑にする厄介物としか見られないだろう。トラスティドシステムのもっと好意的な見方は、自動販売機になぞられる。トラスティドシステムを利用すれば、デジタル出版物を一日中いつでも注文でき、すぐに届けてもらえる。デジタル出版物は、電話注文のピザよりも速く、しかもバイクなどではなく注文をした同じ電話回線を通って、あっというまに届けられるのである。

要するに、デジタル出版物の商取引で第一の鍵となるのが、トラスティドシステムを使うことである。このようなシステムをこれまではコンピュータと呼んできたが、パーソナルコンピュータのような装置には限定されないし、コンピュータの類である必要もまったくない。音楽再生用パーソナルエンタテインメント機器、ビデオゲーム機器、ラップトップ読書器、パーソナルコンピュータ、家庭用デジタル映画再生装置、ポケットに入るクレジットカードサイズの装置など、どんなものでもよい。ここからは、このようなトラスティドシステムを「リポジトリ」と呼ぶことにする。これは、さまざまな形で実現できるアーキテクチャの設計図である。リポジトリは、他のリポジトリとだけデジタル通信し、それ以外の何ものも通信の対象としない。また、リポジトリは、コンパクトディスクなどの受動的な媒体とは異なり、記憶容量に外因的な限界がない。そのため、世代が変わるごとに前世代との完全な下位互換性を維持しながら記憶容量を増やすことができる。デジタル出版物は、暗号化された安全なプロトコルに基づいてリポジトリ間でやりとりされることになる。リポジトリは、個々のデジタル出版物に適用される規則を読み取り、遵守する。そこで、「リポジトリは規則の内容をどのように認識するのか」という二つめの問いが生じる。

添付された使用権

たとえ話から始めよう。洋服売場へ行き、シャツを手に取ると、いろいろなタグが付いているのに気づく。まず、値札がある。シャツを買うには、値札に書かれた金額を支払わなければならない。「冷水で手洗い」や「ドライクリーニング専用」など、洗濯方法が書かれたタグもある。シャツの型やメーカーの歴史などが書かれたタグが付いていることもある。

このタグがデジタル出版物の使用権の考え方に近いといえるだろう。デジタル出版物にはタグが付いてくるのである。作者、出版社、販売業者が付けることになるタグは、どのようなことができ、料金はいくらかというデジタル出版物の使用権を規定するものである。

シャツのタグとは根本的に違う点もある。まず、デジタル出版物のタグは、それ自身デジタル化されていて、リポジトリが読み取り、使用できるようになっている。しかも、消費者もリポジトリのユーザーインターフェイスを使ってタグを読むことができる。タグはコンピュータが読み取り可能な言語で書かれていて、リポジトリに出版物の使用規則を指示する。タグは、いわばリポジトリが履行すべき電子契約書である。また、デジタル出版物のタグは取り外すことができない。さらに、このタグは出版物のさまざまな場所に付けられる。シャツで考えれば、ポケット、ボタン、襟、袖などにタグが付いているようなものである。それぞれのタグが添付箇所の権利を許諾するので、出版物の各箇所に異なる権利を付与することができる。たとえば、電子新聞であれば、地方版の記事や、写真、電信記事、広告などに対し、別々の権利を設定することもできる。

たとえば、デジタル化された音楽作品であれば、使用権の規定は次のような内容になるだろう。

This digital work can be played on a player of type Musica-13B. This right is valid from February 14, 1995 to February 14, 1996. The repository must have a security level of three. No other authorizations are needed. The fee for exercising this right is one cent per minute with a minimum of five cents in the first hour. Usage fees are paid to account 1997-200-567131.

（このデジタル出版物はMusica-13B型のプレーヤーで再生できる。この権利の有効期限は一九九五年二月一四日から一九九六年二月一四日までとする。リポジトリはセキュリティレベル三に適合していなければならない。これ以外の権利許諾を受けることは不要である。この権利を行使するには、最初の一時間までは最低料金の五セント、それ以降は一分につき一セントが必要になる。使用料の振込先の口座番号は一九九七—二〇〇—五六七一三一。）

もちろん、このような規定は明確に定義されたコンピュータ言語で表現され、文章としては表示されない。以下に、コンピュータが読み取り可能な使用権記述言語で書かれた規定の例を示す。

コンピュータ言語は自然言語よりも厳密で、各句の解釈方法を定義する明確な文法と意味

Right Code:	Play Player: Musica-13B
Copy Count:	1
Time-Spec:	From 95/02/14 Until: 96/02/14
Access-Spec:	Security-Level: 3
Fee-Spec:	Fee: Metered $0.01 per 0:1:0
	Min: $0.05 per 0/1/0
Account:	1997-200-567131
権利コード：	再生プレイヤー：Musica-13B
コピー部数：	1
有効期限：	1995年2月14日から1996年2月14日まで
アクセス制限：	セキュリティレベル3
料金設定：	料金：1分あたり0.01ドル
	最低料金：最初の1時間までは0.05ドル
振込先の口座番号：	1997-200-567131

体系を持っている。コンピュータ言語は少しも詩的ではなく、自然言語に比べれば表現力に乏しいが、そのかわりに曖昧さはほとんどない。使用権記述言語は、デジタル出版物の作者と消費者のあいだに契約関係を作るものであり、何よりも明確さと平易さはまさに望むものだ。使用権記述言語を解釈することは容易だ。難易度でいえば、物語中の英語の一文を読んで理解するようなレベルよりも、スーパーマーケットのレジでバーコードを読み取るくらいのレベルに近い。

使用権記述言語では、いくつかの権利を定義する必要がある。代表的な権利としては、出版物の譲渡方法、レンダリング方法、派生出版物の使用可否などに関連する権利がある。そのほか、特別な権利で、ハードウェア障害に対処するバックアップコピーの作成と復元に関係するものもある。使用権の概念をかみくだいて説明するために、例をいくつか挙げてみよう。

デジタル出版物の転送——汎用コンピュータでは、友人のためにファイルをコピーすると、デジタル出版物のコピー数が増えたにもかかわらず、作者に料金を支払わないので、著作権を侵害することになる。これに対して、リポジトリでは決して著作権を侵害することはない。

まず最初に、リポジトリシステムにおけるコピー権と転送権の働きを見てみよう。モーガンという人がデジタルブックをスーパーマーケットの書籍売り場かどこかで買う場合を考えてみよう。この買い物をするためには、デジタルブックをコピーする権利を行使し、料金を払う。つまり、その本をコピーすることで、売り手のリポジトリと、モーガンが持ち歩いているカードサイズのリポジトリのあいだで取引が記録される。あるいは、自宅からデジタルブックを電話で注文することもできる。いずれの場合も、デジタルブックは売り手のリポジトリからモーガンのリポジトリへ通信プロトコルに従って電子的に引き渡される。取引が終了すると、モーガンはすでに料金を払っているので、リポジトリにデジタルブックがあり、読み取り装置を使って読むことができる。購入したデジタルブックには、正規の使用権がすべて添付されている。

それでは、モーガンが本を読み終えたころ、友人のアンディーが貸してほしいといってきたとしよう。二人は互いのリポジトリを接続し、モーガンが転送権を行使してデジタルブックをアンディーのリポジトリへ転送する。印刷された本の場合は、いったん買ってしまえば、あとは誰に譲ろうとどうしようと勝手だった。それと同じ権利をモーガンのデジタルブックに適用することができる。転送取引が終わると、デジタルブックはアンディーのリポジトリに記憶され、モーガンのリポジトリから失われるが、金銭のやり取りは行われない。これで、アンディーは本を読めるようになり、モーガンは読めなくなる。ここで、きわめて重要なことは、転送を行ってもデジタルブックのコピー数が変わらない点である。

次に、貸し出しについて考えてみよう。ライアンはモーガンからデジタルブックを一週間借りたいと思っている。二人は互いのリポジトリを接続し、モーガンは貸し出し権を行使する。デジタルブックを人に貸してしまうと、モーガンは前の例と同じように読むことができなくなる。ライアンが休暇に出かけ、数千マイル彼方の海辺でバレーボールに興じているあいだに、貸し出し期間の一週間が過ぎてしまったとしよう。ライアンはモーガンからデジタルブックを借りたことなどすっかり忘れている。二人のリポジトリには時計が組み込んであるので、ライアンのリポジトリは一週間が過ぎると借りているデジタルブックのコピーを無効にし、一方のモーガンのリポジトリも貸し出し期間の終了を認識して、一時的に無効になっていたコピーを使用可能な状態に戻す。二人が何もしなくても、つまり二人のリポジトリどうしでまったく通信を行わなくても、デジタルブックは自動的に元の状態に戻るのである。ライアンが後でまた読みたいと思っていた場合には、少額の料金を払って借りたり、自分用のコピーを作成することもできる。この二つの例のポイントは、リポジトリは規則に従って動作するものだということである。この事例で適用している規則とは、従来の本の貸し出し規則に少し手を加えただけのものである。電子図書館では、貸し出した資料が自動的に返却される機能が広く使われるようになるだろう。

デジタル出版物のレンダリング——デジタルブックを読むためには、その内容が見えなければならない。デジタル音楽を聴くためには、音が聞こえなければならない。デジタルテレビゲームで遊ぶためには、ゲームが見えて音が聞こえなければならない。デジタル出版物を体験できるような形式に処理することを「レンダリング」という。コピー、転送、貸与と同じように、レンダリングも使用権で規制される。

レンダリングには、再生（play）と出力（print）という二つの形式がある。デジタル出版物を再生することは、他の人がデジタル出版物を利用できるように、ある種の変換器を介して送ることを意味する。「再生（play）」という言葉は、一般的に「音楽作品を再生する」とか「映画を再生する」という表現で使われるが、本の内容を表示したり、コンピュータプログラムを実行したり、インタラクティブテレビゲームを実行したりすることも「再生」という。一方、デジタル技術の文脈で「出力（print）」というと、紙への印刷や、外部記憶装置へのファイルの書き込みなど、使用権の規制外にある媒体に出版物をコピーすることを意味する。

使用権の概念は、デジタル出版物のマーケティング戦略に大きな柔軟性をもたらす。現在、音楽店でコンパクトディスクを買えば、再生は無料でできる。本の場合も事情は同じである。お金を出して買った本は何度でも読むことができる。これに対して、原則として、本のコピーは禁止ということになっているが、人に譲ることはできる。リポジトリにデジタル出版物を保存すると、より柔軟な利用が可能となる。

たとえば、一〇代の少女アンドレアの母親が音楽店へ行ったが、娘に頼まれた曲名を忘れてしまったとしよう。彼女は、アンドレアが好きだと知っている六つのバンドの曲をいくつか選び、自分のリポジトリに転送する。この時点では、コピーを作成する権利については何も支払う必要はない。彼女は帰宅すると、アンドレアのリポジトリに曲を転送し、アンドレアが都合のよいときに調べられるようにしておく。アンドレアのホームリポジトリも、お金を電子的に転送できるクレジットサーバーを内蔵している。アンドレアは短い視聴サンプルを無料で聴いたり、何曲か選んで一時間当たり二五セントで聴いたりできる。五年間にわたって無制限に再生できる権利を一〇ドルで買うこともできる。このように、アンドレアは有料コピー権ではなく有料再生権を行使する。有料再生権の有効期限が無期限であれば、楽曲を何度再生しても、それ以上の料金を払う必要はない。使用権と使用料金の条件や種類は、作曲者と販売店が設定する。アンドレアは、この取り決めで、どの使用権で楽曲を楽しむかを自由に選べるし、自分の都合に合わせてさまざまなデジタル出版物を試すことができる。携帯電話と同じような技術を利用して、音楽店に曲を注文し、自分の車のリポジトリにダウンロード[*55]することだってできるのである。

ただし、本といったときに文庫本を典型例として考えると、有料再生権のアイデアはそれほどすばらしいものではないかもしれない。文庫本はもともと安いので、読む時間に応じた料金を払うことが意味をなすとは思えない。読むスピードが遅い人ほど速い人よりも支払う料金が高くなるのでは、納得がいかないだろう。では、百科事典のように大きくて高価な参考図書の場合はどうだろうか。こうした本は数百ドルもするので、気軽に買えるようなものではない。普通は、初めから終わりまで読み通すこともない。そこで、使用時間に応じて安い料金を払うしくみにすれば、百科事典を買う余裕のない家庭にも高品質のデジタル百科事典を普及させることができる。購入者はコンパクトディスクの曲の場合と同じように、時間あたりの料金と、長時間または無期限に使用できる料金のどちらかを選ぶことができる。

ここでもう一つ、デジタル新聞の例を考えてみよう。デジタル新聞の配布方法はいくつか考えられる。駅などの売店での販売、電話回線でのダウンロード、デジタルラジオ局からの放送などである。支払い方法は、再生毎料金（pay of play）でも、月ぎめの定期購読でもよい。では、近隣一帯に配布できるだけの部数をプリントアウトして流通に割り込もうという起業家の出現を恐れ、新聞社が顧客にデジタル新聞の出力を有料でも許可しようとしない場合はどうだろうか。こうした事態を避けるには、使用権を設定し、デジタル新聞を印刷しようとする人に印刷する権利がないことをわかるようにしておけばよい。

55　ダウンロード
(download)
データを上位のコンピュータから、下位のコンピュータへ送ること。逆をアップロードという。ネットワーク上では、ネットワーク上のファイルを自分の端末へ転送すること。パソコン通信などでは、ホストコンピュータからメッセージやプログラムなどを読み出すことを指す。

それでは、新しい記事はだめでも一カ月前のデジタル新聞の記事であれば印刷してもよいとする状況を考えてみよう。その場合には、古いニュースの印刷を許すことは、セールスの邪魔になるよりは宣伝になるとおそらく思った新聞社が、デジタル新聞を発行してから一カ月後に印刷権が有効になるように設定する。出版社が許可を与えそうな状況はいくらでも思い付く。記事や写真、あるいは何でもいいがそれらについて、読者に与える使用権は、デジタル新聞社間での重要な競争における競争力の源になることも考えられる。

派生出版物の作成――流通業者は出版物の広告と選択を行い、消費者に提示することによって、製品に付加価値を与える。こうした役割を果たし、それに対する報酬を受け取る。現在、書店や音楽店は、書籍やコンパクトディスクの「ハードコピー」の代金を請求している。しかし、デジタル出版物で再生毎料金が普及した場合、流通業者はどうやって利益を上げたらよいのだろうか。言うまでもなく、消費者が再生のために支払を行うという選択を下したときにお金が入るようなしくみが必要になる。このしくみとは、流通業者が権利の内容を変え、使用ごとに払われる手数料を新たに追加できるようなものになる。ここでは、このしくみを「シェル」と呼ぶことにする。

シェルとはどのようなものか理解するには、いろいろな大きさの贈り物の箱を使ったいたずらのたとえを用いるとわかりやすい。この誰でも知っている楽しいいたずらは、小さな箱にプレゼントを入れ、それを少し大きな箱に入れ、それをもっと大きな箱に入れるというもので、それぞれの箱にメッセージを書いたカードを付けることもある。デジタル出版物では、これらの箱がデジタルコンテナ（シェル）に当たり、カードが出版物に添付された使用権に対応する。デジタル出版物を空のシェルに入れたり、別のデジタル出版物が入ったシェルに一緒に入れたりすることを「埋め込む」といい、それを「埋め込み使用権」で管理する。

具体的な例を使って考えてみよう。作家のニックが自分の小説をデジタル形式で発表することにした。彼は作品のコピーに対して代金を請求することに決め、コピーされた作品に使用権を付けることにした。使用権には、作品をコピーするたびに彼の口座に振り込まれる料金を指定する。出版社は本の出版に同意し、出版物をコピーしたときに追加料金を出版社に支払うことを明記したもう一つのシェルに入れる。出版社は、本の内容がもっとよくなるように、さまざまな面で作者に協力し、宣伝費も出す。最後に、書店が出版社のシェルをもう一つ別のシェルに入れ、端末で本をコピーしたときに料金を書店に払うという指示を付ける。このため、消費者がこの本のコピーを買うと、自動的に、書店、出版社、そしてニックに料金を支払うことになる。このシステムが有効に働くのは、請求システムがコピーされた出版物の各シェルに埋め込まれた指示に従って動作するからである。

もう一つ、ビジネススクールの教授ペイジの場合を考えてみよう。彼女は、ケーススタディを集めたテキストを使って講義を進めている。権利が付属したデジタル出版物の中から興味のある事例を選び、テキストを作っているのである。事例に引用権が付いていれば、デジタルソースからコピーを一部移動でき、条件付き編集権が付いていれば、（ある程度の）変更を加えることができる。埋め込み権が付いていれば、自分のコレクションに追加することもできる。どの段階でも、出版物に付属する権利は、一貫して作者が決めた条件によって規定される。ペイジは、収集したすべての出版物を一つのシェルに入れ、自ら使用権の条件を指定することができる。学生が彼女のテキストを一部買うと、そこに収録されたケーススタディの作者とペイジ自身に料金が支払われるのである。

この管理された再利用のプロセスを、ある著者が別の著者に記事の転載許可を求めるという現在の慣行と比較してみよう。こうした許可は、得るのも与えるのも手続きがめんどうで時間がかかるうえ、それほど儲けにならないため、出版社の編集アシスタントに担当させる。出版物の転載については、ごく一般的な権利、料金、条件を受け入れるだろうと仮定されているのだ。使用権という概念を導入すれば、出版物の再利用に関わる煩わしさやコストが軽減されるので、出版物の商業的再利用が非常に盛んになると考えられる。

消費者ベースの流通――現在考えられているデジタル出版物の流通方法のうち、もっとも急進的なものの一つが、「消費者ベースの流通」である。「超流通（super distribution）」ということもある。従来の媒体の場合、消費者が出版物をコピーして販売することは、著者と出版社に対価が支払われないため、違法とみなされる。では、前の例において、モーガンが友人のアンディーにデジタルブックを譲ったり貸したりするのではなく、コピーを一つ作成したらどうなるだろうか。リポジトリは、この取引を記録し、新しいコピーの代金をモーガンまたはアンディーに請求する。シェルがどのように設定されているかによって異なるが、モーガンが最初に出版物を買った書店、流通業者、出版社、作者のいずれも取引に関わっていないにもかかわらず、それぞれのもとに代金が支払われる。言ってみれば、すべての消費者が事実上の営業マンとなり、口コミの販売チャンネルを構成することになる。

このアイデアは、冒頭で紹介したバーローの問題提起に真っ向から挑むものといえる。デジタル財産は作者の知らないうちに地球上のどこへでも出回るが、リポジトリを介して使用したりコピーされたりすることで、作者のもとにお金が入ってくるのである。

ライセンスとチケット——トラスティドシステムでは、「ライセンス」と「チケット」という特別なデジタル出版物を商取引で使用することになる。「ライセンス」とは、特定の使用権を行使できるようにするデジタル証明書である。運転免許証や立入禁止区域への出入りを許可するIDカードのようなものだといえる。このデジタルライセンスがあれば、定められた出版物のコピーや印刷などの権利を行使できる。ライセンスされた出版物を見ようとすると、認可サーバー（リポジトリにあるプログラム）が使用者のデジタルライセンスをチェックする。「デジタルチケット」は、出版社が販売するプリペイドカードや割引クーポン券のようなもので、権利を一度限り行使できる。このデジタルチケットは、映画や電車の切符のようなものだと考えられる。いったん劇場に入場したり電車に乗ったりすると、切符にはパンチが入れられ、再使用できなくなる。同じように、デジタルチケットにもデジタルチケットエージェント（リポジトリ上のプログラム）がパンチを入れる。

出版物の作者は、使用権の条件として、特定の権利を行使するためにライセンスやチケットが必要であることを指定できる。このようなデジタルライセンスとやデジタルチケットは、本質的に偽造が不可能である。こうしたライセンスやチケットを持っていれば、自宅のリビングだろうと学校の寮だろうと、どこからでも使用権を行使できるようになる。作者には、料金が確実に入ってくること、指定したチケットやライセンスが必要であることが保証される。

出版業界では、どの分野もそれぞれに難題を抱えているが、デジタルライセンスとデジタルチケットが解決への突破口になるかもしれない。出版物の種類によっては、特定の業者だけが販売できるようにするとメリットが生じることもある。たとえば、コンピュータゲームの場合は、広告、販売促進、デモンストレーションなどのライセンスを許諾した業者だけに販売許可を与えたほうがよいと考える製造業者もいるかもしれない。ライセンスのない販売店がゲームをコピーして販売しようとしても、リポジトリは取引を拒否する。ライセンスを与える業者を指定し、許可なしにはリポジトリ間でライセンスを転送できないようにすれば、作者が出版物の販売を統御できるようになる。デジタルライセンスを導入すれば、販売権の有効期限を設定することもできる。

音楽業界やビデオ業界は、ＣＤやビデオが家庭以外で営利目的に利用されないように知恵を絞っている。しかし実際には、現在の技術で営利目的の使用を禁止する有効な手段を講じることはできない。そこで考えられるのが、ライセンスを採り入れたエンタテインメント用トラスティドシステムである。このシステムは、家庭用の機器と劇場や放送局で使用する機器とを識別することができる。デジタル化された音楽やビデオの再生機器に、家庭での使用と営利目的の使用とで異なるライセンスと料金体系を設定すればよい。あるいは、ラジオの送信機と受信機をすべてリポジトリに接続するという方法もある。ラジオ局は、デジタル出版物を放送し、聴取者に少額の料金の支払いを求めればよい。トラスティドシステムは、作者、放送局、消費者という三者のあいだに現在とは異なるさまざまな関係を構築する基盤になるだろう。

書籍出版業界では、売れ残った本を一定期間後に割引販売するのが慣例になっている。チケットとの交換でデジタルブックのコピーを一つ作成できる使用権があるとしよう。会員に割引価格で本を提供するブッククラブのような組織が、このようなチケットを売り出し、三枚のチケットを好きなデジタルブック三冊と交換できるようにしてもよい。デジタルブックの値段は、需要に応じて変動するチケット価格によって決まることになる。

コンピュータソフトウェア業界では、ソフトウェアのバグを修正した新バージョンを発表すると、それをアップグレードバージョン[*56]としてオリジナルバージョンの購入者に無料または割引価格で配布するのが一般的である。こういった場合、オリジナルバージョンを購入していないユーザーをアップグレードバージョンの配布対象から確実に外さなければならない。この作業も、オリジナルバージョンにデジタルチケットを付けることで簡略化できる。ユーザーはアップグレードチケットを使うだけでアップグレードバージョンを入手できる。販売店を通さずにソフトウェアをアップグレードできるのである。デジタルチケットは、使用するとパンチされるので、アップグレードを何度も行うような不正をなくすことができる。

企業などでは、使用従量制やコピー料金契約にするとコストがどれくらいになるか予測できないため、サイトライセンス契約を好む傾向がある。サイトライセンスとは、一定の条件のもとでデジタル出版物を使用する権利を企業のメンバーに許諾するものである。一般に、サイトライセンスでは部外者のためにコピーすることを禁じたり、部門ごとに使用目的を区別

56 アップグレードバージョン

アップグレード（upgrade）とは、ハードウェア・ソフトウェアの機能を拡張・向上させること。バージョン（version）は、「版」の意味で、改良を重ねた数となっている。以前の製品より機能・性能を向上させたバージョンという意味である。なお、古いバージョンから、より性能が向上した新しいバージョンに変えることをバージョンアップという。

したりする。出版物を同時に使用できるユーザーの数を制限することもある。その場合、管理業務を企業の担当者に委託することが多い。デジタル出版物の場合は、企業のサイトライセンスをリポジトリに記録しなければならないという条件を使用権に加えればよい。部門ごとに異なる使用条件を設定する場合は、それぞれの部門に専用のライセンスを与える。一つの企業で同時に使用できる出版物のコピー数を制限するのであれば、サイト認可サーバーなどでユーザーの登録と計数を行い、リポジトリの認可サーバーから定期的に問い合わせるようにデジタルライセンスを設定すればよい。

ライセンスとチケットには、さまざまな種類や用途が考えられる。社会的な目的にも利用できるかもしれない。たとえば、慈善団体や行政機関が、低所得層やスラム地区の若年層に証明書を発行しているとしよう。社会的意識の高い出版社であれば、そうした証明書を所持する人々にデジタル出版物を割引価格で提供したり、期限付きで無料提供してもよいだろう。採算面からいうと、このような証明書を発行することで教育レベルが上がり、潜在的な顧客基盤が拡大する。こういったサービスがないかぎりこれらの層が出版物を購入することはなかったと考えられるので、けっして安く提供したからといって、格別損をしているわけではない。資格を持った図書館員、研究者、教職者などに特別な権利を付与するためにデジタルライセンスを利用することもできる。図書館などは、一定期間のみ出版物を閲覧できるような証明書を発行してもよいだろう。

最近になって論議が高まっている問題の一つに、コンピュータネットワークでの出版物へのアクセス規制がある。現在のように放埒なネットワーク環境では、ポルノをテーマにしたディスカッショングループを誰でも簡単に開設できる。オンライン博物館や子ども向けの情報を提供しているネットワークが一方でポルノを扱っていることも珍しくない。こうしたコンテンツへのアクセスを規制するためには、言論や商取引の自由を求める社会の声と、アダルト情報に対するコミュニティとしての立場や責任に折り合いをつける必要がある。

ネットワークの外にある現実の社会では、アダルト向けの雑誌やビデオが問題になっている。書店は、アダルト雑誌の挑発的な表紙が通行人の目に入らないように陳列を工夫する。ビデオ販売店では、映画のランク付けにならい、ビデオを区別している(一般映画はG、親の同伴が望ましい映画はPG、準成人映画はR、成人映画はX)。この二つのアプローチには、デジタルライセンスの考え方と相通じるところがある。デジタルライセンスを採り入れることで、デジタル出版物にしかるべき機関や組織が規定したランクを付けることができるのである。たとえば、Gランクのビデオはライセンスを不要とし、PG―一三のデジタル映画には、利用者が一四歳以上であることが明記された身分証明書か、親が発行した許可チケットのいずれかが必要であるとする方法が考えられる。

以上の例を見るとわかるように、デジタルチケットとデジタルライセンスは、使用権という概念において中心的な役割を果たすことになる。また、総合的な情報インフラは、社会と商業の両面で幅広い目的に対応できる可能性を秘めているのである。

リポジトリの信用性を形づくる基礎

ところで、トラスティドシステムにおけるリポジトリの信用性（トラスト）とはどのようなことをいうのだろうか。そうした信用性の基礎になるものは何なのだろうか。ここでは、これらの疑問を解き明かしてみたい。トラスティドシステムとは、特定の処理を行うことに関して信頼がおけるシステムのことである。リポジトリがデジタル出版物を扱う場合、信用を形づくる条件は、リポジトリが、いかなるときも、いかなる状況においても、デジタル出版物の使用規則を守ることである。リポジトリは、出版物の利用と料金に対して責任を持たなければならない。責任の基礎となるものは「完全性」である。リポジトリに関しては三つの完全性が考えられる。物理的な完全性、通信上の完全性、そして動作上の完全性である。「物理的な完全性」とは、装置として物理的に正常であることを意味する。「通信上の完全性」とは、簡単にはだまされないことをいう。「動作上の完全性」とは、いつでも絶対確実に指定されたとおりの機能を実行することである。

物理的な完全性は、リポジトリだけでなく、リポジトリが保護するデジタル出版物にも要求される。ケースをこじ開け、内部のメカニズムを改造することも、リポジトリにとっては脅威である。トラスティドシステムでは、リポジトリごとにセキュリティレベルを設定することになる。電気ドリルとドライバーで分解できるようなリポジトリは、セキュリティが低レベルということになる。もう少しセキュリティレベルが高くなると、危険を察知して重要なデータを消去するセンサーを装備したシステムになる。さらにセキュリティレベルを高めると、危険を感知するや警報を発し、電話で助けを求めたうえで自己破壊するようなシステムになるだろう（ジェームス・ボンドはぴったりかもしれない）。

リポジトリのセキュリティは、最低レベルであっても、ビデオテープ、コンパクトディスク、フロッピーディスクなどの受動的な媒体と比較すれば、はるかに高いレベルにある。受動的な媒体は、情報を汎用の読み取り装置でアクセスできるような場所に無防備なまま記録する。侵入行為も検知できなければ、保護あるいは回避のための動作もまったく起こさない。それに対してリポジトリは、相手が信頼できる認定済みのリポジトリであると確認できないかぎり、絶対にデータを渡すことはない。

通信上の完全性とは、正当なリポジトリを装ったコンピュータシステムに接続しても、簡単にはだまされないことである。二つのリポジトリを接続すると、登録プロセスが開始され、互いを識別し、本物であることを確認する。たとえば、面識のない二人の諜報部員が落ち合う場面を想像しみよう。合い言葉は何だろうか。相手が名乗った本人であることをどうやって見分けたらよいのだろうか。密談を盗み聞きされているおそれはないだろうか。こうしたことは、二つのリポジトリを接続した場合にも問題になる。リポジトリは、互いに相手をテストすることで、偽装を見抜き、預かっている出版物を守る。登録が成功した場合のみ、二つのリポジトリはトラストセッションを確立するのである。

この登録プロセスの原理を簡単に説明しておこう。このプロセスの核となるのは、「公開鍵暗号方式」というセキュリティ概念である。公開鍵暗号方式は、情報通信の安全性確保を目的として長年にわたる研究のすえ発表されたもので、すでに広く知られている。各リポジトリには、秘密鍵と公開鍵が与えられる（秘密鍵は他人に知られないように保護しなければならない）。

トラスティドシステムでは、これらの鍵はリポジトリの製造時に組み込まれ、より安全性が高いマスターリポジトリによって認定される（このシステムアーキテクチャの重要な条件の一つは、マスターリポジトリを管理、保護する機関の設立であるが、この問題は最後に取り上げる）。情報を暗号化してから転送することで、通信上の完全性を保証できる。さらにプロトコルには、情報の改ざんを検出したり、信用を失ったと認定されたリポジトリを排除する手続きを組み込むこともできる。

最後に、動作上の完全性について考えてみよう。リポジトリに物理的な破綻がなく、互いの身元を確認できたとしても、定められた規則どおりに動作していることをどうしたら確かめられるのだろうか。諜報部員の例でいえば、どのようにして相手が裏切っていないことを確認したらよいのだろうか。コンピュータの動作はソフトウェアのプログラミングによって決まる。そこで、リポジトリで使用するプログラムは徹底的にテストしなければならない。しかし、これは大変な作業である。ただ、リポジトリの機能は限定されたものになるため、一般的なコンピュータほどのテストは必要ないはずである。リポジトリが行うべき機能とは、使用権、プロトコル処理、料金の記録などだけで、汎用的な機能はなく、数が限られている。さらに、ソフトウェアの設計段階で改ざんが不可能な処置を施すこともできる。最後に、リポジトリの安全性が損なわれた場合のことを考えてみよう。そうしたリポジトリは、どんな取引に際しても、マスターリポジトリが発行する証明書を提示し、自らの身元を証明しなければならない。信用性に疑いのあるリポジトリのＩＤを受け取ったときには、その時点で取引を拒否すればよいのである。

要するに、リポジトリの物理的な完全性、通信上の完全性、動作上の完全性は、トラステッドシステムの基盤をなすものである。リポジトリは、改造や通信エラーを検出でき、動作が十分にテストされたものでなければならない。こうしたリポジトリの特性は、コンピュータによって実現できる。しかし現在のところ、このような特性の価値が認められていないため、必要な技術要素はまだ普及していない。リポジトリに必要な特性は、コンピュータの設計目標には盛り込まれていないのである。

リポジトリに組み込まれた会計機能——誰かがデジタルブックのコピーを作成し、その代金をリポジトリが記録したからといって、著者や出版社が間違いなく料金を受け取れるといえるだろうか。たとえば、リポジトリがクレジットカードくらいの大きさだったとしよう。請求金額が大きくなってきたら、リポジトリを捨てるだけで料金を踏み倒すことができる。また、リポジトリの中にお金に相当するものが入っている場合には、盗難に遭う危険性もある。

このような問題については、いろいろな解決法が考えられている。一九九四年、アメリカではいくつかの団体が、デジタル当座預金、デジタルキャッシュ、ネットワーククレジットカードの実験を全米規模のコンピュータネットワークで行った。これらの実験から使用権の運用に関する基礎的な知識を得ることができた。

リポジトリは、取引を記録する際に、そのつど会計センターなどと電話やネットワーク接続で連絡をとる必要がないため、アメリカで実験されたようなシステムに比べて大きな利点がある。この利点が特に大きな意味を持つのは、電話料金で大部分が失われるような少ない金額を請求する場合である。会計センターと毎月一回ずつ接続する方式をとると、もっと効果が上がるだろう。リポジトリと会計センターとの接続は、銀行の現金自動預払機や専用電話への接続、パソコンを使ったコンピュータネットワークへの接続など、いくつかの方法が考えられる。会計業務を行う場合、リポジトリは他のリポジトリとの相互接続と同じ登録プロトコルに従って会計センターと接続する。毎月一回、その月に行った取引をまとめて報告し、リポジトリの取引限度額を設定するのである。

何らかのセキュリティ対策が必要になる。まず、請求金額を記録する前に銀行の現金自動預払機で使うようなＩＤコードを入力させる必要がある。また、取引を必ず両方の当事者に報告させるようにする。これで詐欺を防止できるわけではないが、リポジトリを紛失したことにして請求を踏み倒すためには両者が共謀しなければならない。リポジトリそれ自体がクレジットカードより高価になる可能性が高いので、紛失に備えて保険に加入させる必要もある。クレジットカードでもよくあることだが、リポジトリの紛失や盗難をたびたび訴え出る利用者に対しては、リポジトリを再発行してもらうのを難しくしたり、普通より厳しいセキュリティ規定を課したリポジトリを使うことになるだろう。

デジタル出版を取り巻く状況と制度上の問題点

デジタル出版には、世界各国のさまざまな業界の人々が関わることになる。よりどころとなる著作権法[*57]の内容も、著作権法で保護された作品の公正使用に対する考え方も、人によってまちまちである。デジタル化される出版物の種類が増えるに従って、さまざまな思惑が入り乱れ、激しい主導権争いが起こると考えられる。この混乱する状況に秩序を与えてくれそうなのがデジタル財産権である。著作権はもともと長期にわたって適用されるものであるため、使用権を将来にわたり継続的に管理できるような制度を作る必要がある。

使用権と著作権法

著作権法は固定的なものではない。これまで、さまざまに形を変えてきた。アメリカでは最近も一九七六年に著作権法が大きく改正されたし、現在でも多くの点について改正が活発に論議されている。著作権法で使われる用語の意味を確かめることで、著作権にまつわる問題の論点が浮きぼりになり、そうした問題とデジタル使用権との関係も明らかになるはずである。

著作権法には、いわゆる「公正使用(fair use)」という規定がある。著作権法で保護された出版物から許可なしに引用できる分量とその用途を定めたものである。著者と出版社は一般に、この公正使用に基づく出版物の無料使用に制限を加え、特定の使用に関しては料金を請求したいとの意向を持っている。それに対し、消費者、図書館、学者などは、公正使用は制限されるべきでないと主張する。

いくつか例を使って考えてみよう。出版物を購入した場合には、それをいろいろな方法で使用できる。原則として、出版物をコピーして売ったり譲ったりすることは違法だが、ある

57　著作権法
小説、音楽、絵画などにおける著者の権利を守る法律。現在、日本ではコンピュータのプログラムについても著作権法によって守られている。著作権については一一三ページ参照。

種の出版物は、特定の状況において、少ない部数であればコピーをしてもよいことになっている。たとえば、コピーをとって個人的に使用することはかまわないし、本の一節を書評や論文に引用しても、出典を示せば咎められることはない。新しい媒体が注目を集めるなか、音楽作品やビデオからの引用における公正使用について、同じような問題が生じている。

出版物によっては、使用方法がいくつかの種類に分類されるものがある。わかりやすい例に、演劇の脚本がある。脚本をコピーすることは、通常の著作権法によって制限される。しかし、脚本をもとに演劇を製作し、上演によって利益を上げる権利は、公正使用にはあたらない。上演するためには、「上演権」という別の権利が必要になる。楽譜や録音された音楽作品にも同様の問題が生じる。音楽作品のコンパクトディスクやカセットテープを買った場合、家庭で聴くことは公正使用の範囲であるが、ラジオで放送する場合は作品の上演と見なされる。作品には上演権が含まれていないので、ラジオ局は音楽作品を放送する際に料金を支払うことになっている。コンパクトディスクには、「all rights reserved」という文句が小さく印刷してある。出版社がすべての権利を購入者に許諾するわけではないことを断っているのである。

公正使用の原則が持ち出されるのは、利用者が出版物のコピーを所有することで、作者が不公正と見なす方法で出版物を使用する可能性がある場合である。このような場合、使用権を細かく分類し、それぞれの用途と料金を定めればよい。コピー権、貸し出し権、転送権、上演権、放送権、印刷権、引用権、埋め込み権、編集権など、いくつもの権利が考えられる。トラスティドシステムでこのような細分化された権利を許諾するには、それぞれの権利に対応するデジタルライセンスまたはデジタルチケットと料金を設定すればよい。たとえば、デジタルプレーヤーの場合は、放送システムにも接続できるのか、それとも家庭用のシステムにしか接続できないのかを、ライセンスとコードで指定することができる。

公正使用の範囲か著作権の侵害にあたるのか、判断しにくいことが多い。両者には何の違いもないからである。公正使用にはお金がかからないが、それ以外の使用にはお金がかかる。しかも、著作権の使用料はたとえ少額であっても、権利を取得し、管理するとなると、莫大なコストと労力を要する。しかし、デジタル財産権というアプローチでは、ごく少ない額の取引でも許可することができる。争点が「有料か無料か」から「料金をいくらにするか」という現実的な問題に移るのである。

使用権という概念によって、社会的な理由から特定の利用者に権利を与えることも可能になる。たとえば、図書館員、図書館の利用者、教職者、学生、貧民層などにデジタル証明書を与えることもできる。圧力団体の中には、電子時代における公正使用についての方針書を作成しているところもある。そこには、私的な利用を目的とした印刷の権利など、料金を請求すべきでないとする権利が列挙されている。おもしろいことに、使用権の概念は、コピーという行為に対する固定観念を覆してしまう。デジタル出版物を紙に印刷することは、ここで説明したことから、デジタルコンテンツをリポジトリのコントロールから外へ出すことだと理解できる。使用権では、デジタル形式のままコピーするより紙に印刷する場合のほうが、違法コピーを生む可能性がはるかに大きくなるのである。

一言でいうと、使用権を基本とするアプローチとは、デジタル出版物のさまざまな使用方法を統御するために、リポジトリを媒介にした契約を定めることである。このアプローチでは、主要な使用方法とその料金を記述するための言語を作成する。この記述言語は、著作権法の創案者たちも、知的財産を保護する法律など運用できないと信じる人々も、決して想像しえなかったものである。著作権法が保護するものは何かといえば、精神活動の表現である。ジョン・ペリー・バーローは次のように述べている。「この特権が与えられるのは、『言葉が肉体になったとき』である。言葉は、それを発した人間の精神を離れ、物体の中に収まることによって肉体化するのである。（中略）物理的な形を持った表現は、物体によって保護されることで、利便性という武器を身につける。著作権がうまく機能しているのは、グーテンベルクが印刷技術を発明したにもかかわらず、依然として本の製作が困難だからである。（中略）言葉やイメージには境界を示す枠はないが、本には境界で囲まれた面があり、そこに著作権の表示、出版社のマーク、値段などを付けることができるのである」（『ワイヤード』誌一九九四年三月号）[*58]

この多様な使用方法の権利と料金を明示するタグを付ける能力こそ、まさしくリポジトリがデジタル出版物のために発揮するものである。このようなタグはトラスティドシステムが永続的に添付し、尊重するもので、利用者がデジタル出版物を楽しめるようにする。タグを用いれば、著作権法の基本理念は現在とまったく同じように機能するだろう。このように、古い観念にとらわれることなく、まったく新しい発想でコンピュータを設計することで、出版物の作者とその精神の所産を消費する者とが結ぶ社会的契約を存続させ、よりよい関係へと発展させることさえできるのである。

58　*Wired*, March 1994

リポジトリにできること、できないこと

リポジトリといえども、デジタル出版物の無断コピーを完璧に防げるわけではない。デジタル出版物を読ませないようにする技術が存在しない以上、出版物の言葉を一つ一つ拾ってキーボードから入力する作業をやめさせることはできない。確信犯であれば、高度な機器を使うこともあるだろう。たとえば、テレビカメラをディスプレイに向けると、そこから出る信号を光学式文字読み取り装置付きのコンピュータに取り込むことができる。デジタル出版された音楽作品は、リポジトリのスピーカーから出る音をマイクで拾って録音することができる。ビデオゲームのようなインタラクティブな出版物は記録してもあまり意味はないが、それでも人間の五感で体験できる出版物であれば、記録することは可能なのである。トラスティドシステムは、完璧なデジタルコピーを許可なく作成することを阻止するだけにすぎないのである。

デジタル出版物を再生し、リポジトリの外側で再録した場合、二つの現象が起こりうる。一つは、忠実度の低下である。これは、コンパクトディスクをカセットテープに録音したことのある人にはおなじみだろう。デジタル出版物をリポジトリの外部で再録すると、第一世代のコピーは、かなり高品質ではあるが、オリジナルと完璧に同じになるわけではない。第二世代以降のコピーは、第一世代のコピーと質的にあまり変わらない。もう一つの現象とは、オリジナルバージョンに隠されていたＩＤ情報もコピーされることである。この情報は、人間の感覚では感知できないが、特殊な装置を使えば読み出すことができる。無許可のコピー行為が当局の介入を招くほど常習的である場合には、このＩＤ情報を使って違法コピーを追跡し、それを作成したリポジトリまで突きとめることができる。

要するに、リポジトリも他の技術と同様、完全無欠ではない。しかし、リポジトリがあれば、利用者は正直な行動をとりやすくなり、作者は生計を立てるのが容易になる。それだけでなく、長期的には社会的な効果も期待できる。有望な作家たちが創作で生計を立てることに見込みを感じ、デジタル出版物をどんどん生み出す可能性がある。これこそ「光を放つ」ことであり、最大の社会的効果である。

予想される効果は他にもある。使用権によって、デジタル出版物の電子的流通が今よりもずっと簡単になるだろう。コンピュータネットワークと電話を使えば、消費者は遠方の販売業者からでもデジタル出版物をすぐに取り寄せることができる。電子書店、電子図書館、電子音楽店といったデジタル出版物の流通業者は、地理的なサービスエリアを大きく広げることになる。消費者は、たくさんの業者から気に入ったところを選び、一日中いつでも高品質のデジタル出版物を瞬時にしてアクセスし、購入できるようになる。作者から仕入れ、消費者へ渡すあいだに付加価値を提供できない業者は、おそらく淘汰されていくだろう。

リポジトリでやりとりされる最初の出版物とは、どのようなものだろうか。この問いに対する答えは、多くの要因が関わっており、まだはっきりとはわからない。リポジトリを最初に導入するのは、そのことによって緊急の課題を解決できる分野になるだろう。音楽出版業界は、デジタル録音できる装置の製造を反対運動によって断念させた。トラスティドシステムが消費者だけでなく出版社にもメリットをもたらすものになれば、この業界が導入する可能性もある。また、トラスティドシステムの改良につながるような技術革新が起こった場合にも、リポジトリの導入が実現に近づくだろう。たとえば、デジタルテレビが現在のビデオテープでは達成できないような高画質を実現すれば、リポジトリはますます競争力をもち実現に近づくだろう。

使用権が導入されることになれば、自費出版の障害が一気に取り払われ、デジタル出版物の自費出版を考える作家が増える。自費出版された作品は、コンピュータネットワークで売り出され、口コミという消費者ベースの流通によって利益を上げることになる。しかし、自費出版が盛んになっても、デジタル出版社の役割が失われることはないだろう。出版社は、作品の品質を高め、クォリティとスタイルの証しとして消費者が認知するブランド名を確立する。このような品質保証が不要にならないかぎり、出版社が役割を終えることはない。それどころか、おそらくは新しい形の出版社が出現する。批評家たちが出版物を集めることも考えられる。その出版物に評論を付けて発表すれば、ブランド名の確立と同じような効果が期待できる。このような新しい出版社は、大衆の好みに今以上に大きな影響力を持つだろう。

デジタルのるつぼ

「るつぼ」というメタファーは、長いあいだ、世界中から集まった人々の文化が混じり合ってできたアメリカ文化を表すのに用いられてきた。デジタル出版が生み出そうとしているのは、まちがいなくジャンルのるつぼである。最近よく耳にする言葉に「マルチメディア」がある。本、新聞、音楽、ビデオ映像、ビデオゲーム、コンピュータソフトウェアなど、複数のメディアを融合して一つの作品を作りあげることを意味する。しかし、複数の表現形式を混合することは、水と油を混ぜることとは違う。まったく新しい表現形式を生み出すことである。たとえば、台本、実演、批評などをハイパーリンクによって結合し、インタラクティブ映画、映像付きの旅行ガイド、注釈付きの演劇などを作ることが、マルチメディアの本来の意味である。

現在はまったく違うジャンルでありながら、同じデジタルインタラクティブ形式へと発展しているものがある。デジタルニュース番組とデジタル新聞である。これらは、やがてまったく同じ形式になると予想される。どちらも、一日に何回か電波またはケーブルを通して放送され、同時にデジタル出版物として電子ページ上にもレイアウトされるようになる。各ページには、キャスターがニュースを伝える様子を収めた短い映像クリップと、アニメーションによる広告やインフォマーシャルが掲載される。デジタルニュースもデジタル新聞も高音質のサウンドで、カラー画面にインタラクティブ形式で再生できる。現在の新聞とテレビニュースは、未来のインタラクティブニュースの原形なのかもしれない。

現在、著作権法と公正使用の規定は、新聞、ビデオ、コンピュータプログラムでそれぞれ異なっている。出版形式の融合が進むと、これらの規定はどのように変わるだろうか。デジタル形式では、媒体の法律上の区別は意味を失うことになるかもしれない。

一九九三年秋、アメリカ特許局局長のブルース・レーマン（Bruce Lehman）は、知的財産とデジタルネットワークに関する公聴会を開いた。その目的は、新聞をにぎわせた全米情報インフラ、いわゆる情報スーパーハイウェイをめぐる諸問題を議論することであった。この公聴会はワシントンで開催された。地方図書館の職員や自由主義の知識人たちの傍らには、有線テレビ業界の代表者たちの姿があった。音楽業界の代表者は、ハードウェアやソフトウェアの業界人のすぐそばに座っていた。誰もが、自分の業界と制度がデジタル出版と深く関わりあることや、新しい媒体が登場し、公正使用の考え方に混迷をもたらすような表現形式やジャンルを生み出すことに気づいていたのだった。

こうした代表者たちは、知的財産を保護する手段についての考え方が互いにまったく異なっていることを知っていた。音楽業界はラジオ局のサンプリング調査によって印税が正しく支払われていることをチェックしているが、コンピュータ業界には著作権の侵害を調べるチェック機関がない。印刷物の出版業界は著作権料清算センターを利用し、コピー料金の支払いの円滑化を図っている。出席した代表者たちは、それぞれの業界に関係する問題に精通しており、業界ごとに事情が異なることを十分承知していた。彼らは、多様な媒体が融合し、新しい表現形式を作り出すことで、新たなビジネスが出現することも認識していた。ビジネスのルールや方法がどう変わろうと自分の業界が繁栄を続けるという保証がほしかったのである。

世代を越えた計画

アメリカでは、著作権の有効期間を規定する法律がこれまで何度か改定されている。一九七八年、著作権の有効期限が作者の存命している期間と死亡後の五〇年間と決められた。このため、著作権の期間は合わせて軽く一〇〇年に達してしまうことになった。現在のようにテンポの速い社会では、何百年間も先まで通用するような制度を計画することは少ない。

といっても、長期的な将来展望というものがまったくないわけではない。たとえば、公園を管理する公益財団などは、遠い将来を視野に入れて計画を立てる。このような時間の意識は、アメリカインディアンが七世代にわたる計画を語るときの時間感覚と同質のものである（七世代とは、親、祖父母、曾祖父母の前三世代、決断をくだす現世代、そして子、孫、曾孫の後三世代をいう）。このような視点に立てば、人類にとって永久的な価値のある制度を作ることも不可能ではないだろう。

デジタル出版には、消費者、作者、出版社、販売業者、プラットフォームベンダー、金融機関、政府など、多くの利害関係者が存在する。使用権を基本とするアプローチは、すべての関係者が、共通の使用権記述言語と互換性のあるプラットフォームを使用し、諸権利の内容について全面的に合意することを前提としている。このアプローチの内容と権利の項目は、これから徐々に固まっていくだろう。

このアプローチのセキュリティは、正式な機関の存在が前提になっている。この機関は、プラットフォーム[*59]とソフトウェアが使用権の概念を支持し、適用することを保証するデジタル証明書を発行する。ここでは、この機関を仮に「デジタル財産権協会（Digital Property Trust: DPT）」と呼ぶことにする。DPTの運営については、ある程度の元手は必要だが、活動資金は、リポジトリの商取引で発生する料金の一部を徴収したり、プラットフォームとソフトウェアのライセンス料でまかなうことができるだろう。

DPTの計画は現時点ではあくまでも試案にすぎないが、その役割と組織形態について考えてみることは決して無駄ではない。現在、政府機関、金融機関、政治組織、標準化団体など、さまざまな社会組織や国際組織がある。これらは、いずれも権威を基盤としている。将

59　プラットフォーム
コンピュータシステムの基盤となるハードウェアやソフトウェアのこと。

来、これらの組織は、独自にデジタル証明書を発行できるようになり、出版社はデジタルライセンスを発行し、作者と販売業者は自由に使用権と料金を設定するようになるだろう。そこで、DPTはどのような役割を果たすのだろうか。それは、デジタル出版物の商取引を活性化することである。そのために、トラスティドシステムのセキュリティを検査、管理し、使用権に関する用語を統一することで、社会的、経済的な要求に応えていくことになるだろう。

このDPTの長期ビジョンを実現するには、さまざまな利益団体を公平に扱う知恵と組織作りが必要である。DPTは、ハードウェアメーカー、ソフトウェア会社、および出版社に対し、平等な態度を貫かなければならない。ハードウェアとソフトウェアの検定においては、製品の機能について詳細な知識が必要になるため、公平性を保つことは容易ではない。DPTの決定に権威を持たせることも必要であることを考えると、有力なベンダーや出版社に代表の派遣と支援を要請することになるだろう。

トラスティドシステムの定着に向けて

現在、コンピュータやソフトウェアは、使用権を考慮した設計にはなっていない。このことが大きな問題となる。使用権記述言語が標準化され、DPTが発足したとしても、信用に値しないシステムばかりの世界からトラスティドシステムの世界へ、どうやって移行すればよいのだろうか。世界は一瞬にして変わるものではないというのが現実的な答えだろう。トラスティドシステムを定着させるためには、漸進的なアプローチをとる以外にないのである。

漸進的アプローチとしては、まず個人と組織のリポジトリを区別し、価値が高く部数が限定された文書を扱う組織から着手することがある。このような組織には、注文に応じて文書を印刷する書店や、コンピュータに入力された数千もの文書へのアクセスを提供する法律事務所などが考えられる。このような組織から始めれば、認証、許可、請求を行う改造不可能なシステムを準備しなくても、使用権が実現可能であることを証明できる。

特定のニッチ市場のデジタル出版物にターゲットを絞った漸進的アプローチもある。たとえば、音楽やビデオゲームのパーソナルエンタテインメントシステムは、汎用アプリケーションや汎用オペレーティングシステムとの互換性を必要としないので、そこからトラスティドシステムへの移行を進めると、コンピュータそのものを足がかりとするよりスムーズに運ぶかもしれない。

第三の漸進的アプローチとしては、必要なソフトウェアとハードウェアの追加によって、既存のコンピュータシステムをアップグレードすることが考えられる。このようなやり方では、概して高いレベルのセキュリティは望めない。しかし、セキュリティレベルの低いシステムが数多く稼働しているところから始めると、機密性や価値の高い出版物を扱えるように、システムの安全性を高めたいという意欲を呼び起こすことができる。

どのアプローチを選んだとしても、長期的に見てリポジトリが出版社と消費者の両方に利益をもたらすことはまちがいない。消費者は、あらゆる種類の出版物に安い料金で瞬時にアクセスできるようになる。出版物は、電話回線やコンピュータネットワークを通して一日中いつでも届けられるのである。作者のほうは、口コミという消費者ベースの流通が大きな販売経路として新たに加わったことを実感できる。デジタル出版物を購入すれば、誰でもコピーを作成して販売できる。その対価は、作者のもとへ自動的に送られてくるのである。デジタル出版物の部分的な引用、編集、埋め込みについての規定は簡素なものになるので、マルチメディア作品の独創的なサンプリングや再使用に道を開くことになる。作者と出版社がデジタル出版市場の安全性と発展性に気づけば、出版物の新作から旧作まで、デジタル形式で続々と世に送り出すようになるだろう。

リポジトリは、現世代と次世代に向けて光を放つ手段を提供する。制度上の難問がいくつも立ちはだかっており、推進者たちは一致協力して必要な変革を促していかなければならない。リポジトリが一般に普及するとしても、初めはごく小さい規模になるだろう。いったいどの分野が出版業界全体に広がる一大ブームの火つけ役になるのだろうか。

用語解説

クレジットサーバー（**Credit server**）

リポジトリの中にあるセキュリティ対策が施されたプログラムとデータベースであり、デジタル出版物の利用料金を記録する。通常、クレジットサーバーには利用限度額が設定されるので、定期的に精算センターに接続し、請求金額を清算する必要がある。クレジットサーバーを使用するときには、銀行の現金自動預払機の場合と同じように、各個人に与えられたＩＤコードを入力する。

デジタル証明書（Digital certificate）

何かが真実であることを証明するデジタル文書。各リポジトリには、トラスティドシステムであることを証明し、公開鍵とセキュリティレベルが記載されたデジタル証明書が与えられる。原則として、特別に許可を得たリポジトリ以外では、デジタル証明書を転送することはできない。デジタル証明書はマスターリポジトリの秘密鍵で暗号化されているため、偽造するのは難しく、公開鍵で復号化するだけで簡単に信憑性を確認できる。

デジタル財産権（**使用権**）（**Digital property right or Usage right**）

デジタル出版物を特定の方法で使用するときの条件を記載したもの。この権利はいくつかのカテゴリーに分類できる。たとえば、「移動権（Transport right）」は、出版物のコピー、転送、貸与を行う権利を含む。「レンダリング権（render right）」は、出版物を再生、印刷する権利を含む。「派生的使用権（derivative right）」は、出版物を引用、埋め込み、編集する権利を含む。使用権は、リポジトリが正確に解釈できる標準の言語で記述される。また、使用権は消費者に対して明示しなければならないが、状況に即した簡便な表示方法を選択できる。

デジタル財産権取引（**使用権取引**）（**Digital property rights transaction or Usage rights transaction**）

一単位として扱う一連の操作。たとえば、電子銀行業務についていえば、銀行口座間の金銭の移動とは、金額をある口座の貸方に記入し、同時に相手方の口座の借方にも記入するという取引である。デジタル財産権ごとに実行可能な取引を定義する。たとえば、デジタル出版物をコピーする使用権には、新しいコピーを作成し、クレジットサーバーが支払額を記録するという一連の操作が伴う。

デジタル財産権協会（**DPT：Digital Property Trust**）

デジタル出版の健全性を保証し、デジタル出版物の世界的な商取引を活性化することを目的とした組織。消費者、出版社、作者、プラットフォームベンダーと協力して、使用権記述言語を標準化し、基準を満たすプラットフォームに対してデジタル証明書を発行する。また、マスターリポジトリを管理し、セキュリティや決済の保証も行うことになるだろう。

デジタルライセンス（**Digital license**）

リポジトリがライセンスを受けており、特定の権利が許諾されていることを認定するデジタル証明書。たとえば、デジタル出版物によっては、リポジトリが特定のデジタル販売業者のライセンスを所有していなければ、コピーして販売できない場合もある。

デジタルチケット（**Digital ticket**）

特定の取引を行うために一回限り使用できるデジタル証明書またはクーポン。たとえば、アップデートバージョンと交換できるアップグレードチケットが添付されたデジタル出版物もありうる。デジタルチケットは、使用した時点でデジタルチケットエージェントによりパンチされ、再使用できなくなる。

デジタル出版物（**Digital work**）

デジタル形式で表現できるあらゆる種類の出版物。代表的なものには、本、雑誌、新聞などの文書がある。音楽、映画、コンピュータゲーム、コンピュータプログラムなどを録音、録画、格納したものも出版物となとる。デジタル出版物を広い意味で「ソフトウェア」と呼ぶこともある。

暗号化（Encryption）

デジタル出版物を秘密鍵で符号化し、秘密鍵なしでは使用できないようにする処理。暗号化された出版物を解読し、使用可能な形式に復元することを「復号化」という。暗号化の手段としては公開鍵暗号化がある。この方法では、公開鍵と秘密鍵という二つの鍵を使用する。秘密鍵を使って暗号化された出版物は、公開鍵を使って復号化する。

マスターリポジトリ（Master repository）

最高レベルのセキュリティを備えた、きわめて高度なリポジトリ。デジタル財産権協会（ＤＰＴ）がマスターリポジトリを管理し、これを使って証明書を発行する。トラスティドシステムには、製造時にマスターリポジトリの公開鍵が割り当てられるので、他のリポジトリと取引を行う際には、認証用のデジタル証明書を交換し、相手側の身元を確認することができる。

リポジトリ（Repository）

デジタル出版物を保存、再生するために使用するトラスティドシステム。リポジトリの形態として、携帯エンタテインメント機器、ラップトップ読み取り装置、パソコン、クレジットカードサイズの装置のほか、デジタルテレビやデジタル音楽作品を制御するために家庭用エンタテインメント機器に組み込まれたメカニズムなどが考えられる。リポジトリは、デジタル出版物とともに使用権の規定も保存し、使用料金を記録するクレジットサーバーを内蔵するようなものになる。

セキュリティレベル（Security level）

デジタル出版物を無許可の使用から保護する物理的セキュリティ。低レベルから超高レベルまで、いくつかのレベルがある。価値がきわめて高い出版物を扱うリポジトリは、一般用や携帯用のリポジトリよりも厳重なセキュリティを必要とする。

シェル（Shell）

リポジトリのファイリングシステムにデジタル出版物を保存するための一種のデジタルコンテナ。シェルには、デジタル出版物や別のシェルを格納できる。使用権と使用料が記載されたタグを個々の出版物とそのシェルに添付する。出版物を利用しようとすると、リポジトリがタグに記録された使用権と使用料をチェックする。

トラスティドシステム（Trusted system）

いかなるときも定められた規則に従うことから信頼できると見なされるシステム。デジタル出版物にとっては、リポジトリが使用権と使用料を管理するトラスティドシステムである。デジタル出版物には、使用方法と料金が使用権記述言語で書かれたタグが添付されている。トラスティドシステムは、このようなタグに書かれた指示を誤りなく遂行する。

使用権（Usage right）

「デジタル財産権（Digital property right）」を参照

注釈

デジタル出版のネットワークは、まだ完成の途上にある。わたしたちは、その創造主として、多くの英知を傾け、創造物をよりよき方向へと導かなければならない。創世神話の数は数百とも数千とも言われるが、そのどれもが「世界はどのようにして生まれたのか」、「人間はなぜこのような姿をしているのか」、「人間はどこから来たのか」などといった問いに答えようとしている。神話の多くは、人間に対する神の行いを説明しようとしたものである。人間は神の思し召しによって造られたとする神話もあれば、混沌から生じたとか、神の国を追放されたのだと説く神話もある。動物たちと一緒に泥から作られたとする神話もあるらしい。こうした神話には、人間が安住の地を探す話や、世界を平和に保つための暮らし方についての話もある。

ところが、能力と責任を持つ創造主としての振る舞い方を教えてくれる神話はほとんどない。おそらく、創造主の手本を神話に求めるのは間違いなのだろう。過去の人間たちが社会の秩序を守るべく努力した過程にこそ、目を向けるべきである。この「光を放つ」と題された論文は、人間の歴史における試行錯誤を振り返り、市場に対する考え方やフランス革命期における知的財産権の変遷を手がかりに論を進めている。

ここ数年のあいだに、CD-ROMやネットワークでの情報の使用を管理する手段がいくつか実用化された。その一つが、CD-ROMの購入者が収録されたソフトウェアをアンロックする鍵を電話で要求し、料金を払うというものである。ソフトウェアごとに別々の鍵が用意されている。CD-ROMにはいくつものバージョンがあるので、二人のユーザーが同じCD-ROMを買ったとしても、その一人が入手した鍵をもう一人が使用できるようなことはまず起こらない。しかし、このアプローチでは、CD-ROMからコピーしたソフトウェアの再販売を規制することはできない。もう一つ、特別なハードウェアとソフトウェアを使って

CD-ROMに収録されたソフトウェアの使用を記録するというアプローチもある。外部と接続されていないローカルコンピュータネットワークを利用している企業などでは、ライセンスサーバーを使ってソフトウェアの利用を管理するのが一般的になっている。こうした環境では、所有権のあるソフトウェアやデータベースのユーザー数を管理できるので、一〇〇人のうちの任意の五人までは同じデータベースを同時に使用することができるというようなことが可能になる。

デジタル出版の前に立ちはだかる問題が二つある。セキュリティと簡便性である。セキュリティは出版社側の関心事で、簡便性は利用者にとっての問題である。この二つの問題は基本的に背反関係にある。たとえば、デジタル出版を簡単に利用できるようにと、既存のパソコンに出版物の使用を記録するソフトウェアを組み込むこともできる。しかし、この方法では低レベルのセキュリティしか達成できない。海賊版のソフトウェアを組み込めば、このセキュリティ対策を無効にできるからである。さまざまなシステムが提案されているが、ネットワークの掲示板に掲載された海賊版ソフトを用いれば、そのシステムで管理されたネットワーク上のいずれのサイトにも侵入できるようなものばかりである。出版社は、このような侵入を恐れ、出版物のオンライン化に二の足を踏んでいるのである。ハードウェアメーカーがデジタル出版物の配布から料金の請求まで一括して引き受けるというアプローチもある。しかし、ほとんどの出版社は、マーケティングと販売を管理することを成功の鍵と見ており、このようなビジネスに参加することには、あまり前向きな態度を示していない。これらのアプローチとは対照的に、この論文が提起するデジタル財産権のアプローチは、出版ビジネスを精算やプラットフォーム関連のビジネスから分離している。また、論文にいうトラスティドシステムを実現するには、これらの業界のあいだで十分な意見のすり合わせが必要になるだろう。

第Ⅳ部

電子世界

——体験への入口としての情報ハイウェイ

冒険がなければ、文明は衰退の一途をたどるだろう。
——アルフレッド・ノース・ホワイトヘッド（がいったといわれる）[*1]

英雄は、王女の心を射止め、王国を支配し、病気の特効薬まで手に入れる。しかし、どんな褒美を受け取ろうと、結局は、自己融和、均衡、知恵、そして魂の安らぎの大切さを学ぶのである。

——アレキサンダー・エリオット『普通な神話——英雄、神、トリックスターなど』[*2]より

自己変革なしには何も始まらない。
——W・エドワード・デミング[*3]

どんな文化にも再生のための行事や儀式が存在する。その一つがビジョン・クェストと呼ばれる通過儀礼である。そこではまず、悟りと癒しを得る準備として、一人で荒野へと出ていく。そこで、幻覚、啓示、交感を求め、断食祈祷を行うのである。やがて、生まれ変わった人間として社会へ戻り、新しい活力と知恵をもたらす。このビジョン・クェストは自己の内面へ向かうものでありながら、他者との関係に対する理解をも呼び覚ます。遠い異境への旅も再生を求める行為である。旅に出ることで、日常生活を忘れ、新しい考え方や生き方を発見し、吸収することができる。旅から戻った者は、見聞きしたことを周囲に話し、新しい活力と斬新な物の見方を広める。この旅は自己の外側へと向かうものだが、自己のあり方を見つめ直すことにもつながる。

1　Attributed to Alfred North Whitehead

2　Alexander Eliot, *The Universal Myths: Heroes, Gods, Tricksters, and Others*

3　Dr. W. Edwards Deming

冒険者を甦らせる神話と元型

元型に目をむけると再生の必要性は、冒険者という元型に表れている。冒険者にはさまざまな形がある。海底や地底洞窟の探検家も冒険者なら、登山家や世界を股にかけた旅行家もそうである。近所に足をのばし、まだほかの誰も見ていないことを見るといったたわいのないことをする人も冒険者といえるだろう。一人で冒険に出ることもあるが、何人かのグループですることのほうが多い。人と一緒に冒険をするということは、単に力を合わせて危険や困難を乗り越えていくだけでなく、試練に立ち向かう中でともに成長し、絆を深めていくことでもある。冒険には、人に大きなインパクトを与えるものと、そうでないものとがある。映画を見たり、本を読んだりしても、冒険や陶酔感は体験できる。しかし、その場に身を投じ、危険に打ち克った喜びを仲間と分かち合える本当の冒険にはかなわない。

西洋文化でもっとも有名な冒険者はオデュッセウス（Odysseus）である。ラテン語名ユリシーズ（Ulysses）という。ホメロスが書いた『イリアス』[*4]にあるように、オデュッセウスは、トロイ戦争でギリシア軍を率いたイタカの王で、トロイ攻略のためにトロイの木馬を考案した人物である。伝説では、ギリシア人が捕虜にした王女カサンドラを虐待したため、女神アテナ（Athena）が怒り狂い、帰途へ向かうギリシア人に災難を浴びせるように命じたという。

そのギリシア人の中でもっとも辛い苦難を味わったのがオデュッセウスである。ホメロスは『オデュッセイア』[*5]の中で、オデュッセウスが一〇年間の放浪で出会った試練を描いている。部下たちは、ある者は魔女キルケによって豚に変身させられ、ある者はロトパゴスの国でロト

4　Homer, *Iliad*

5　Homer, *Odyssey*

スの実を食べて忘我の状態となり、またある者は魔女セイレンの歌声に眩惑され、命を奪われた。海の怪物スキュラとカリブデュスの間を通りぬけてて危険な航海を何とか乗り切ったと思ったら、今度は一つ目の巨人キュクロプスを倒さなければならない。このような冒険のなか、オデュッセウスはいくつもの試練を与えられ、腕力ではなく巧みな戦術と人並み外れた才気によって乗り切っていく。最後には、妻のペネロペのもとへと帰り着き、オデュッセウスが死んだものと思い込んでペネロペをわがものにしようとしていた者たちを殺すのである。

このように、オデュッセウスは元型でいえば戦士とトリックスターの両面を持ち合わせている。トロイ軍を破った兵士の一人であることを考えれば、戦士という元型に属することはまちがいない。しかし、トロイの木馬を考え出したことから見て、オデュッセウスに勝利をもたらしたのは、単なる軍事力の優位ではなく、敵をあざむく作戦が功を奏したからだった。戦闘の後も、襲いかかる苦難に知恵をもって立ち向かい、生き延びた。洞窟で怪物キュクロプスに捕まったときは、相手をだまして酒を飲ませ、酔いが回ったのを見計らって槍で目を突いた。どんな神話でも、登場人物はいくつかの元型が融合したものになっている。現代のわたしたちが冒険者という元型に思いを寄せるとき、オデュッセウスのどの面に惹かれるかといえば、シャーマン、狩人、トリックスター、戦士といった気質ではなく、英雄や旅人の側面ではないだろうか。

おとぎ話の多くは、不幸な境遇にある若者が成功を求めて世界に出ていく姿を描いている。最後には王国や王女を勝ち取るにせよ、必ず冒険の旅に出るところから始まる。ジョゼフ・キャンベルの『千の顔をもつ英雄』[*6]によると、こうした物語にはもっと深い意味があるという。

6 Joseph Campbell, *The Hero with a Thousand Faces*

たしかに物語は、人間はみな旅に出かけ、さまざまな経験を求めなければならないと教えてくれる。冒頭で紹介したアレキサンダー・エリオットの言葉にあるように、英雄は自己の融和、均衡、知恵、そして魂の安らぎの大切さを学ぶのである。これこそ、冒険が与える最高の報酬である。

神話において、英雄が経験するもっとも困難な旅は、冥界への旅である。そこへ足を踏み入れることは死を意味し、そこから帰還することは再生を表す。この死と再生（あるいは再び蘇ることの繰り返しは）ヒーローが自己融和に成功し社会に持ち帰る知恵をみつけるサイクルである。このような冒険神話は、世界中の文化で見ることができる。

多くの読者にとって、冒険や再生はコンピュータとかけ離れたものに思えるかもしれない。ワードプロセッサ[*7]やスプレッドシート[*8]が再生につながるような新しい経験とどう結びつくのだろうか。しかし、子供がいる人や、ゲームセンターの前を通ったことのある人なら、電子世界のもつ魅力、とくに幼い子供にとっていかに魅力的なものであるか知っているはずだ。なぜ子供たちはテレビゲームに夢中になるのだろうか。テレビゲームのおもしろさを研究したトム・マローン（Tom Malone）は、良いテレビゲームの三大要素として、挑戦、ファンタジー、好奇心を挙げている。どんな理由づけをしようと、子供たちがテレビゲームの虜になっていることは厳然たる事実である。新しいゲームを始めた子供は、何時間もやり続け、「ご飯ですよ」と呼ばれても、「もうワンレベル上」に行こうと頑張る。子供たちは、冒険や挑戦を欲しているのである。

「電子世界」は、コンピュータが創り出した新しい体験の舞台である。電子世界にはいくつ

7　ワードプロセッサ
一六ページ参照。

8　スプレッドシート
一六ページ参照。

かの種類があり、主として体験の方法と意味によって区別される。たとえば、「バーチャル・リアリティ」[*9]とは、何から何までコンピュータによって創り出され、表現された人工の空間での体験を意味する。アニメーションで表現されたテレビゲームも一種のバーチャル・リアリティである。ゲームの作者は、図柄を描き、どんな物体や生き物を登場させるか、空は青にするかオレンジにするか、宝物をどこに隠すかといったことを決め、プレーヤーは蜂蜜で沼地から出てきた怪物を固めることができるといった設定を考える。一般に、3Dバーチャル・リアリティでは、ゴーグルのように頭に着けるディスプレイなどの専用装置がなければ立体感を得られない。「増幅現実（augmented reality）」は、現実世界のイメージにコンピュータが作り出した情報を重ね合わせることである。たとえば、医者が患者の内臓器官と医療情報を同時に見られるメガネをかけているとしよう。医者の目には、患者の姿と一緒に体温を示す色が重なって見えたり、折れた骨や治りつつある骨のレントゲン画像が本物の脚の上に重なって見えたりする。「テレプレゼンス（telepresence）」は、通信機器を使って距離という制約を取り払おうというものである。つまり、別の場所にいるような感覚を味わうことができる。「ユビキタス・コンピューティング（ubiquitous computing）」とは、日常生活で使う物にコンピュータを組み込み、互いに通信し、連携できるようにすることをいう。ユビキタス・コンピューティングのことを「埋め込みバーチャリティ」と難しくいうこともある。バーチャル・リアリティ、増幅現実、テレプレゼンス、ユビキタス・コンピューティングという四種類の電子世界はすべて、部分的にしろ、現在の最先端コンピューティング技術によって実現されている。

電子世界には、神話とのあいだに深淵で象徴的なつながりがある。どの文化でも、この世

9 バーチャル・リアリティ（Virtual Reality）
仮想現実感、仮想体験。現実感をもった仮想的な世界をCGなどを用いてコンピュータの中に作り出し、その中で現実には体験できないようなことなどを疑似体験することができる。立体視ディスプレイ装置など装着して、3次元CG空間の中に実際にいるような感覚の中で、物を見たり、手を動かしたり、物を運んだりする操作ができる。二四ページ参照。

界の存在理由を説明する創世神話がもっとも重要な神話である。創世神話は、神がいかに偉大な力を使って世界を創り出したかを説く。しかし、この創造する力は、ある時期が来ると衰えるので、甦らせる必要がある。そして、さまざまな儀式が生まれた。儀式に参加するものたちが、宇宙の時間を再始動させる神の役割を演じる。ブルース・チャトウィンは『ソングライン』[*10]の中で、オーストラリアの原住民アボリジニが、定期的に、この世の生命と万物の再生を祈る歌を歌いながら太古からある「夢をみる」道の話をしている。

アボリジニの歌は、ヨハネによる福音書に「始めに言葉ありき」と書かれているとおり、言葉と歌を創造と結びつけたものだといえる。この考え方は、ヒンドゥー教のマーカンデヤ・プラーナ（Markandeya Purana）の創世神話にも見られる。「プラーナ」とは、神々についての逸話や真理を収めたヒンドゥー教の神話である。マーカンデヤによれば、世界が始まったばかりのとき、最高神ブラフマーは、形のない純粋な観念の世界に時空を超越して存在していたという。ブラフマーは、まず音の中に無から響く母音として姿を現した。プラーナによると、その音は（山びこのように）反射してきて自分とぶつかって、水と風になり、やがて原初の世界を創り出した。同じように言葉や文字も、口にされたり書かれたりする以前に観念の世界に存在している。魔法の物語では、呪文の言葉を知り、唱えると、不思議な力を及ぼすことができる。

創造と言葉のつながりは電子世界にぴったり当てはまる。電子世界は、コンピュータ言語を使ってプログラムを書いた人間たちによって創り出された世界である。この点で、電子世界としてのバーチャル・リアリティの創造は、神話で語られる世界の創造と大いに共通して

10　Bruce Chatwin, *The Songlines*

いる。違いといえば、言葉を口にした(書いた)のが神ではなく人間であるということだけである。電子世界の創造物は、無意識と神話の泉から生まれているように思える。これは創生という神秘なものに(太古の時代より儀式を通じて)人間が果たしてきた役割がまた復活していることを意味する。

電子世界というメタファーの深層

ごく一般的な意味でわたしたちが世界というものを見慣れていることから、電子世界というメタファーにはすでに多くの意味が内包されている。電子世界というメタファーの根幹の構造は、わたしたちの現実世界に対する考え方と、世界との関わり方の中に潜んでいるのである。

まず、場所という概念について考えてみよう。電子世界とは、そこへ出かけ、何かを体験できる一つの場所である。世界にはさまざまな物があり、それらはいたるところに存在している。現実の世界では、物を自分のほうへ持ってくるか、わたしたちのほうが物のあるところまで行くか(そのときの都合で)どちらか便利な方を選ぶしかない(あるいは、何かの方法で物に触れるしかない)。基本的には、対象が遠いところにあるほど、そこへ行くための時間も長くかかる。人間を含めて、物体は同時に複数の場所に存在することはできない。ある場所から別の場所へ移動するには、そこに行くまでのあいだにある物の中を通り抜けたり、迂回したり、上を越えたり、下をくぐったりしなければならない。

現実の世界では、わたしたちは肉体を持ち、肉体は世界と関係しあう。旅をすれば、楽しいことばかりでなく、危険な目にも遭う。冒険は楽しいこともあるが、けがをすることもある。衣服や化粧によって外見は変わるが、身体そのものは生まれて成長したあとも自分の身体のままである。わたしたちは身体を見て互いを識別する。身体を新しいものと交換することはできないのである。

この世界には、人が住んでいる場所と、住んでいない場所がある。現代人は、人が住んでいる場所でほとんどの時間を過ごし、そこで周囲の人々と人間関係を結ぶことがある。ある場所に十分な数の人々がいれば、共同体が形成され、社会秩序が作られる。人間は頻繁に移動するものであり、社会の人口や回りの顔ぶれは時間とともに変化していく。

電子世界に対する固定観念を打ち破る

これまで取り上げたメタファーと同様、電子世界というメタファーも、現実世界とどのような違いがあり、どのように変化しているかを見落とすと、誤った解釈をもたらしかねない。現実の世界では、物はそれぞれ別々の場所にあり、一度に一つの場所にしか存在できない。ところが、電子世界では、このような場所の感覚はあいまいになる。電子世界で知覚する画像と、その背景にあるデジタルリアリティは、画像処理と関連づけを行うソフトウェアによって結びつけられる。物や人間の画像が同時に複数の電子空間に現れることがしばしば起こりえるのだ。たとえば、ある情報の画像が筆者のコンピュータと読者のコンピュータとに同時に現れることもある。さらに、二台のコンピュータが同一の画像を表示していても、それが同じデジタルオブジェクトを表示しているとはかぎらない。互いのコピー（またはコピーだったもの）の表示かもしれないのだ。

現実世界では、わたしたちは動かなければ他の場所へ行くことができないし、その場所が遠ければ遠いほど移動に時間がかかる。電子世界では、何もかもが光と同じ速度で移動する。電子的にひとっ飛びで別のところに移動できる。行き先のアドレスがわかっていれば、途中どこへも寄らずに瞬間的に「テレポート」できる。どこかへ行くときに時間がかかるとすれば、行きたい場所を探すための時間だけである。移動時間そのものは無いに等しいのである。

現実世界では、身体の外見や能力を変えることができるとしても、それは限られた範囲でしかない。身体はゆっくりとしか変わらないので、わたしたちは自分の身体に対して継続性の感覚を持っている。しかし、電子世界では、それまでとは違う容貌や名前を持つことができる。電子世界によっては外見のあらゆる点、性別まで含めて、を一瞬に変えることができるものもある。

このような電子世界で身にまとう実体のない身体には、はっきりとした利点がいくつかある。現実世界では、鍵や財布のような大事な物を置き忘れると不便な思いをする。しかし、電子世界では、何もしなくても持ち物は身体と一緒についてくるし、誰かに取りに行かせたり、そばにあるドアを開けて取って戻ったりできるのである。

電子世界のメタファーを超えて

電子世界というメタファーは、わたしたちが作り出そうとしている情報インフラのイメージを明確化する手がかりとなる四番目のメタファーである。三つのメタファーを見てきたなかで、いくつかのメタファーを重ねあわせて考える余地が大いにあることに気づいた。たとえば、電子図書館というメタファーでは情報の検索が強調されるが、図書館には場所という側面もある。電子世界というメタファーでは、本などの媒体が収蔵されている広大な場所を訪れるだけでなく、手助けをしてくれる図書館員に出会うことも想定できる。電子図書館に場所とコミュニティという意味を新たに付け加えると、単なるオンラインデータベースを作るよりもずっと役に立つものができあがる。電子メールというメタファーでは、誰かにメッセージを送ることについて考える。しかし、メッセージを送信してから受信されるまでの時間を短くできれば、リアルタイムの会話に近くなる。電子世界というメタファーは、この会話に参加者の存在感と場所の感覚を与えることができる。そうすれば、「あの噴水のところで会おう」とか「例のコーヒーショップで待ち合わせよう」といった会話もできるようになる。電子市場というメタファーは、商取引のイメージが強いとはいえ、電子世界のメタファーと結びつく「場」という言葉が初めから含まれている。わたしたちが市場に行くのは買い物をするためだけではない。人々を見るという目的もある。実際、「商取引（commerce）」という言葉には、売り買いだけでなく、知的あるいは社会的な交流という意味も含まれているのである。

電子世界にいるときでも、あえて同時に現実世界にも存在していることを意識してもよい。

このように現実と仮想現実が混じり合った状態はバーチャル・リアリティでは不完全性と見る人もいる。しかし、この状態は増幅現実あるいは埋め込みバーチャリティの本質そのものである。この仮想世界と現実世界の融合は、豊かな相互作用を創り出す。想像とサイバースペースの中のイメージと代行者と、現実のイメージと行為者とを織り混ぜる相互作用だ。神話の言葉に従えば、神が創り出した物と新たに人間が作り上げた物とを、新たに融合させることなのである。

電子世界というメタファーのもう一つの特徴は、（完全に規定されているわけでなく）限りがないことである。電子世界に入れば、何かを探すこともできるし、人と話すこともできる。電子世界での経験の質は、そこに置かれている物によって変わる。人間が意図的に投入する物もあれば、増幅現実の場合のように自然に存在する物もある。また、経験する側によっても変わるだろう。電子世界での経験は、コンピュータネットワークで得られる経験の中で、もっとも大きな影響力を持つものかもしれない。わたしたちが生まれ変わり、人間の優れた面が発揮されるようにするには、どのような電子世界をデザインし、利用すればよいのかを考えることは、電子世界が与えてくれる絶好の機会であり、同時にわたしたちに突きつけられた課題でもあるのだ。

パベル・カーティス

MUD——テキスト・ベースのバーチャル・リアリティで起きた社会現象

解説

MUD（multi-user dungeonまたはmulti-user dimension）とは、文字を使って会話ができるネットワーク上のバーチャル・リアリティである。参加者は、ワークステーションからMUDにログインする。文字しか使えないことから、MUDはラジオに似ているといえるかもしれない。言葉で表現されたことを想像力を働かせて頭に思い浮かべるのである。言葉が人工空間を創り出す。参加者はそれぞれに性格《キャラクター》を持っていて、会話のテーマは互いのやりとりからどんどん広がっていく。文字を入力するので、その分だけ時間のズレが生じるとはいえ、ほとんどリアルタイムの会話である。MUDは孤独な世界ではなく、交流の場なのである。

仮想の社交場であるMUDは当然、現実の社交場に特有の要素をいくつも備えている。ただし、現実とは異なる要素もあり、それが実際には起こりえない珍しい社会現象を引き起こ

Pavel Curtis, "Mudding : Social Phenomena in Text-Based Virtual Realities"より抄録

している。この文章でパベル・カーティスは、インターネット上でMUDの作成と運営に携わったときの経験を述べている。

なにしろ機械は表情のニュアンスまでは伝えてくれないから。人間についての大ざっぱな概念――実用目的に役立つ程度の概念しか伝えてくれないから。

――E・M・フォースター『機械《マシーン》が止まる』[*11][※]より

MUDは、一度に複数のユーザーがネットワーク（電話回線やインターネットなど）を介して接続できるプログラムである。接続したユーザーは、「部屋」や「出口」などのオブジェクトが集まった共有データベースにアクセスできる。ユーザーは、この部屋の中からデータベースの内容を見たり、操作したりする。自分がいる部屋にあるオブジェクトしか見ることはできない。そして部屋どうしをつないでいる出口を通って別の部屋へと移動できる。MUDは、一種のバーチャル・リアリティであり、電子的に表現された出入り自由な「場所」なのである。

ただし、MUDは一般に言われているような、いわゆるバーチャル・リアリティとは違う。美しいグラフィックスが見られるわけではないし、ユーザーの体勢や向きを感知する専用の器具も必要ない。MUDのデータベースを利用するためのユーザーインターフェイス[*12]は、完全なテキスト[*13]ベースである。ユーザーがコマンド[*14]の文字列をキーボードから入力すると、その結

11 E. M. Forster, "The Machine Stops"

※（訳注） 本章中のE.M.Forster, "The Machine Stops" の訳文はすべて、小池滋訳「機械が止まる」より引用。（E・M・フォースター著、小池滋訳『E・M・フォースター著作集5 天国行きの乗合馬車』みすず書房収録）

12 ユーザーインターフェイス
四六ページ参照。

13 テキスト
(text)

一一四ページ参照。

文書のこと。データが特殊な制御コードを含まない文字列からなっているものを指す。

コンピュータの機種やソフトウェアによる違いがほとんどないために、通信によく用いられたり、文書交換などに利用されたりする。

なお、ワープロ文書ファイルは、文字装飾（字体・文字サイズ）、罫線などのデータが含まれるため各アプリケーションに依存した独自ファイルの形式になっている。

果が何の加工もされていないテキストとして画面に表示される。ＭＵＤのインターフェイスは、AdventureやZorkのような昔のコンピュータゲームを思い出させる。ＭＵＤでのやりとりは次のようになる。

>look

廊下

西側の通路はここから東側へ続いているが、ホールに紫色のベルベットのロープが張ってあって通れない。北側と南側に出入口がある。

ロープの真ん中には標識（sign）が下がっている。

>read sign

この屋敷には現在、ここまでしか訪れた人がいません。ここより先に進んだ場合、何があっても責任を持ちません。

――住人より

>go east

あなたはベルベットのロープをじゃまだと踏みつけて、ほこりと暗闇が支配する人気のない場所に足を踏み入れる。

こうして見るとＭＵＤはアドベンチャーゲームと似ているように思えるが、三つほど大きく異なる点がある。

14 コマンド
キーボードから動作中のソフトウェア――OS、プログラミング言語、アプリケーションソフト――に与える作業指示。通常、英数字列で表現されている。GUIにおいては、メニューの選択やアイコンのクリックを用いている。

●MUDにはゴールがない。始まりも終わりもなければ、「スコア」も「勝ち負け」もない。つまり、ユーザーがプレーヤーと呼ばれていても、MUDは根本的にゲームとは異なっている。

●MUDは内部から拡張できる。部屋や出口、「事物」やコメントなどのオブジェクトをデータベースに追加することができる。プログラミング言語が組み込まれていて、ユーザーが自分でオブジェクトを作成し、その動作を記述できるMUDもある（わたしが運営しているMUDもそうである）。

●ほとんどの場合、MUDには同時に複数のユーザーが接続している。接続中のユーザーは全員が同じデータベースの内容を見たり操作したりしているので、他のユーザーが新しく作ったオブジェクトに遭遇することもある。MUDに接続しているユーザーはリアルタイムで会話ができる。

この最後の要素は、ユーザーとMUDの関わり方に大きく関係している。活動を個人的なものから社会的なものへと変化させるのである。

MUDでのコミュニケーションのしかたは、バーチャル・リアリティの枠から大きく外れるものではない。プレーヤーが何かを「発言」すると（sayコマンドを使う）、同じ部屋にいる他のプレーヤーがその発言を「聞く」。たとえば、Munchkinという名前のプレーヤーが次のように書いたとしよう。

say Can anyone hear me? (みなさん聞いてくれますか)

Munchkinの画面には次のように表示される。

You say, "Can anyone hear me?" (発言：みなさん聞いてくれますか)

そして、同じ部屋にいる他の人々の画面には次のように表示される。

Munchkin says, "Can anyone hear me?" (Munchkinの発言：みなさん聞いてくれますか)

同じように、emoteコマンドを使うと、さまざまな形の「言葉を用いない」コミュニケーションができる。たとえば、Munchkinが次のように入力したとする。

emote smiles

他の人の画面には次のように表示される。

Munchkin smiles (Munchkinは笑っている)

プレーヤーどうしのコミュニケーションは、ほとんどこの二つのコマンドで事足りる。[1]

しかし、しだいにsayとemoteだけでは不便になり、これに新しいコマンドが加わる。不便だと感じるケースは二つある。まず、あるプレーヤーが同じ部屋にいる別のプレーヤーと話をしたいが、それ以外のプレーヤーには聞かれたくないことがある。そのために作られたのがwhisperコマンドである。たとえば、Munchkinが次のように入力したとしよう。

whisper "I wish he'd just go away..." to Frebble (Frebbleへ：あいつは今すぐ消えてほしいよ)

すると、Frebbleの画面には次のように表示される。

Munchkin whispers, "I wish he'd just go away..." (Munchkinより：あいつは今すぐ消えてほしいよ)

この言葉は他のプレーヤーの画面には表示されない。

同じMUDの「遠く離れた」部屋にいるプレーヤーと話したいということもある。その場合には、pageコマンドが役に立つ。pageコマンドの使い方はwhisperコマンドとよく似ていて、呼び出された相手の画面には次のように表示される。

You sense that Munchkin is looking for you in The Hall.（Munchkin がホールであなたを探している）

He pages, "Come see this clock, it's tres cool!"（Munchkin より：こっちへ来てこの時計を見てください。とても素敵です）

ＭＵＤでは、会話だけでなく、プレーヤー名、性別、プロフィールという三つの方法で自分を表現することもできる。

初めてＭＵＤに接続したときには、まず自分の名前を選ぶ。この名前はいつでも変更できる。ただし、他のプレーヤーがすでに使っている名前を使うことはできない。現実の生活では姓と名からなる長い名前を使うが、ＭＵＤでの名前にはふつう一つの単語を使用する。

ＭＵＤに参加したばかりのプレーヤーは中性である。自動生成されるメッセージでは、「it」や「its」といった代名詞で呼ばれる。現実とは反対の性を選ぶこともできる。しかも、男性と女性だけに限定されない。複数人称になることもできるし（その場合はサンゴのような一種の「群体」となり、「ChupChups leave the room, closing the door behind them〈ChupChup たちが部屋を出てドアを閉める〉」のように表される）、性中立的な代名詞を使うこともできる（「s/he」「him/her」「his/her」または「e」「em」「eir」など）。

look コマンドを使って表示することができるような説明をオブジェクトにつけることができる。たとえば、ある部屋に入ると、自動的にその部屋についての説明が表示される。この説明は、「look」と入力するだけで何度でも表示できる。他のプレーヤーのプロフィールを見るには、「look Bert」のように入力する。プロフィールは、いつでも書くことができ、変更も自由にできる。プロフィールの内容は、簡潔なものから延々と綴ったものまで、人によってさまざまである。

表示されるメッセージは、会話の内容や入力したコマンドの応答だけではない。他のプレーヤーが部屋に出入りしたときや、バーチャル・リアリティのオブジェクトが非同期的な動作(鳩時計が時を告げるなど)をするときにも、それぞれに応じたメッセージが表示される。

MUDに接続したプレーヤーは、他のプレーヤーと話をしたり、データベースにある部屋などのオブジェクトを探索したり、自分で作ったオブジェクトを追加したりする。MUDで過ごす時間は人によってさまざまである。接続してから一分くらいで切り上げる人もいれば、何時間も過ごす人もいる。何日も接続したままで、たまにしか活動しないという人さえいる。

本稿の論旨を考えれば、MUDの技術的な側面についての説明はこれくらいで十分だろう。わたし自身の経験であるとはいえ、それがどんな「感じ」かを言葉で伝えるのはなかなか難しい。もっと詳しく知りたいという人は、最後に示した指示に従って実際に体験してみるのが一番である。

あるMUDで起きた社会現象

人間が尺度なんだ。
——E・M・フォースター『機械が止まる』※より

一九九〇年一〇月、わたしはPARCにある自分のワークステーションで、インターネットからアクセスできるMUDサーバーを立ち上げた。それ以来、このサーバーは今日まで休むことなく稼働している。停止したこともあるが、合わせてせいぜい二、三時間である。一九九一年一月には、このMUD（LambdaMOO[2]）の存在をUsenetニュースグループのrec.games.mudで発表した。これを書いている時点で、すでに世界一二カ国以上から三五〇〇人を超えるプレーヤーがわたしのサーバーに接続している。どの時点をとりあげても、そこから一週間さかのぼった期間を考えてみると七五〇〇人以上のユーザーが少なくとも一度はログインしている。図1は、一日のプレーヤー数を時

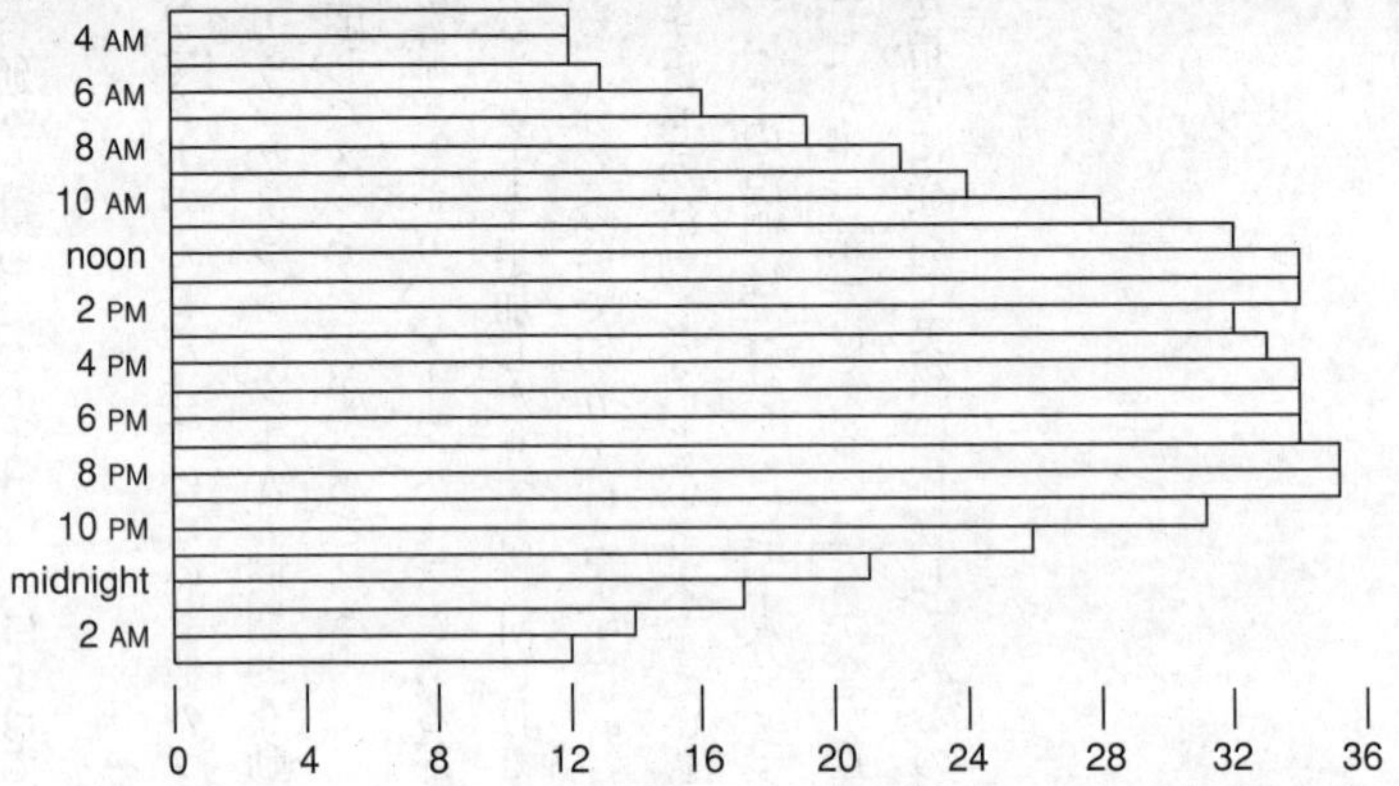

図1　LambdaMOOの時間別平均プレーヤー数

※ 小池滋訳より。三五九ページ参照。

間帯別（東部時間）にまとめた統計である。

LambdaMOOはかなりにぎやかなMUDで、一日を通して新旧のプレーヤーが頻繁に出入りしている。この人気のおかげで、わたしは大勢の多様なMUDユーザーという世界の社会現象を観察することができた。ただし、前もって断っておきたいことがある。わたしは、社会学、人類学、心理学のどれ一つとして正式に学んではいないので、方法論はもちろん、分析の客観性についても、とりたてて正しいとは主張しない。ここで述べることは、あくまでも一年間にわたるMUDの観察から得た個人的な見解にすぎない。個々のプレーヤーの動機や感情についての分析は、ほとんどの場合、MUDにおいてプレーヤーたちと交わした会話をもとにしている。プレーヤーたちが表明した実際の性別、素性、感情が真実かどうかを調べる手だてはない。だがふつうは、そうしたことを疑う理由もないのである。

三つの観点から観察の結果をまとめた。個々のプレーヤーの行動および動機にまつわる現象、プレーヤーの小グループどうしの関わり（特に会話）をめぐる現象、そしてMUDのコミュニティ全体の行動に関する現象である。

これらの現象すべてに共通する根本的なテーマがあるので、それを先に指摘しておきたい。MUDにおける社会的行動は、実生活とほとんど変わらないメカニズムが働いており、ある意味では実生活での行動をそのまま映し出しているともいえる。しかしもちろん、MUDがもたらす実生活にはない新しい機会に根ざしたとても異なった側面もある。

個人についての考察

ＭＵＤの人口構成――LambdaMOOに接続できる人々とは、世界の平均的な人々の代表ではない。普通程度に英語が読み書きでき、インターネットにアクセスできる人々である。ネットワークホスト名から判断して、九〇％以上は大学に属している。もっとも多いのが大学院生で、その次に多いのが普通の大学生である。インターネットにアクセスできることから、プレーヤーの大部分はコンピュータの分野に関係があると言われているが、わたしは必ずしもそうだとは思わない。わたしが見るには、コンピュータの分野に関係しているのはせいぜい半数である（もっと少ないかもしれない）。大学や企業のコンピュータがどんどん一般に開放されるようになり、幅広い層の人々がＭＵＤに参加できるようになってきたからである。

いずれにせよ、ＭＵＤに参加している人々の教育水準は世界の平均を上回っていると考えられる。所得水準もやはり世界の平均から見ると高いほうだろう。参加者たちと交わした会話や、LambdaMOOのプログラムに関するメーリングリストへの入会希望者の名前から推測して、断言はできないが、七〇％以上が男性であると思われる。

プレーヤーの自己表現――すでに述べたように、プレーヤーはＭＵＤで自分を表現するためにいくつかの選択をする。最初の選択がＭＵＤで使う名前である。以下にLambdaMOOのプレーヤーが使っている名前の一部を紹介する。

このリストを見ると、名前の付け方に共通のスタイルがいくつかあることに気づく(神話、童話、小説などに登場する人物の名前やそれをヒントにした名前、現実にある普通の名前、抽象的な概念を表す名前、動物名、何らかの意味を秘めた生活用具の名前などが見られる)。しかし、主流といえるような名前の付け方がないことは明らかである。注目すべきなのは、少数派ながら、小文字の名前も目につくことである。このことを指して抑圧された自我の表れだという向きもあるが、わたしは見た目にこだわるゆえの選択にすぎないと考える(プレーヤーたちはこうした名前を使うのが「かっこいい」と思っている)。

プレーヤーは自分の名前に対してかなり強い独占欲を持っており、他のプレーヤーが自分の名前と綴りや発音が似ている名前を使った場合はもちろん、自分の名前の出典となった神話や文芸作品から名前をとった場合でさえ、不愉快に感じるようだ。一例を挙げると、「ZigZag」と

Toon	Gemba	Gary_Severn	Ford	Frand
li'ir	Maya	Rincewind	yduJ	funky
Grump	Foodslave	Arthur	EbbTide	Anathae
yrx	Satan	byte	Booga	tek
chupchups	waffle	Miranda	Gus	Merlin
Moonlight	MrNatural	Winger	Drazz'zt	Kendal
RedJack	Snooze	Shin	lostboy	foobar
Ted_Logan	Xephyr	King_Claudius	Bruce	Puff
Dirque	Coyote	Vastin	Player	Cool
Amy	Thorgeir	Cyberhuman	Gandalf	blip
Jayhirazan	Firefoot	JoeFeedback	ZZZzzz...	Lyssa
Avatar	zipo	Blackwinter	viz	Kilik
Maelstorm	Love	Terryann	Chrystal	arkanoiv

いう名前のプレーヤーが、他のプレーヤーに「ZigZag!」や「Zig」といった名前を使われていると苦情を言ってきたことがある。

性別の選択をきわめて重要なことと考え、熟慮して決めるプレーヤーもいるようだ。性別など取るに足らないことで、悩むような問題ではないと考えるプレーヤーもいる（ほとんどは男性）。性別についての選択肢は数えるほどしかないというのに（想像力さえあれば無限の選択肢がある名前やプロフィールとは対照的である）、一部のプレーヤーにとっては最大の関心事なのである。

すでに述べたように、プレーヤーの大部分は男性で、その大多数は男性であると自ら表明している。ところが、MUDに女性が少ないことを利用し、女性を騙ることで注目を集めようとする男性もいる。人をだまして楽しんでいるだけという場合もあるが、男性のプレーヤーを性的な会話に引き込もうとする者もいる。実際、これは広く知られた現象であり、進んで猥褻な会話をする女性のプレーヤーは本当は男性であると考えたほうがよいだろう。こうしたことを根拠に、このようなプレーヤーはMUDから追放されることが多い。

何人かのプレーヤーが言っていたことだが、女性を装うのは、おそらく本人の（潜在的または顕在的な）同性愛的な衝動の発露であり、男性にアプローチしたときの気分を味わいたいがために、MUDという安全な場を利用しているのだろう。わたし個人はそのようなプレーヤーと会話をしたことがないし、その動機を深く掘り下げたこともないが、MUDの匿名性が人間を現実の抑圧から解放するからだという理由づけが、もっとも的を射ているのではないだろうか（匿名性については後のほうで詳しく分析する）。

人を騙そうというのではなく、単なる好奇心から女性のふりをする男性もいる。彼らは「女性の生活」に何となく関心があり、社会の中で女性として扱われる気分を味わってみたいのである。わたしが見るところ、彼らの試みはかなり成功しているといえる。

女性のプレーヤーは多くの問題を提起している。彼女らによると、必ずといっていいほど、嫌がらせを受けるか、特別扱いされるかのどちらかになるそうだ。あるとき、男性と女性の二人の新加入者が接続してきた。すると、その部屋にいたプレーヤーたちはこぞって女性のプレーヤーと会話を始め、部屋の中を案内してあげようとしていたが、男性のほうは完全に無視され、一人取り残されていたという。

また、女性を騙った男性が多いためと思われるが、女性プレーヤーの多くは、本物の女性であることを「証明」するように要求されることがよくあると言っている（証明を強要されることもあるらしい）。わたしの知るかぎり、男性のプレーヤーが男性であることを証明させられたケースは、数えるほどしかない。

こうした問題があるため、現実には女性でありながら、MUDでは女性であることを隠し、男性、中性、または性中立的な代名詞を使うというプレーヤーも多い。それでも、中性または性的に中立的な存在でいると、本当の性別を明らかにするよう求められる可能性があるだろう。

本当の性別が疑わしい相手と会話をするのは厄介だと感じているプレーヤーもいる。現実には性別がはっきりしない人とつきあうことはめったにないため、「相手に対する自分の立場を知る」こと、つまり相手が男性か女性かによって「ふさわしい」役割を演じることが大前提になっているのである。実際の性別を偽ることは不誠実であるという意見のプレーヤーもいる（男性だけに限らない）。そうしたプレーヤーたちは、相手の性別が嘘だったとわかると、「腹が立ち」、「利用された」ような気持ちになるという。

紙幅の都合上、これ以上この問題を掘り下げることはできないが、興味のある読者は、ぜひリンジー・ヴァン・ゲルダーの「The Strange Case of the Electronic Lover」（一九九一年に出版されたダンロップ・アンド・キング社刊『*Computerization and Controversy*』[*15]に収録）を読んでほしい。事例が豊富で、鋭い指摘が随所に見られる。見事に周囲を騙していた「電子服装倒錯（electronic transvestism）」者の話も紹介されている。

プレーヤーの自己表現には、もう一つの要素がある。唯一、文章表現を伴うプロフィールである。プレーヤーは、バーチャル・リアリティでのペルソナ、つまりそこで演じたい役柄を詳しく述べることができる。新加入のプレーヤーが部屋に入ると、すぐに他のプレーヤーから一斉に見られるので、プロフィールは第一印象を形成する大切な要素にもなる。

ごく簡単なプロフィールしか書かないプレーヤーがいる。その中には、謎めいたものもあれば（「無数の宝石の持ち主」など）、いたって簡潔なものもある（「ラベンダー色の目をした中肉中背の色黒な妖精」など）。そのもっとも多い理由は、自分について長々と説明する必要を感じないからというものである。一方で、手間暇かけてプロフィールを書くプレーヤーもいる。少し長めのプロフィールを例として挙げてみよう。

『あなたの目の前にいるのは、物静かで気取りのない一人の男。大きめのカーキ色のアーミージャ

15　Lindsy Van Gelder, "The Strange Case of the Electronic Lover", *Computerization and Controversy*, Dunlop and King, ed., 1991

ケットに身を包み、顔が隠れそうなくらい襟を立てている。あなたの視線を感じて振り向くと、長く伸ばしたブロンドの髪が後ろに流れる。灰色がかった丸い小さなレンズが入った金縁のめがねが鼻にかかっている。肩からアコースティックギターを下げ、バックパックを重そうにぐいと引く。中には、楽譜、スケッチ、コンピュータのプリントアウトがぎっしり詰まっている。アーミージャケットの下には色あせたジーンズに「Paranoid Cyber-Punks International」とプリントされたTシャツ。あなたと目が合うとかすかに微笑むものの、言葉を交わしはしない。思ったとおり、彼の青い瞳の端に赤いきらめきが見える。そして彼の犬歯が少し突き出ていることに気づく。あなたの顔に恐怖の色が浮かぶのを見て、彼はたじろぎ、また孤独の世界に戻ってしまう。』

プレーヤーのプロフィールには、こうありたいという願望が込められたものが多い。「謎めいているが明らかに力強い」人物が、これまでにいったい何人LambdaMOOの中を闊歩したことだろう。MUDを利用し、魅力的な架空の人物になりきっているプレーヤーが多いように感じる。

多くのプロフィールを詳しく見ていくと、ロールプレイングの要素がかなり強いことに気づく。プレーヤーたちは、実生活での人格とは異なる人物像を作り上げているのである。ただし、それはまれなケースである。ほとんどのプレーヤーは無理をして別の人格を演じることにたちまち飽きてしまい、人によって程度の差こそあれ、少なくとも日常会話と同じくらいには率直な態度で会話をしているようだ。あまりにもマニアックな小説に登場する人物を選ぶと、作品の文脈なしには成立しないことも理由の一つかもしれない。小説の登場人物をそのままMUDの文脈に移しても意味をなさないのである。

この法則に当てはまらない注目すべき例外を一つだけ聞いたことがある。「PernMUSH」というMUDである。このMUDは、アン・マキャフリイ（Ann McCaffrey）の有名な小説『パーンの竜騎士』に描かれている世界の忠実に再現しているという。そこでは、すべてのプレーヤーが『パーンの竜騎士』の雰囲気に合った名前を持ち、どの場所も『パーンの竜騎士』シリーズやファンが作った関連本に出てくる場所をそっくりまねている。マキャフリイの作品に由来するドラゴンの「孵化」などの行事も頻繁に行っているようだ。この例外的なMUDが成功している理由は、強い信念に支えられていることに尽きる。どのプレーヤーも他のプレーヤーのことを考えて正しい文脈を守っているので、誰もが自然な形で「登場人物」を演じ続けていられるのである。

プレーヤーの匿名性――MUDの社会的な要素の中でもっとも重要なものは、プレーヤーが完全に匿名性を守っていることではないだろうか。プレーヤーの実生活上の素性を知るコマンドは存在しないし、技術的な面から考えても、そうしたコマンドを作るのは不可能に近い。

このようなプライバシーの保証があるからこそ、プレーヤーの自己表現が重要になり、ある意味では成功しているのである。プレーヤーたちは、自分が描くイメージどおりの人間として周囲から扱われ、容姿や人種など、自分の意志ではどうにもできない特性に「縛られる」ことがない。兵士募集の少し前の宣言文句を借りれば、MUDプレーヤーは「なりたい自分になることができる（be all that you can be）のだ。

これは、いわゆる「船上症候群（shipboard syndrome）」の一因となっている。実生活で

MUDプレーヤーと会うことはまずありえないので、MUDにいるあいだは社会的リスクがほとんどなくなり、行動を抑制する必要を感じなくなるのである。

たとえば、多くのプレーヤーが言っていることだが、実生活よりもMUDのほうが初対面の人と気後れせずに話ができるようだ。明白な理由の一つは、現実の人々とは違い、MUDに参加する人々は初めから会話をしたがっているという暗黙の了解だろう。しかし、もっと深い理由もある。プレーヤーたちがMUDで交わす会話にリスクを感じていないことである。たとえ失言をしても、それまでのキャラクターを捨て、別のキャラクターに変わればよい。失うものといえば、それまで使っていた名前と、それを社会的に認知してもらうために払った努力くらいのものである。「心機一転」というオプションがいつでも用意されているのである。

ほとんどのMUDでは、物理的にも仮想的にも暴力を受けることはないため、プレーヤーたちは心なし大胆になってもいる。MUDの管理システムは、基本的にプレーヤーが他のプレーヤーに執拗な攻撃を加えないように配慮している（冒険をしながら怪物や他のプレーヤーを倒すことが目的のMUDは別である）。不快な思いをさせられることがあっても、それが長期どころか少しでも長いと思われる期間続くことはないのである。

このような匿名性による保護は、無責任、無礼、反社会的といった態度の横行にもつながる。度を超した執拗な性的いやがらせ、暴言、中傷なども実際に起きている。こうした野蛮なふるまいをする理由は二つあると考えられる。一つは、反社会的な行為をしても現実の世界で責任を問われないという意識が働くことである。もう一つは、まさに匿名性ゆえに、他のプレーヤーを生きた人間として実感できず、ともすると人格のない存在として扱ってしまうことである。

ウィザード――現実の社会は、反社会的な行動があった場合、追放などの集団的な措置を講じて対処する（この点については後で詳しく論じる）。しかし、蛮行が目に余る場合には、取り締まりを「政府」や「警察」に委ねることになる。この点は、MUDも何ら変わるところはない。

MUDには普通、ウィザードとか、まれに神と呼ばれる特別な地位にあるプレーヤーがいて、「政府」と「警察」の両方の機能を果たしている。ウィザードとは、MUDの管理を目的とした特別な権限とコマンドを行使できるプレーヤーのことで、コンピュータシステムの「システム管理者」[*16]や「スーパーユーザー」[*17]によく似た存在である。プレーヤーがウィザードの地位に就くには、他のウィザードに指名されなければならない。MUDサーバーのコンピュータプログラムの管理者が最初のウィザードになる。

ほとんどのMUDでは、悪質なプレーヤーがいた場合、実社会と同じように、最初の措置としてウィザードが冷静な対話を試みる。相手が対話に応じないなど、効果が上がらなかったときには、そのプレーヤーを「ヒキガエルの刑（toading）」に処するのが一般的である。この刑罰は次のようなものである。（a）実行できる操作を厳しく制限し、場合によっては接続を禁止する。（b）名前やプロフィールを気味の悪い容貌を表す内容に変えてしまう（嫌われ者の象徴であるイボヒキガエルに変身させることが多い）。（c）特に人数の多い場所に移動させる。このような公共の場でさらし者にされるだけで、ほとんどのプレーヤーは再訪する勇気を失う。別人を装って再接続するという手もあるが、そこまでする気力もなくすようだ。

16　システム管理
コンピュータシステムの管理のこと。システムが効果的に運用できるように取り計らう。
主な事項としては、
・チャネルや入出力装置などのハードウェア面
・ファイルの管理とそれに関する情報などのソフトウェア面
・アプリケーションプログラムの実行OSの管理（一般ユーザーへの機能提供内容等）
・システムの開始と終了や障害時における処理
・システムの運転情報、その情報収集管理
・ネットワーク機能とその管理

17　スーパーユーザー
ワークステーションの管理を行うために、一般ユーザーには許可されていない、ユーザーの登録や削除、ワークステーションの停止などといった作業を行うことができる特別の権限をもっているユーザーをいう。

LambdaMOOでは、ウィザードたちが協議のうえ、不品行なプレーヤーに対して穏健な措置をとることに決めた。本来なら厳しく処罰しなければならないケースもいくつかあったが、プレーヤーを「リサイクル」するだけにとどめている。リサイクルとは、MUDのデータベースからプレーヤーを完全に削除することである。この方法であれば、「ヒキガエルの刑」よりも恒久的な解決になるだけでなく、さらし者にして周りの者までが不快な思いをすることもない。

ウィザードは、一般のプレーヤーとはまるで違った立場になる。一般のプレーヤーに対して大きな権限を持っており、MUDにおいて特殊な社会的役割を担っていることから、他のプレーヤーとは異なる扱いを受けるのである。

たとえば、LambdaMOOでは、ほとんどのプレーヤーがウィザードであるわたしに初めて出会うと、必要以上に恐縮し、敬意を払う。よく「サー（Sir）」などと呼びかけられ、「お時間をとらせて申し訳ありませんでした」などと頭を下げられる。しかし、ごく一部だが、わたしの地位や権限に対して萎縮していないことを証明したいのか、ことさらぶっきらぼうな話し方をし、ときにはぶしつけとも受け取れるような態度で、LambdaMOOの使い方を聞いてくるプレーヤーもいる。

わたしは、ほとんど常時、LambdaMOOに接続してはいるが、他にやることがあるので、実際には活動せず、自分が作った特別の部屋にこもっている（そこがわたしの「仕事場」だ）。その部屋には、わたしの許可がなければ他のプレーヤーは入れない。この部屋であれば、誰からも邪魔されずに密談もできる。ところが、このようにつねに存在していて近づきがたいことが、思わぬ事態を招いていた。頻繁にあちこちを移動しているプレーヤーの話によると、わたしは神秘の塔に住む謎の魔法使いに仕立て上げられ、一種の伝説的な存在になっているという。わたしが言ったとするMUDの方針についての見解が噂として飛び交った。そのせいで、プレーヤーたちはわたしを避けるようになった。わたしが話しかけてきたプレーヤーを無礼者と決めつけ、気まぐれな報復に出るのではないかと恐れているのだ。

わたしはこれを困ったことだと考えているし、わたしのような「魔物」ではない「人間」のメンバーたちと過ごす時間を増やしたいという希望もある。しかし、MUDでプレーヤーがウィザードの気まぐれを恐れるのは仕方のないことだという意見も聞く。たしかに、MUDのウィザードがプレーヤーに服従を要求し、刃向かった者には厳しい罰を与えるという話はもっともらしく聞こえる。仮想世界でちょっとした権限を行使できるとなれば、自尊心がくすぐられるのも無理はない。それだけを目的にしてMUDを始めたウィザードも必ず何人かいるはずである。

事実、MUDの元ウィザードがマキアベリの『君主論』[18]を下敷きにして書いたという文書のコピーを、あるプレーヤーが送ってきた。そこには、ウィザードが一般のプレーヤーをいじめるためのユニークな方法がいくつも事細かに書き記されていた。このウィザードが本当にそのテクニックを使っていたとしたら、文書を送ってくれたプレーヤーが言うとおり、誰もがウィザードを避けたがるのも合点がいくというものである。

18　Niccolo Machiavelli, *The Prince*

小グループについての考察

MUDでの会話――プレーヤーの大多数は、MUDにいるあいだ他のプレーヤーと会話をして過ごす。会話が始まる段取りは概して現実の社会と同じようなものだが、ときには一風変わったきっかけで会話が始まることもある。

データベースの同じ部分を調べているユーザーどうしが出会うのはよくあることで、そこでは必ずといっていいほど会話が始まる。すでに述べたように、MUDの匿名性には、人間どうしを隔てる壁を低くし、プレーヤーを実生活よりも社交的にする効果がある。MUDでは、見ず知らずのプレーヤーが出会った場合、「ここは初めてですか? 以前お会いしたことはありませんよね」などという実生活と同じような挨拶をする。しかし、最初の挨拶は、「Munchkin waves. Lorelei waves back.(Munchkinは手を振る。Loreleiもそれに応えて手を振る)」のように、言葉ではなく身振りでするのが普通である。

MUDでは、@who(またはWHO)コマンドで接続中のプレーヤーを確認できる。プレーヤーたちの居場所を調べられることもある。このコマンドを実行すると、表1のような情報が表示される。

この表を見るのは、会議室を見渡して誰が出席しているかを確認するのに似ているかもしれない。

プレーヤーたちは、@whoコマンドが出力したリストを見て、知り合いが接続していないか、そしてどの場所にプレーヤーが集まっているかを確認する。同じ部屋に何人ものプレーヤーがいれば、何か楽しい会話が進んでいるのではないかと期待する。人数の多い場所に人気が集まるのもそのためである。わたしはこの現象を「社会的引力」と呼んでいる。現実の社会でも同じ現象が見られる。人間には、人が集まっている場所を好む習性があるのかもしれない。たとえば、同僚の部屋の入口で数人が集まって話しているのを見たら、多くの人は素通りできないのではないだろうか。

ＭＵＤで会話が始まっていても、そのメンバーの中にそりの合わないプレーヤーがいたり、やりかけの活動を中断したくないといった理由で、会話に参加する気が起きないこともある。実生活では、そのような場合、電話が鳴っても無視したり、留守番電話を使ったりする。そばにいる人に話しかけられたときには、聞こえなかったふりをすることもある。勘のいい人だったら、もっと大きな声で呼び

表1　LambdaMOOでの@whoコマンドの出力例

Player name	Connected	Idle time	Location
Haakon(#2)	3 days	a second	Lambda's Den
Lynx(#8910)	a minute	2 seconds	Lynx' Abode
Garin(#23393)	an hour	2 seconds	Carnival Grounds
Gilmore(#19194)	an hour	10 seconds	Heart of Darkness
TamLin(#21864)	an hour	21 seconds	Heart of Darkness
Quimby(#23279)	3 minutes	2 minutes	Quimby's room
koosh(#24639)	50minutes	5 minutes	Corridor
Nosredna(#2487)	7 hours	36 minutes	Nosredna's Hideaway
yduJ(#68)	7 hours	47 minutes	Hackers' Heaven
Zachary(#4670)	an hour	an hour	Zachary's Workshop
Woodlock(#2520)	2 hours	2 hours	Woodlock's Room
Total: 11 players, 6 of whom have been active recently.			

かけたりせず、話しかけるのをあきらめてくれるだろう。

ＭＵＤで会話を避けるときには、日常生活の場合と同じような方法も通用するが、ＭＵＤに独特の方法もある。ＭＵＤでは、たとえ接続していても、端末からしばらくのあいだ離れるなどして、何の活動もせずにいることは珍しくない。何か発言をしても、誰も端末の近くにいないために、何の応答も返ってこないことはよくある。ＭＵＤではそれが当たり前になっているので、聞こえないふりをしても気づかれることはない。あるプレーヤーは、知ったかぶりをするプレーヤーが会話に加わると端末から離れたふりをして発言をやめ、退席したのを見届けてから会話を再開するのだという。このようにすれば、他のプレーヤーたちには、ちょっと席を外していたという言い訳ができる。

ＭＵＤで会話を避ける方法はもう一つある。それは、わたしが思うには実生活では通用しない。ほとんどのＭＵＤには、指定したプレーヤーたちを「ギャギング（さるぐつわをはめること）」するコマンドがある。プレーヤーをギャギングすると、その発言も移動も身振りも、ギャギングしたプレーヤーの画面には表示されなくなる。ギャギングされたことを本人が知ることはできない。ギャギングしたプレーヤーに直接話しかけでもしないかぎり、別のプレーヤーから応答を受け取ったりしていると、誰かが自分の発言を聞くまいとしていることなど思いもつかないだろう。

LambdaMOOでもギャギングができるようにしているが、実際に使われることはめったにない。最近調べたところでは、ギャギングしたことがあるプレーヤーは、三〇〇〇人近い人数のうち、たったの四五人だった。ギャギングはかなり失礼なことであり、それが許されるとすれば、こちらが丁寧に抗議しているのに執拗に嫌がらせをしてくるプレーヤーに対してだけだ、という感覚があるようだ。しかし、この感覚がすべてのMUDに共通のものかどうかは疑わしい。あるプレーヤーは、自分の発言が他のプレーヤーの怒りを買っていると聞き、ギャギングを使うことを提案してこう言った。「発言を聞きたくないのなら、ギャギングすればいいではないか。そうされてもわたしは怒ったりしない」。たしかに、ギャギングが盛んに使われているMUDもあると聞いている。

　MUDでの会話は、実生活での会話とよく似ているところもあれば、まったく違うところもある。MUDの会話では、身振りを表すためにemoteコマンドをよく利用する。たとえば、相づちを打って相手に話の続きを促すこともあるし、プレーヤーに会ったときや別れるときには手を振る。眉を上げて驚きを表し、謝るときや慰めるときには相手を抱きしめる。発言の「口調」をはっきり伝えるために、電子メールでおなじみのフェイスマーク[*19]もよく使う（「:-]」、「:-(」、「:-)」など）。部屋にいる全員に対してではなく、特定のプレーヤーだけに話しかけることもある。たとえば、Munchkin nods to Frebble. "You tell 'em!" は、Munchkin が Frebble に合図を送り、「あのことを話してよ」と発言を促しているのである。

　MUDの会話が実生活の会話と一番はっきり違う点は、言葉を口に出すのではなく、文字で表さなければならないことである。そのため、発言と発言のあいだに空白の時間が生じてしまう。自然界が真空を嫌うのと同じで、MUDという世界でも空白の時間は嫌がられている。

　MUDの会話では、たとえ参加者が二人しかいない場合でも、話のテーマが一つだけとい

19　フェイスマーク
スマイリ（smiley）などともよばれる。パソコン通信、電子メール等で使われる、特殊文字・記号を使って描いた表現。通信などでは、表情や感情が伝えづらいため、それを補うために使われる。たとえば、（^^）（^_^）は微笑み、（;_;）（T_T）は悲しみを意味する。

うことは少ない。一方のプレーヤーが発言をタイプしているあいだに、もう一人が別のことを思いつき、話が脇道にそれることはよくある。このように会話のテーマがいくつもあると、初心者のうちは少しばかり当惑するが、ほとんどのプレーヤーはすぐに慣れ、こうした多層的な会話もうまくこなしているようだ。もちろん、参加者が三人以上になると、会話のテーマはもっと増える。手に負えないような無法者を懲らしめるには、一ダースものプレーヤーが喧々囂々と議論しているような部屋に放り込むのが一番だという人もいるほどだ。

一度にいくつものテーマについて考えるのであるから、これは言ってみれば思考上のタイムシェアリングである。このような行動が生まれる背景には、pageコマンドの存在もある。冒頭で説明したことを思い出してほしい。このコマンドを使うと、別の部屋にいる相手にメッセージを送ることができるのである。同じ部屋で「顔をつきあわせて」会話をしながらpageコマンドでいくつもの会話に参加することは、決して珍しくない（特に、「遠く離れた」プレーヤーにアドバイスを求められることが多いウィザードはよくやっている）。この会話のしかたも初めは大変だが、相手がタイプしているあいだ空白の時間を持て余さなくて済むので、やがてありがたく思うようになる。

この空白の時間（そしてMUDという媒体の狭い帯域幅）がもたらす影響はもう一つある。プレーヤーたちがメッセージを省略するようになることである。省略しすぎて意味があいまいになることもある。たとえば、プレーヤーは「抱きしめて」挨拶を交わすことが多いが、その抱擁の「意味」は受け手によって大きく変わる。単なる親しい挨拶の場合もあれば、特別な愛情表現を含んでいることもある。どちらの場合も、プレーヤーがタイプする文字は同じで、

Munchkin hugs Frebble（MunchkinがFrebbleを抱きしめる）などとなる。抱きしめるほうにすれば、抱擁の「意味」を言葉ではっきりさせるのがめんどうなのである。そのため、MUDでは実生活よりも会話の内容があいまいになりやすい。しかし、これを好都合だと考えるMUDプレーヤーもいるようだ。

文字を打ち込むあいだ空白の時間が生まれることで、MUDでの会話はいくぶん脈絡のないものになる。そのため、現実の会話なら話の腰を折るなと怒鳴りたくなるほど、一貫性の乏しい会話になりがちである。会話の中に別のプレーヤーが割り込んできても、それほど波風は立たない。そもそもそれほど確固たる話の「流れ」が存在しないからである。MUDでは話の腰を折るということ自体ありえないというプレーヤーもいる。しかし、それは少数派だろう。MUDでも話の腰が折られることはある。ただ、実生活においてほど大きな影響を及ぼさないだけである。

会話以外の関わり――会話だけがMUDの社会活動だとは思ってほしくない。実際、MUDという社会には、形こそ違えど、現実の社会にあるのと同じ活動がほとんど揃っているのである。

前にも述べたように、PernMUSHではドラゴンの「孵化」などの大規模な集会が開かれている。それは、このMUDだけに限ったことではない。大部分のMUDが、発足記念日など、MUDの重要な出来事を祝う大がかりなパーティーを一度や二度は催している。LambdaMOOでも、プレーヤーが作った部屋の「オープニング」パーティーをこれまでに一、二回開いた。そういう名目がなければ、たとえ大きなパーティーが開かれても、わたしはきっと招かれないだろう。

MUDの社会活動のなかでもっとも目を引くものの一つに、バーチャル結婚式がある。結婚式は、これまでさまざまなMUDで何度も行われている。LambdaMOOでも初めて結婚式を執り行うことになり、現在その準備に余念がない。わたしもトップウィザードとして列席することになっている。

わたし自身は、このようなMUDの結婚式に出席するのは今度が初めてだが、列席者たちが交わした会話のログに目を通したことがある。そのログには知った名前が見あたらなかったので、そのときの列席者たちの本心についてあまり確かなことは言えない。MUDの結婚式も現実の世界で行われるものと同じで、幸福感に満ちた中にも厳粛な雰囲気が漂っている。ところで、主役であるプレーヤーのカップルは真面目な気持ちで臨んでいるのだろうか。MUDで結婚した人たちは現実の世界でも結婚するものなのだろうか。そもそも花嫁と花婿はバーチャル・リアリティの外の世界で実際に会ったことがあるのだろうか。わたしは何も確かなことはわからないし、想像もつかない。

LambdaMOOで近く予定されている結婚式の場合、新郎と新婦はLambdaMOOで初めて出会い、とても親密になり、最後には実際に会ってみることにしたという。二人はその後、実生活で恋愛関係になり、MUDで式を挙げようということになった。バーチャル・リアリティで出会ったカップルが実生活でも関係を発展させることは、それほど珍しいことではない。何と、オーストラリアに住む男性とアメリカのピッツバーグに住む女性がバーチャル・リアリティで知り合い、結婚したという例もある。

驚くことに、バーチャル・リアリティの結婚式はこれまで取り上げてきたような種類のMUDに特有のものではないという。ヴァン・ゲルダーは一九九一年に、コンピュサーブのオンラインレセプションに触れ、Habitat[*20]（日本で人気のあるグラフィックスとテキストで構成されたバーチャル・リアリティ）では結婚式がごく一般的にあると述べている。

しかし、MUDなどで結婚式を挙げるという発想があれば、バーチャル・リアリティで交わした約束の法的効力という、興味深く重要性を秘めた問題が必然的に生じる。たとえば、バーチャル・リアリティで二人の人間が契約を結んだとする。この契約には法的な拘束力があるのだろうか。どの州（または国）の法律が適用されるのだろうか。その契約は成文契約なのか口頭契約なのか。何によって署名の有効性を証明するのか。そう遠くない将来、現実の社会がこれらの問題と向き合い、解決策を模索することになるだろう。

MUDの常連はゲームやパズルに関心を持っていることが多い。したがって、現実の世界で流行っているゲームがMUDに持ち込まれたとしても、驚くには当たらない。驚くべきは、それが度を超していることである。

LambdaMOOだけでも、スクラブル、モノポリー、マスターマインド、バックギャモン、ゴースト、チェス、囲碁、オセロといったゲームできる。こうしたゲームが中心となってプレーヤーの小グループが生まれることもある。なかでも熱心なのが囲碁の愛好者で、囲碁をするためだけにLambdaMOOにやってくるプレーヤーもいるほどだ。専門化された交流の場としてのバーチャル・リアリティについては、後でまた取り上げる。しかし、バーチャル・リア

20　Habitat

富士通が行なっているHabitat IIというサービス。

ハビタットは、オンライン上の仮想環境すなわちサイバースペースである。各プレイヤー（参加者）は、ホストに接続しホストはヴァーチャル世界の維持、ルールの実施、そしてクライアントに絶えず状態の変化するヴァーチャル世界についての情報を伝える。このホストの働きによって、プレイヤー全員が互いに同じヴァーチャル世界に住んでいるかのように映し出される。

このヴァーチャル世界は、多数のオブジェクトによって構成されている。代表的なオブジェクトとしては、「化身（アバター）」「幽霊（ゴースト）」「区域（レジョン）」などがある。

リティでゲームをする利点は対戦相手を見つけやすいことくらいで、実生活でするゲームのほうがずっと楽しいことは確かだろう。

現実の世界からMUDへと舞台を移しただけのゲームよりも、バーチャル・リアリティでしかできないゲームのほうに、誰しも興味を覚えるのではないだろうか。たとえば、LambdaMOOでは、あるプレーヤーが食べ物合戦を考案した。プレーヤーどうしが食べ物を投げつけあい、向かってくる食べ物をよけるというゲームである。飛んでくる食べ物をうまくかわせなければ、辺りに砕け散り、後始末が大変になる。対戦が終わると、簡単なアニメーションでできた「ミスター・クリーン」がやってきて、散らばった食べ物のカスをひとつひとつ拾い上げて元の形に戻し、次の対戦の準備を整えてくれる。このゲームの造りはごく単純なものだが、登場以来かれこれ一年近く、高い人気を保っている。

別のプレーヤーは、フリスビーを投げたり受けたりするときのワザを自由に決められるというゲームを作った。人をあっと言わせるようなワザを考え出すのが何とも言えず楽しいらしい。ちなみにわたしが考えたキャッチングのワザを披露すると、「Haakonは目前に来たフリスビーを空中でぴたりと静止させ、花を摘むように優美につまむ」である。ほかにも、ペイントボールを使った戦闘ゲームやファンタジックなCapture the FlagゲームのMUD版もあると聞いている。

MUDというコミュニティ全体についての考察

一般に、MUDというコミュニティの実際の人数は、同時に活動しているプレーヤーの数よりずっと多くなる。LambdaMOOの場合、週に七〇〇〜八〇〇人のプレーヤーが接続するが、四〇人以上が同時に接続することはほとんどない。現実の世界でいえば、大勢の「常連客」がいて、数人ずつ入れ替わり立ち替わりやってくるバーのようなものかもしれない。

したがって、MUDは継続性が乏しい社会だといえる。多くのプレーヤーが会話をしていても、ほとんどが初対面である。しかし、そうだとしても、MUDはやがて必ず真のコミュニティへと変貌する。共通の言葉遣い、行動規範、公共の場の社会的役割などについて、徐々にではあるが合意が形成されていくのである（公共の場とは、大勢で議論する場所、「人ごみ」といえるものが見られる場所などをいう）。

一日のうちにもプレーヤーの顔ぶれが絶えず変わることから、いつも初対面の人と話すことを楽しみにしているプレーヤーもいるようだ。この楽しみにのめり込み、一種の中毒になってしまうケースもある。二日のあいだMUDに接続したままで、三五時間も話をしていたというプレーヤーもいる。MUDが習慣化し、自分でコントロールできなくなってきたことに気づき、MUDへのアクセスを控えるために荒療治をしたというプレーヤーを何人も知っている。

ある大学生から波瀾に満ちたMUD中毒のエピソードを聞いたことがある。彼はクリスマス休暇で実家に帰るはずだったが、電車の時間に五時間も遅れてしまった。それというのも、MUDの会話をどうしても切り上げることができなかったからだ。家で心配しているだろう両親を安心させるために電話をし、遅れた理由を何とかごまかしてから、やっと電車に乗り込んだ。翌日の午前零時半に故郷の駅に着いたものの、まっすぐ実家には向かわず、地元の大学にある開放コンピュータルームに行って、また二、三時間ほどMUDに接続してから、ようやく家に帰った。その間、両親は途中で息子の身に何か起きたのではないかと心配し、警察に連絡していたのだという。

これを今はやりの「コンピュータ中毒」の好例と考えるべきではない。コンピュータが問題の中心ではないからである。この学生のような人間はコンピュータ中毒ではなく通信中毒だという人もいる。インターネットMUDの広がりが地球的規模であるということは、あらゆる種類の人々と会話ができることを意味するだけではない。一日二四時間、必ず誰かがアクセスしているということでもあるのだ。

学問的な素地からいって、MUDというコミュニティを巨視的な観点から論じることは、わたしがもっとも不得意とするところかもしれない。それを承知のうえで、LambdaMOOで具体的な成果をもたらした注目すべき社会的合意の例をどうしても紹介しておきたい。

わたしのようなウィザードは、プレーヤーのあいだで発言の適否をめぐって口論となったとき、仲裁を求められることがある。そんなときには、当事者以外のプレーヤーにも広く意見を聞き、抗議した側の言い分を取りまとめ、非難された側に申し渡してきた。そのとき、必ず両者が交わした会話の記録に目を通すようにしている。このようなことが何度もあった後、多くのプレーヤーからLambdaMOOの「マナー集」を作り、発表してほしいと頼まれた。わたしは、これまでの仲裁の結果から導き出したルールを発表し、プレーヤーから意見を募った。異論はほとんど寄せられていないが、こちらから意見を求めると、自分たちが自発的に守っているマナーとだいたい一致すると言ってくれた。参考までに、わたしが作ったマナー集を紹介する。「マナーヘルプ」という文書を作成してあり、そこではそれぞれのルールについてもう少し詳しく説明している。

●礼儀正しくあれ。礼を失してはならない。MOOは憩いの場であってこそ、参加する価値がある。無礼を働いたり、罵りあったりしていては、憩いの場が台無しである。

●ウィザード曰く「復讐するはわれわれにあり」。誰かに中傷されたときには、無視するか、ウィザードに連絡してほしい。くれぐれも自分の手で仕返しなどしないように。中傷合戦に発展すれば、他のプレーヤーたちにとっても居心地の悪い場所になってしまう。

●互いの感性を尊重すべし。MOOの参加者は、文化も境遇も千差万別である。何をもって不快な発言や表現と考えるかは、人によって異なる。プレーヤーが目にしそうなテキストは、できるかぎり不快感を起こさないものにするよう心がけてほしい。

●だますべからず。だますとは、「他のプレーヤーの誤解を招くような表現をすること」と大まかに定義しておく。たとえば、Munchkin 以外の誰かが「Munchkin は Potrzebie に向かって舌を出す」のようなメッセージを出すことである。これを読むと、まったく事実とは異なるのに、Munchkin が Potrzebie を快く思っていないように受け取られてしまう。

●叫ぶなかれ。接続しているすべてのプレーヤーに対して一斉にメッセージを出すようなコマンドは簡単に書けるが、これはやめてほしい。

●他人の物をテレポートするなかれ。デフォルトでは、ほとんどのオブジェクト（他のプレーヤーを含む）を自由に別の場所へ移動できる。これには、便利なオブジェクトを作りやすいという利点がある。しかしその反面、プレーヤーやオブジェクトが無断で移動されるために、プレーヤーが迷惑を被ることも多い。このようなことは絶対にやめてほしい。

●無言でテレポートするなかれ。別の場所へ一瞬で自分が移動するコマンドは簡単に書ける。そのときには必ず、はっきりわかるメッセージを移動元と移動先の両方のすべてのプレーヤーにプリントすること。

●サーバー[*21]を独占するなかれ。MOOのサーバーは、接続したプレーヤー全員がコマンドを実行できるように、リソースを各プレーヤーに割り振っている。しかし、サーバーの共有は完全なものにはなりえない。他のプレーヤーが利用できなくなるおそれがあるため、時間のかかるタスクを実行してサーバーを占有してはならない。

●オブジェクト番号を無駄にするなかれ。自分のオブジェクトに「いい」番号(#一七〇〇〇や#一八一八一など)を付けようとして、いい番号が出てくるまでオブジェクトの作成と削除を繰り返す永久ループのプログラムを書いたプレーヤーがいた。このようなことはやめてほしい。

別のMUDへ行けば、そこはまったく違うコミュニティで、行動規範についての社会的合意も異なる。ルールを作らないことが社会契約上の唯一のルールであるというMUDまで存在する。このような「アナーキー」なMUDの出現を何度か目撃したことがある。かなり人気を集めているように見えたが、いつのまにか姿を消してしまったようだ。

21 サーバー
(server)

ネットワーク上でユーザーにサービスを提供するコンピュータ。ファイルを管理する役割を持つファイルサーバ、プリンタを管理するプリントサーバ、データベース管理をするデータベース・サーバー、通信処理を行うコミュニケーションサーバなどがある。なお、サービスを受けるコンピュータの側はクライアントとよばれる。

MUDの今後の展開

人間を集めて講義をするという野蛮な方法は、ずっと前になくなっていた。ヴァシュティも聴衆も自分の部屋から出ることはない。彼女は自分のアームチェアに坐ったまま講義し、聴衆も自分のアームチェアに坐ったまま、彼女の声をかなりよく聞き、彼女の姿をかなりよく見ることができた。

――E・M・フォースター『機械が止まる』※より

最近まとめられたインターネットMUDのリストには、世界中（ほとんどがアメリカとスカンジナビア諸国）の約二〇〇のMUDが掲載されている。控えめに見積もって、MUDの平均人数を一〇〇人とすると、全世界のMUD人口は二万人ということになる。この数字は実際よりかなり小さいと見てよいだろう。インターネットの利用者がどんどん増えており、それに伴ってMUD人口も増加を続けていると考えられる。

また、アメリカのコンピュサーブにはMUD型の環境があるし、イギリスにも商業性の強いMUDがいくつかある。日本にもグラフィックスとテキストで構成されたバーチャル・リアリティのHabitatがあり、一万人以上のユーザーを擁している。

テキストベースのバーチャル・リアリティとワイドエリア・インタラクティブ・チャットはどんどん広がりを見せており、その状況は今後も続くと考えられる。MUDが登場する前のCBラジオや電話のパーティーラインのように、MUDは現実社会に欠かせない「はけ口」の

※小池滋訳より。三五九ページ参照。

役割を果たしているのかもしれない。

MUDは、新しい利用者の獲得を狙った新たな方向への展開も見せている。たとえば、目下のところわたしは、LambdaMOOサーバーを天文学者に国際電子会議と画像データベースのシステムとして利用してもらおうと、作業に取り組んでいるところだ。計画では、世界各国の科学者たちのワークステーションに「スライド」や図表を表示し、研究成果をオンラインで発表できるようにしたいと考えている。これと同じアプローチを使えば、他の科学分野や科学以外の領域においても、関係者たちのオンライン会議の場を作り出すことができる。このような環境の研究をしているのは、われわれだけではないはずだ。近い将来（せいぜい二、三年後）には、このような専門化されたバーチャル・リアリティが一般化し、少なくとも科学界では当たり前のものになるだろう。

わたしは何人かの同僚とともに、ここゼロックスPARCで誰でも簡単に利用できるようなMUDの設計にも取り組んでいる。地理的な障壁を取り払うのにバーチャル・リアリティを利用しようというのである。地理的な障壁は、大きなビルの内部にもあるし、最近多くなっている在宅勤務者も抱えている。ゼロックスPARCにおいても、姉妹研究所がイギリスのケンブリッジにあることが障害となっている。これと関連して、MUDにデジタル音声という要素を加えることも検討している。バーチャル・リアリティの単純で直感的な接続方法に則り、二人のプレーヤーが同じバーチャルルームに入ると、音声チャンネルがオープンされるようにする。会話を楽しんだり会議を開いたりしている現実の部屋とつながったバーチャルルームがあってもいいだろう。

もちろん、専門的な環境で利用されるMUDでは、他のMUDとは大きく異なる社会現象が生まれると考えられる。何よりも、匿名性に異議を唱える声が大きくなるだろう。しかし、こうした環境では、論文の審査など、匿名性が特異な効果を発揮する場面もある。

何人かの研究仲間が指摘したことだが、「テキストベースのバーチャル・リアリティ」という言い方は矛盾しているという。「バーチャル・リアリティ」といえば、一般的には、華やかなグラフィックスに彩られ、人間の動作を感知できるという、現在あちこちで研究が進められている環境を指す、というのがその理由である。バーチャル・リアリティの専用機器が安くなり、もっと普及すれば、テキストベースのバーチャル・リアリティは、あっというまに体感性を売り物にしたバーチャル・リアリティに駆逐されるだろうという予測もある。しかし、わたしはまったくそうは思わない。

たしかに、そうした本格的なバーチャル・リアリティのシステムが特定の分野で一般的になり、経済的に余裕のある人々の間で流行する可能性はある。しかし、MUDには衰退化を免れるだけの普遍的な長所があることも確かである。

MUDに参加するのに必要な機器は、本格的なバーチャル・リアリティに比べれば、はるかに低価格で、手に入れやすく、使い道も広い。この状況は、しばらくは変わらないだろう。たとえば、ネットワーク接続とテキスト表示が可能な手のひらサイズの携帯コンピュータがすでに市販されている。それを使えば、バスの中でもMUDに接続できるのだ。本格的なバーチャル・リアリティ用のハードウェアで、これほど柔軟性に富んだものは、実現の兆しさえ見えていない。

プレーヤーとしても、グラフィックスをベースにしたバーチャル・リアリティよりもテキストをベースにしたもののほうが、自分たち（そして自分たちで作るオブジェクトの内容やふるまい）を活き活きと、詳細に、そしておもしろく描写できる。マクルーハンの言葉を借りれば、MUDは「冷たい」媒体で、グラフィックスベースのバーチャル・リアリティは「熱い」媒体だからである。つまり、書かれた文章は感覚性に乏しいため、文字で表現できない部分を想像力で補おうとする。それに対し、本格的なバーチャル・リアリティでは、どんどん刺激が与えられるために、人間の側が想像力を弱め、受動的になってしまう。また、平均的なユーザーが同じ程度の努力で実現できるディテールの真実味という点で、グラフィックスベースのシステムはテキストベースのシステムにたちうちできないだろう。この状況について現在のところ反論はないだろうし、近いうちに両者が逆転するという根拠も見あたらない。

MUDの最大の強みは、ユーザーが自分の好みに合わせて作り替え、拡張し、特殊化できる点である。MUDでは、こうしたことが簡単にできる。それは、MUDが純粋なテキストベースだからである。グラフィックスベースのバーチャル・リアリティでは、それほど緻密ではないグラフィックスでも、作成するには大変な手間がかかる。平均的なユーザーが挑戦しようという気を起こすとは考えにくい。MUDの場合、どんなに小さなグループでも、自分たちにぴったりのバーチャル・リアリティを作り上げることができる。しかし、本格的なバーチャル・リアリティを自分たちの好みに合わせて作り上げるとなれば、巨大なグループでもなければ不可能ではないだろうか。

結論

ヴァシュティは、直接体験への恐怖に襲われた。部屋の中に逃げ戻り、壁が元通りに閉じた。
——Ｅ・Ｍ・フォースター『機械が止まる』※より

ＭＵＤの出現によって、まったく新しい種類の社会環境が生まれた。それは、従来の環境と似ているともいえるし、根本的に異なるともいえる。ＭＵＤがますます一般化し、利用しやすくなれば、少なくとも大部分の人がＭＵＤについて知るようになるだろうし、頻繁にテキストベースのバーチャル・リアリティに参加する人も増えていくと考えられる。

だからこそ、この新しい社会について理解する努力を始めなければならない。これからは、仕事でも遊びでも、こうした電子世界で過ごすことが多くなるだろう。その世界がどのような意味を持っているのかを解き明かす必要がある。社会科学の専門家たちが、わたしのような門外漢の分析に少なくとも関心を示し、ＭＵＤとそのプレーヤーの研究に着手してくれることを願っている。特に、ＭＵＤの普及に伴って、前半で取り上げたような中毒にかかる人が急増すると思われる。このような現象によって生じる社会的、倫理的な問題に対し、社会全体で取り組む必要に迫られているのである。

ＭＵＤに興味を持った方は、ぜひ体験してみてほしい。Usenetニュースグループのrec.games.mudには、インターネットでアクセスできるＭＵＤを大量に集めたリストが定期的

※小池滋訳より。三五九ページ参照。

に発表されている。そこには各MUDのアドレスも載っている。わたしが運営しているLambdaMOOは、telnet経由でアクセスできる。ホスト名はlambda.parc.xerox.com（IPアドレスは13.2.116.36）、ポート番号は8888である。UNIXマシンの場合は、telnet lambda.parc.xerox.com8888というコマンドで接続できる。接続したら、遠慮なくpageでわたしを呼び出してほしい。わたしは「Haakon」と「Lambda」という名前で接続している。

注記

一．この二つのコマンドはよく使うので、一文字の省略形がある。これを使うと、例に挙げたコマンドは次のようになる。

```
"Can anyone hear me?
:smiles.
```

二．LambdaMOOの「MOO」は、「MUD, Obejct-Oriented（オブジェクト指向）」の頭文字を取ったものである。Lambdaには、はっきりした意味はない。長いあいだプログラミング言語のLispを使ってきた経験から思いついただけである。

注釈

ニール・スティーブンソンは、有名なSF小説『スノー・クラッシュ』[*22]の中で、メタバース（Metaverse）というバーチャル・リアリティを描いている。それは、コンピュータの画面をテキストがのろのろと横切るようなものではない。コンピュータグラスを掛けるだけで、ビルも人も仕事も揃ったバーチャル・リアリティの世界に入ることができる。メタバースには「ストリート」と呼ばれる細長い商業地域があり、ビルが立ち並んでいる。

『そこはメタバースのブロードウェイかシャンゼリゼ通り。見事にライトアップされた大通りだ。ストリートの大きさは、米国コンピュータ学会のグローバル・マルチメディア・プロトコル・グループを牛耳るCGニンジャたちが大論争の末にまとめあげた議定書によって決められている。

現実世界と同じく、このストリートも開発の波にさらされている。建設業者は、大通りから分かれる小路を造ることができる。ビル、公園、看板も造れるし、現実世界には存在しないものさえ造ることができる。

ストリートに看板やビルを造れば、世界でもっとも裕福で、情報通で、いいコネを持った何億人という人々が毎日欠かさず見てくれる。』

あなたならメタバースで何をするだろうか。ぶらぶらするだけでもいいし、ビジネスを始めてもかまわない。メタバースは小説の中に登場する仮想社会だが、LambdaMOOは実在の仮想社会である。そこにはごく普通のコンピュータでアクセスできるので、社会集団を形成する

22　Neal Stephenson, *SnowCrash*

のに十分な数の人々が集まる。サンフランシスコでは、ワークステーションを持っていない人でも、子供ならエクスプロラトリアム博物館にあるインターネット端末から、大人なら盛り場の一角に置かれた端末からログインできる。フランスでは、ミニテルを使ったオンライン・コンピュータ会議が何年も前から一般化している。

コンピュータの世界に魔術や神話に由来する言葉が入り込んでいることに、多くの人が気づいているのではないだろうか。バーチャル・リアリティを扱ったSF小説（バーナー・ヴィンジの『真実の名前』[*23]、ウイリアム・ギブスンの『ネクロマンサー』[*24]シリーズなど）は、魔術や呪術を思わせる言葉であふれている。こうした言葉は、ファンタジーゲームやロールプレイングゲームにも浸透している。プレーヤーは、魔法と呪文を操りながら、空想の世界で与えられた使命を遂行していく。しかし、コンピュータゲームの外でも、組織の中で特にコンピュータに長けた人を「ウィザード（魔法使い）」と呼ぶことが多いし、コンピュータの専門的な知識は「教義」のように考えられている。コンピュータに何かの処理をさせるときには、謎めいたコマンドを使い、定められた儀式を執り行う。魔法をかけるときに呪文を唱えるのと似てはいないだろうか。

魔術の言葉をとりわけ好んで使っているのがMUDである。この論文を書いたパベル・カーティス自身、LambdaMOOというMUDの大魔法使い（トップウィザード）を務めている。LambdaMOOに限らず、他のMUDにも、神秘世界を下敷きにして名前を付け、プロフィールを書くプレーヤーは多い。このような行動は積極的な意義を持たない一種の現実逃避にすぎないとして、MUDを否定してしまう人がいる。それに対し、MUDに参加することで、日常生活では気づかない潜在意識が見えてくるのだという意見もある。電子世界は、狩猟採集

23 Vernor Vinge, *True Names*
24 William Gibson, *the Necromancer*

社会のトリックスターなど、文化の初期段階に現れる元型と実際に対面する機会も与えてくれるのである。

カーティスが論証したように、すでに多くの人がインターネットでバーチャル・リアリティを体験している。この論文に暗示されている情報スーパーハイウェイの概念は、電子メール、電子図書館、電子市場といったメタファーとはかけ離れている。しかし、電子世界という概念は、通信、情報、商取引の機能とまったく交わっていないわけではない。電子世界は、リアルタイムの共同研究を実現できる可能性を秘めている。このような電子世界の側面は、コンピュータを利用した研究を単独作業から共同作業へと変化させる。それが調査研究の社会に対するアピール性を高めるとともに、研究そのものの実効性も増大させる。人間にとって仲間との交流は楽しいもので、だからこそ、そこから多くのことを学べるのである。このあとの論文では、電子世界ですでに模索が始まっている共同研究の可能性を探る。

持ち運べるアイデアに向かって

マーク・ステフィック、ジョン・シーリー・ブラウン

Mark Stefik and John Seely Brown,"Toward Portable Ideas"より抄録

解説

これまでに紹介した電子現実（digital reality）についての論文を読むと、電子現実とは、仕事が終わったあとで娯楽や気晴らしのために出かける場所のようにしか思えないかもしれない。そのような目で見れば、電子現実で過ごすことは、テレビを見たり、劇場に出かけたり、友人といっしょにいることと本質的に同じということになる。

この論文は、電子現実をもっと別の方向へ向けようとしている。仕事に活かそうというのである。意外と気づかないことだが、悲壮な顔をして部屋に閉じこもったからといって、必ずしも能力を発揮できて独創的な傑作が生まれるとはかぎらない。どのような種類の仕事でも、創造性を発揮し、気力を保つためには、適度に人とふれあい、ときには遊びに熱中して気分転換することも大切なのである。

ここでは、ＭＵＤを別の意味で超えた電子現実を紹介する。Ｃｏｌａｂという、リアルタイムの共同作業ができるように設計されたコンピュータ空間である。Ｃｏｌａｂでは、共同作業をする参加者の体験が、対話型共有作業スペースによって増強される。この共有作業スペースは、ライブボードと呼ばれる壁かけ式の対話型ホワイトボードと、参加者の一人一人に割り当てられるワークステーション[*25]で構成される。

現代文化は創造性を重視する。特に、天才の創造力は誰もが称賛する。しかし、創造性とは、個人的なものであると同時に社会的なものでもある。さまざまな専門分野の人々が集まり、会話を交わすことで、新しいアイデアが生まれることがある。また、異なる視点からの意見が積み上げられ、しだいに新しい考え方が形づくられることもある。思想というものは、人々の手に委ね、批判を受けるなかで、磨きあげられ、再構築され、強靭さを増していくのである。

わたしたちはみな、アイデアの形成に際して、自分が果たした役割は単に多数の寄与の一部だけという経験があるはずだ。ある別の見方に着想を得ることもあれば、思いもよらないきっかけで思いつくこともある。にもかかわらず、アイデアを生み出すことは、他の知的作業や決まったデスクワークなどと同様に、孤立した個人のすることと考えられている。共同研究やチームワークの重要性はなかなか認められていない。「人手が多ければ仕事が楽になる」という格言にしても、共同作業における精神面のメリットよりも、単なる人数のことをいっ

25　ワークステーション　一一〇ページ参照。

ているのであって、ましてや委員会のようなものはまったく考えていないのである。

オフィスオートメーションや業務のコンピュータ化へ向けた計画を立案する場合、だいたい決まってグループよりも個人に焦点を当てる。その結果、オフィス業務を楽にするという目的を達成できなかったコンピュータシステムが散乱しているのである。コンピュータシステムがオフィスでどれほど受け入れられ、利用されているかを調査したところ、設計者が作業グループの慣習、要望、業務を考慮したかどうかがシステムの成否を分ける重要な鍵であることがわかっている。

しかしながら、ここ二、三年のあいだに、業務のコンピュータ化に対する新しい考え方が続々と登場している。パーソナルコンピュータや「個人」の能力を最大限に引き出すコンピュータといった表現とは対照的なことばを耳にすることが多くなってきた。「インターパーソナルコンピューティング」である。その意味は一定しているわけではなく、「協調コンピューティング」、「コラボレーションテクノロジー」[*26]、「ワークグループ・コンピューティング」といったさまざまな用語も登場している。「グループウェア」[*27]ということばもある。どことなくぎこちない表現だが、ワークグループの作業や活動の管理を支援するソフトウェアのことである。

この章では、組織の活動に計り知れない効果を与えると考えられる興味深い可能性に光を当ててみたい。共同作業の実用的な支援ソフトウェアを設計するといっても、なかなか一筋縄ではいかない。論点は二つある。一つは、創造の才能は社会という場そのものの中に存在するというものである。もう一つは、うまく表現したアイデアを交換し、評価しあうことで、絶妙な協力関係が生まれ、優れた成果が得られるというものである。このような相乗効果や

26　コラボレーション
共同作業。
複数の人間が1つの目的のために、ネットワークなどで相互に接続されたコンピュータシステムを使って作業すること。グループウェアはコラボレーション環境を構築するコンピュータシステムである。

27　グループウェア
二四ページ参照。

アイデアの公開は、社会基盤レベルで提供するツールによって促進できる。人間は誰もが才能や創造性を潜在的に備えている。効率よくアイデアを錬磨しあえるような媒体を作り出すことで、そうした才能を顕在化できるのである。ここでは、情報を作成、提示する、活動的で共有性の高い作業スペースの媒体を提案する。

次の項では、Ｃｏｌａｂプロジェクトを紹介する。ゼロックスＰＡＲＣでは、共同作業とその支援技術の研究プロジェクトがいくつか進められているが、Ｃｏｌａｂプロジェクトもその一つである。このプロジェクトがめざす目的を簡単に述べ、いくつかある実験システムの一つを紹介する。また、これまでの研究で浮き彫りになった疑問や課題をいくつか紹介する。そのあとの項では、この研究の基本的な前提を批判的な見地から再検討する。それを足がかりとして、より根源的な問題に取り組み、共同作業のアイデアや技術が当初の構想よりさらに大きな意味と価値を持つような方向性を提案する。それは特に、研究機関とか工学関係の機関に適したものである。

共同作業の支援ツールを研究するためには、技術や方法論それ自体に耽溺する、いわゆる「テクノマッチョ」症候群の超克が不可欠である。新技術や方法論そのものが非常に役立つ、という思いこみに陥ってはならないのである。技術を安易に作業環境に導入したために、役立つどころか障害になったという例はいくつも存在する。しかし、わたしとしては、テクノロジストとしての立場を否定したり、その役割から逃避したりするつもりはない。われわれは技術や社会状勢に無関心な傍観者ではない。実際、われわれは現在の状況に行き詰まりを感じ、もっと生産性の上がる仕事の新しい方法を生みだそうと懸命に努力している。この章を書いたのも、現在の技術や業務方式を乗り越える考え方を模索する人々に刺激を与えたいがためである。

Ｃｏｌａｂプロジェクトがめざす会議と会話

Ｃｏｌａｂプロジェクトが発足したのは、コンピュータ支援の会議について実験することが目的だった。会議に出席した専門家たちが、自分のオフィスの個人的な、別の言い方をすると孤立した仕事でアクセスするのと同じようにコンピュータを使えるべきだと考えたのである。この構想を試すために、Ｃｏｌａｂ会議室なるものを作った。この会議室には、出席者一人一人に専用のワークステーションを割り当てた。部屋の正面には黒板ほどの大きさがあるタッチスクリーン[*28]（「ライブボード」と名付けられた）をしつらえた。このスクリーンは、およそ百万画素を表示できる。

Ｃｏｌａｂ計画を始めるときに想定していた会議は、ホワイトボードのような直立して書き直しのきくものを使って小人数で進めるものだった。こうした会議では、討論や共同作業の中で出た考えをホワイトボードに書き出す。そこには、意見をまとめたり説明したりするほかに、会議の記録として残す目的もある。われわれにとっては、会議の中心となる媒体が、このホワイトボードである。日常の仕事でも、ホワイトボードを頻繁に使う。しかし、ホワイトボードには、後で述べるように多くの欠点がある。もっと使い勝手のよい会議の媒体を考

28 タッチスクリーン
(touch screen)

ディスプレイ画面上の文字や絵に触れることによってコンピュータを操作できる入力装置。

一般的に透明なタッチパネルをディスプレイの表面に配置してある。

案するうえで、このホワイトボードを超えることが目標となった。そして、ホワイトボードの長所を受け継ぎ、新しい機能も備えた、コンピュータ化された媒体を考案することにしたのである。

この新しい媒体とは、いわば会議の参加者すべてに配布するコンピュータ・ホワイトボードである。会議中に書き出された内容の表示やアクセスを共有化するために、Ｃｏｌａｂのソフトウェアは＊29ＷＹＳＩＷＹＧ（WYSIWYG：What You See Is What You Get―「ウィズィウィグ」と発音する）と呼ばれるマルチユーザー・インターフェイスの概念を基礎としていた。このＷＹＳＩＷＹＧインターフェイスでは、参加者全員の画面に同じ情報を表示することができる。このような情報の表示を可能にするために、各ワークステーションの表示を同期させる。さらに、参加者は画面に表示された情報の各部を「テレポインタ」で指し示すことができる。テレポインタの動きは他の参加者の画面にもリアルタイムで伝えられる。Ｃｏｌａｂソフトウエアではプライベートウィンドウも表示できる。メンバーが共有するＷＹＳＩＷＹＧウィンドウがホワイトボードとすれば、プライベートウィンドウはさしずめ個々のメンバーが使うメモ帳である。

ところで、いったいコンピュータは会議でどのように役立つのだろうか。この問題を攻略する方法として、まず会議をするうえでめんどうだと感じていることがらを列挙し、コンピュータを使って改善できそうなものを見きわめるアプローチもある。これは手間のかかる仕事になるため、前もって焦点を絞り、調査の対象とする作業の種類を大幅に限定しておく必要がある。しかし、われわれはこの問題に別の方向から取り組んだ。コンピュータ媒体の特性を

29　ＷＹＳＩＷＹＧ（What You See Is What You Get）二七二ページ参照。

明らかにし、コンピュータが会議にプラスの変化をもたらすのはどのような場面かを考えてみたのである。これに際しての直感的判断は、コンピュータに関しても、会議で行う作業の特性に関しても、情報処理の概念をよりどころとしていた。情報処理の概念は、コンピュータがどのような作業に貢献できるかを見通すヒントにもなった。

コンピュータは、ホワイトボードより広い書き込みスペースを作り出す。ホワイトボードの容量には限りがあり、長いあいだ会議が続くと、書いてある文字を消さなければ新たに書き込めなくなる。コンピュータ媒体の場合は、もとの情報を破棄することなく同じ画面にどんどん新しい情報を表示できる。書いた内容をファイルに保存したり、ファイルから取り出したりできるからである。しかも、コンピュータには大量の情報を保存でき、ウィンドウ、アイコン、スクロール機能などを使って、画面の表示をさまざまに変えることもできる。

ホワイトボードを使用する場合でも、ことばや図式を次々と書き込んでいくことで、討論のための共有の枠組みを規定していく。書き込みのスペースが広がれば、より多くの書き込みを共有にできる。このことは、会議を何度か重ねる場合に大きな意味を持つ。討論の内容をコンピュータに保存しておけば、次に会議を行うときに前回の内容を見直すことができるのである。

コンピュータの書き込みスペースが広大だからといって、それを効率的に利用する必要がなくなるわけではない。この点でもコンピュータ媒体にはメリットがある。ビットマップ・ユーザーインターフェイスでは、画面上の項目をいとも簡単に並べ換えることができる。ホワイトボードで項目の並べ換えをしようと思ったら、同じことを別の場所に書き写し、もとの項目を消さなければならない。コンピュータ媒体にはこのような柔軟性があり、乱雑になった表示を整理できるのである。このように情報が整理しやすくなれば、議論の焦点の推移を図式化し、明確にすることも可能になる。

コンピュータ媒体は、さまざまなことに使える処理機能ももたらす。たとえば、資源配分についての会議であれば、スプレッドシートを利用できるようにもできる。データ処理のしやすさや情報のわかりやすさなど、いろいろな目的に適った表示形式を選ぶこともできるし、大量の情報から必要な項目を探し出す検索機能も利用できるだろう。

ＷＹＳＩＷＹＧインターフェイスは、コミュニケーションや認識に伴う制約をいくらか緩和する。参加者が共通の書き込み媒体を利用できるため、複数の人間が同時に情報を書き込むことができ、コミュニケーションの帯域幅が広がるからである。一見したところ帯域幅がそれほど拡大したように感じられなくても、並行動作と逐次的な通信についての制約がなくなることで、参加者が自分が注意を集中すべきタイミングと、注解に費やす精神活動をより自由にスケジュールできるようになり、議論の質があがるかもしれない。

このようなコンピュータ媒体の特性を考えると、Ｃｏｌａｂがもっとも威力を発揮できる会議は、非常に多くの情報を扱うものだといえる。たとえば、複雑な設計を比較、検討するエンジニアたちの会議などである。

会議ツールの実例

「会議ツール（meetings tools）」とは、会議に参加するグループを支援するコンピュータソフトウェアを意味する。パソコンのユーザーがさまざまな目的に合ったツールを必要とするように（テキストエディタ[*30]、スプレッドシート[*31]、メールソフト[*32]など）、会議の参加者たちも個々の目的に適ったツールを必要とする（議事進行管理、ブレーンストーミング、交渉、論証など）。

Colab会議ツールの中で、わたしの研究室で週に一回くらいのペースで使っているのがCognoterである。プレゼンテーション、レポート、講演、論文などで発表する内容をまとめることが目的である。Cognoterは、資料を前もって用意していない会議で使う。会議の参加者がプレゼンテーションの対象者と目的、項目、全体の構成を決定すると、Cognoterが注釈付きのアウトラインを出力する。

Cognoterとはどのような働きをするツールなのか説明していこう。ツールの機能だけでなく具体的な使い方も理解してもらうために、会議で実際に使用したときの様子も紹介する。

（中略）

プレゼンテーションの質を低下させる要因はいくつか考えられる。たとえば、重要な項目を入れ忘れること、主題と関係ないことや瑣末な話に時間をかけること、話の流れが前後することなどである。こうした落とし穴に陥らないように、Cognoterは会議の進行をいくつかの段階に分ける。それぞれの段階で、ユーザーが実行できる処理の数が徐々に増えていく。

会議の段階とは、ブレーンストーミング、順序付けおよび分類、評価、そしてアウトライ

---

30 **テキストエディタ**
テキスト文書を編集するためのソフトウェアプログラム。テキストは、文書のことで、特殊な制御コードを含まない文字列からなっているものを指す（一一四ページ参照）。テキストエディタは、文字の入力を行うほかに、文字の挿入、消去、移動、置換、複写、修正などの文書編集の機能を持っている。ワープロソフトは、これに文字修飾、罫線・表機能などを付加したものである。

31 **スプレッドシート**
作表・集計・計算などを行う表計算ソフト。集計の最小単位をセル、セルの並びを行、縦の並びを列という。

32 **メールソフト**
メーラー、メール・リーダなどともいう。メール受信・送信からメールの管理などを行うソフトウェア。NetscapeやInternet ExprolarなどのWebブラウザに組み込まれているものから、メールソフト単体のものなど多種多様存在する。

ンの作成である。この分け方は、コンピュータを導入する以前の会議で採用していたものが土台になっている。しかし、コンピュータを導入すると、各段階がそれまでとは大きく異なった意味や効果を持つようになった。

ブレーンストーミング

ブレーンストーミングの目的は、参加者が自由に意見を出し合うことである。コンピュータの操作といえるものは一つしかない。パブリックウィンドウの空きスペースを選択し、アイデアを説明する単語あるいはフレーズをタイプするのだ。

通常のブレーンストーミング会議とは異なり、Cognoter では発言順を待たずにいつでも意見を入力できる。他の参加者の発言やパブリックウィンドウへの入力に触発され、考えが浮かぶこともしばしばある。このように、Cognoter を使った場合、コミュニケーション（つまりは広い意味での「会話」）は音声とコンピュータ媒体の両方を通して行われる。発言の内容はすべて全員の画面に表示される。発言内容に長い説明を付け加え、意味を明確にすることもできる。

アイデアの整理

プレゼンテーションに盛り込む項目の順序は、Cognoter で段階的に部分部分で作り上げていく。ここでは二つの操作をする。項目を順につなぐことと、項目をサブグループにまとめることである。たとえば、項目Aを項目Bにリンクし[*33]（AがBの前に来る）、項目Bを項目Cに

33　リンク
ネットワーク上では、ノードをハード的またはソフト的に接続すること、またはその機能。
インターネットでは、ホームページに、ある別のURLアドレスを掲載し、その掲載されたURLアドレス部分を指定することによって、そのURLにアクセスすること。

リンクすれば、項目Aは項目Cより前になる。項目Aをあるサブグループにリンクすると、そのグループに属す項目はすべて項目Aの後に置かれる。このような推移律を満たすリンクとその関係をグループの全部に同時に成立させるようなグループ化という二つの操作によって、少ない数のリンクを指定することで、プレゼンテーションのアウトラインの中の項目の順序に制限をつけることができる。

項目のリンクは、話し合いながら進めていくことになる。たとえば、「支出」と「損益」という項目があったとする。ある参加者が「管理者たちは損益の金額だけを見せられても納得しないだろうから、先に支出の内容を説明する必要がある」と発言するかもしれない。その場合には、「支出」と「損益」のあいだに矢印を入れ、この二つの項目の関係を視覚的に表す。関連する項目をサブグループとして別のウィンドウに移動することもできる。ただし、移動する項目をまず一カ所に集めるのが普通で、こうしてからグループ化するだけの共通性があるかどうか話し合ったほうがよいだろう。

Cognoterを使うと、会議の内容が従来のブレーンストーミングより豊かになる。まず、会議はアイデアがいくつか出ただけで終わりではない。プレゼンテーションの準備には、アイデアを整理して評価することも必要なのである。さらに、会議の様子を何気なく見ていて気づいたのだが、参加者はそれぞれに議題の特定の側面に興味を持ち、討論のテーマごとにグループができていく。普通は関連性のあるアイデアをひとまとめに独立したウィンドウ[*34]に表示するので、各グループが別々のウィンドウに集中することになる。こうした行動の頻度や意義と、それを会議ツールで支援することの必要性については、会議参加者の行動を観察するシ

34 ウィンドウ
GUI（Graphical User Interface）における基本的な画面構成要素のひとつ。作業中の文書やデータ、メッセージなどが表示される枠のこと。

ステムが整ってから体系的に研究するつもりである。

共同作業のグループは、基本的にはそれぞれ個別に活動するが、グループどうしで交流することもある。たとえば、あるグループのウィンドウによく考えてみたら他の項目とは相容れない項目がある場合は、それをパブリックウィンドウに戻してもいいし、他のグループに提供してもよい。パブリックウィンドウに戻した項目について再検討するときには、グループを越えて場合によれば参加者全員が話し合うことになる。やがて、グループ討議を終えて全体会議に戻り、各グループで行った変更点を改めて学んで、議論を続けることができる。

アイデアの評価

この段階になると、少しずつグループの境界が消えていく。全員での討論に戻るのである。参加者は、プレゼンテーション全体の構成を明確にしようとする。余分な項目や重要性の低い項目を省くこともある。参加者から要望があれば、Cognoter はアウトラインを作成し、進行手順のあいまいな部分をハイライト表示する。参加者は個々の項目を他と比較して、関連性がないかどうか、重要でないかどうか、を議論できる

討論の拡大

Cognoter のようなツールが成し遂げるのは、単なるホワイトボードからコンピュータへの

移行ではない。十分な成果が上がる共同作業には、必ず暗黙的なルールがある。たとえば、順番に発言するといったことである。また、発案、批評、言い換え、記録、総括など、いくつかの役割もある。これらの役割は参加者が交代で務めるが、その役割交代も、討論のリズム、勢い、論点といった要素によって決まる一種のルールに従っている。たとえば、ある冴えたグループがあり、アイデアをどんどん出しているときには、他のグループは発言を控え、割り込んだりしないほうが好結果を生むのである。

コンピュータ媒体は、討論の基本的な要素を変え、討論の形式に根本的な変化をもたらす。一人で考える存在から共同で考える存在に変われば、討論の案件を個人的に理解するための必要条件が「相互に」理解するための必要条件に変わるのである。たとえば、討論で用いる用語の意味は、内在的で固定されたものから、外在的でやりとりの結果合意したものへと変化する。コンピュータ媒体で表現されることにより、討論の内容は具体的かつ外在的で操作可能な形になる。このような変化によって、会議の参加者たちの頭に残り、共通して理解している情報の量が増加するとわれわれは考えている。

アイコン[*35]を使った知的作業には、物理的な作業でよく使うテクニックを利用する。アイコンを操作することで並べ替えができる。項目をあちこちに移動することで、適切な場所に入れることができる。どちらの場合も、マルチユーザーインターフェイスにはオブジェクトが操作中(あるいは編集中)であることが表示されるため、共同作業の統括に必要な情報を視覚的に得ることができる。

同じような操作によって、参加者が別の参加者に対し、ある項目への取り組みを求めるこ

35 アイコン
ファイルやフォルダ、ソフトウェアの実行コマンドなどを小さな絵柄として表現しているもの。コンピュータへの指示内容や機能を直感的に理解できるような図柄にし、それをマウスで選択して操作する。

ともできる。項目を選択し、それを別の参加者の作業スペースに移動すればよいのである。これは、物理的なオブジェクト（たとえば一枚の書類）を手に取り、他の人に渡して検討を求めるのとよく似ている。自分の目録からオブジェクトを削除し、それを他の参加者の目録に追加して検討してもらうという処理が、一回の操作で済むのである。

同時並行の討論が可能になることで、多くの制約が取り払われる。討論の帯域幅も広がる。しかし、このような変化によって、これまでに経験したことのない問題も多く発生している。普通の討論では、発言の内容は直前の発言の文脈に大きく依存するものである。Cognoterでは、複数の「発言」が一度にコンピュータの作業スペースに表示される。この優れた機能が逆に会議を混乱させる可能性もある。その一方で、この機能はテンポの速いブレーンストーミングにおいては計り知れないメリットをもたらす。発言は耳で聞くよりも読むほうが速いので、何人もの参加者が提出した項目に目を通し、適宜それらに応答することができる。意味不明な項目が画面に表示されても、その場で対応する必要はない。口頭での会話とは違い、理解できないことは気にとめなくてもよいのである。そのまま作業スペースに残っているので、折を見て処理することができる。全項目をチェックする段階になれば、その項目が再び検討の対象になるだろう。このように情報を書き込んでいく作業スペースというのは、コミュニケーションを計画に基づいて体系的に処理するのに適している。したがって、帯域幅拡大は、もし仮にコミュニケーションの量的な増加にはつながらないとしても、他の面で重要になると考えられる。

Cognoterを使ったブレーンストーミングでは、複数の参加者が同時にアイデアを出せるため、発言の順序や同時発言を調整する口頭での会話が減少する。参加者はアイデアを思い付いたときにいつでも入力できる。コミュニケーションの大部分は聴覚から視覚に移行し、対話が耳を通じてではなく、眼を通したものにシフトするので、声を出す会話の量が激減する。その分疑念を解決するための質問を口頭で行いやすくなる。

ここで注意しておきたいのは、コンピュータを使わない会議でも同時進行の活動が皆無というわけではないことである。設計会議の模様を収めたビデオによれば、大きな紙を使って作業しているデザイナーたちはしばしば、同時にめいめい図を描いている。さらにいえば、共有作業スペースはビデオなどの媒体でも実現できる。そうした媒体を通して共同作業をした建築技師たちに話を聞くと、Ｃｏｌａｂの共有作業スペースを利用した人たちと同様の、仕事への集中力や生産性が向上したという答えが返ってきた。

討論の形式に対する根本的な変化がもう一つある。公開データにアクセスする機会が平等に与えられることである。Ｃｏｌａｂでは、パブリックウィンドウの表示内容を変更する許可を与えたり、議長となったりするための操作が一瞬にできる。それに対して、テーブルと黒板を使う従来の会議室では、まず次の議題へ移ることを合議のうえ決定し、椅子から立ちあがり、黒板のところまで歩いていくといった手間がかかる。Ｃｏｌａｂの技術は、議事進行のためのハードルを低くすることで、幅広い人々の参加と、より柔軟な役割分担を可能にするのである。

このように討論の形式が変化することが有益なのかどうかも、どんな場合に有益であるのかも、現在のところはっきりということはできない。たとえば、ブレーンストーミングの段階でみたように、会議のペースを速くすると、参加者の考える時間が減ってしまうかもしれない。その一方で、発言の順序を守る必要がなくなると、従来の媒体を用いたブレーンストーミングに関する研究で報告された生産性の阻害要因（一度に一人のメンバーしか発言できないという制約に起因する）を解消できる可能性もある。しかし、ある項目がどのような文脈で提出されたかがわからなくなるおそれもある。また、会議が次の段階へ推移する際にも、注目すべき現象が見られる。サブグループの形成と消滅、あるトピックの議論から別のトピックの議論へ移行すること、また全体として一つのことに集中していたのが、複数のグループに分かれて、複数の議論がなされて、また全体の議論にもどる過程にともなう会話パターンの推移があげられる。現時点で、これらの変化に意味があるのかどうかではなく、どのような変化が起きるかを明らかにすることが重要だと考えている。

シームレスな作業

この研究を次の段階へと進めるなかで、Ｃｏｌａｂの設計の前提を根底から覆すような大命題にも取り組もうとしていた。それは次のようなものである。

「会議は会議室だけでするものではない」

人が集まり、話をすれば、どこであろうと議論が始まる。最近、筆者の一人は、サンフランシスコにあるパシフィック・メディカル・センターの看護婦が書類を扱っている様子を見る機会があった。印象に残り、興味深かったのは、看護婦たちがクリップボードを見ながら非常に多くの確認、調整、交渉を行っていることだった。視野の狭いコンピュータ専門家などは、こうした病院にコンピュータを導入しようとすると、病院の廊下かどこかにワークステーションを一台置き、それで書類を扱えるようにするという、いかにも浅はかな考え方をしそうである。それでは、看護婦どうしの会話や交流をまったく無視することになる。他の知的な人々がそうするように、お粗末な設計のコンピュータシステムを与えられても、看護婦たちはそれなりに使いこなすだろう。しかし、看護婦たちの記録業務や会話に本当の意味で役立つ技術とは、黒板のような親しみやすさと使いやすさを備え、クリップボード、紙、筆記具のように手に入りやすくて持ち運びに便利でなければならないのである。

この技術の利用と会議の場所というテーマを具体的に考えるために、PARCで採用したハイテクならぬローテクの失敗談を紹介しよう。そのローテクとは、コーナーデスクで、部屋の隅に置き、その上にワークステーションを載せたりする三角形の机である。われわれはチーム・プログラミングを研究していたのだが、このコーナーデスクは、二人のプログラマーが並んで座っても肘がぶつからない広さがあった。コーナーデスクを会議室に配置し、それぞれにワークステーションを載せた。こうすれば、オフィスに入りきらないくらいの大人数を前にデモンストレーションをするときにも便利だろうと考えたのである。

コーナーデスクを設置してしばらくすると、それらがまったく使われていないことに気づいた。チーム・プログラミングをする様子はときおり見かけたが、その場所は決まって誰かのオフィスだった。誰かがシステムデバッグの問題の究明に挑むこともあれば、プログラミングパズルとかアイデアを思いつき、披露することもある。そんなときには必ず、オフィスのワークステーションの周りに椅子を寄せ、押し合いへし合いで画面を覗き込む。会議室のコーナーデスクに移動することは一度もなかったのである。

この机は失敗だったという結論に達し、コーナーデスクを倉庫送りにすることにした。筆者の一人がこのコーナーデスクのデザインを気に入っており、オフィスがちょうどいい形だったこともあり、それまで使っていたテーブルと机を捨てて使い始めた。それからまもなく、彼のオフィスではチーム・プログラミングが見られるようになった。その後、オフィスにコーナーデスクを置くことに意義が見出されたのだ。今や、ほとんどのオフィスにコーナーデスクがあり、そこでプログラミングを行っている。つまり、当初の意図に適った使い方をしているのである。つまりチーム・プログラミングは頻繁に行われ、コーナーデスクの数も増えていった。

Ｃｏｌａｂ会議室という構想の前提に立ち返り、会議は会議室だけでなくオフィスでも頻繁に開かれていることに注意しなければならない。そうなると、オフィスにはどのような設備が必要なのかという問題が浮上する。この問題を考えるうえでも、Ｃｏｌａｂ会議室の実験で得た経験が役に立つ。必要な設備を指摘するときに、何が可能かを予想できるからである。

現在のオフィスに加わると特に有用だと考えられる設備の一つが、大型タッチスクリーンである。すなわち、オフィス用のライブボードである。大きなスクリーンがチームで仕事を進めるときの中心になる。さらに、ＣＲＴディスプレイや液晶ディスプレイを備えたワークステーションを室内に配置すれば、Ｃｏｌａｂ会議室で見られたように、ＷＹＳＩＷＹＧインターフェイスによって誘発される現象も起こるだろう。

けれども興味をひく点が二つある。一つは、書き込みスペースを自在に使うために必要となるコンピュータ媒体の能力である。ホワイトボードのスペースは、会議室でもオフィスでも決して十分ではない。Ｃｏｌａｂ会議室のワークステーションにどのような利点があったかといえば、情報を画面とファイルという広大なスペースで扱えることだった。このことは、オフィスにおける会議にも当てはまる。もう一つの点は、高解像度のライブボードにすばやく図を描くことができる精度の高い大型ポインティングデバイス[*36]である。ＰＡＲＣで使っているホワイトボードには、実にさまざまな図や記号がいつもびっしりと描かれている。一方、Ｃｏｌａｂのライブボードの解像度は、一画素／一〇分の一インチを少し上回るほどしかない。通常のコンピュータ画面の画像を大きく表示するには十分だが、なめらかな線の図を描くことはできないのである。

そうなると、討論を支援する技術はホワイトボードのような親しみやすさと使いやすさを備え、紙やペンのように入手しやすくなければならない、というテーマが再び思い起こされる。紙、ペン、ホワイトボードがなじみ深く使いやすいものに感じられるのは、幼い頃からそれらと接していて、使い方を知っているからでもある。また、これらの道具は柔軟性にも優れている。紙やホワイトボードは、自由自在な書き方ができる。ことばや図を右上がりや右下がりに書くこともできるし、それらを線で囲むこともできる。

オフィスで使える会議用の装置は他にもいろいろ考えられる。ライブボードと組み合わせ

36　**ポインティングデバイス**　画面上の座標位置を入力するためのハードウェア。マウス、トラックボール、ライトペン、タッチスクリーンなどがある。

て使用できるものも多い。たとえば、複数のキーボード、リモートポインティングデバイス、小さなフラットパネルディスプレイ[*37]などを組み合わせれば、ネットワークスケッチパッドができあがる。Ｃｏｌａｂの場合と同じようにポインティングデバイス（マウスやペンなど）を使えば、参加者は席を立たずにパブリックディスプレイに表示されたものを指し示すことができる。こうした装置は、使い終わったら収納できるような小型サイズで、コードレスであることが望ましい。さらに、デジタルオーディオ装置があれば、直前の討論の音声を再生し、的を射た意見を復元できる。

設備の充実したオフィスは、Ｃｏｌａｂのような広くかしこばった会議室とシームレスにつながる情報環境も提供すべきだ。オフィスと会議室での討論は共通のソフトウェアとハードウェアでサポートできることが必要だ。同じオフィスで、大きな会議で使う資料を作成し、その後の補足的な小会議も開けるようになるのである。

同僚に考えを説明するときには、文脈を図として書いてあるホワイトボードがあったほうが楽である。各オフィスにライブボードを設置し、リモートウィンドウシステムをベースにしたユーザーインターフェイスを導入すれば、ライブボードの内容を他のオフィスに転送することができる。このような転送は、直接的で簡単な方法でできなければならない。そうすれば、「これをわたしのオフィスに送信」などといったコマンドで、ライブボードの内容を別のオフィスのライブボードに転送したり、データベースのファイルに格納したりでき、喫茶室で同僚に見せるデータを「昨日の討論からあの大局的な考えを取り出す」のようなコマンドを使って取り出せる。

37　フラットパネルディスプレイ　二九七ページ参照。

この構想は、まったく新しい会議の概念を導き出す。「持ち運び可能な会議」である。ある日あるオフィスで始まった会議をその参加者が各自のオフィスで再開したり、会議に参加していない人がそのときの様子を別の日時あるいは別の場所で見たりすることである。従来の会議では、目的に応じていくつかの形式で記録を残す。論点の解説や展開を目的として作成する記録もあれば、参加者が参考のために残すメモもある。あるいは、会議に参加していない人たちに説明するために議事録を書き記すこともある。持ち運び可能な会議が実現すれば、会議中に作成したメモをわざわざコピーしなくても別の場所で利用できるようになる。さらには、誰かがライブボードの図や記号を映し出して考えを説明した場合、他の人はその情報にアクセスすることができるだけでなく、さらに別の人に説明するために図や記号を書き足すことも可能になるだろう。

ゼロックス社のシステム科学研究所を訪れる人は、一様に、床から天井まで貼りめぐらされたおびただしい数のホワイトボードを見て、目を丸くする。ホワイトボードのそばには座り心地のよい椅子やソファーが置かれている。訳もなくこうなったのではないし、もちろん予算が余っていたのでもない。ホワイトボードをおいた場所は、小さな共同作業チームが半公開場所で仕事ができるようにつくられたものだ。ホワイトボードを見れば、チームの中で議論されている問題の大きな流れをつかむことができる。議論の内容が目に見える形で示されるので、通りがかりに目を通すだけで何が問題になっているかすぐに把握し、何か意見をいうかどうか決めることができる。誰でもすぐに議論についていけるようになる。

公共の場所にライブボードを設置すると、持ち運び可能な会議という現象が別の可能性を切り開くかもしれない。われわれの研究所でもっとも頻繁かつ有効に利用されているホワイトボードは、ラウンジのコーヒーマシンの脇に置かれたものである。おそらくは、人とのふれあいがあり、解放感も味わえる喫茶室の雰囲気が創造力を刺激するのだろう。ラウンジのホワイトボードをライブボードに替えると、その場所が生み出す創造力はもっとパワフルになるのではないだろうか。実りある会話の後で、思いついたアイデアを忘れないように努力する必要もないし、会話の内容を書き留めておく手間もいらなくなるのである。

これこそが、われわれが思い描く共同作業のインフラである。一言でいえば、オフィスから喫茶室、そして会議室へと広がる、討論用ツールで構成されたシームレスな環境である。あるいは、喫茶室のテーブルに対話型のフラットディスプレイをはめ込むという方法もあるかもしれない。それは、喫茶店のナプキン（そこからいくつもの歴史的な発明が生まれたといわれている）の電子版である。シームレスな環境では、会話の中から生まれるアイデアが、Ｃｏｌａｂで見られたように外在的で操作可能になるだけでなく、持ち運びも可能になるのである。

締めくくりとして、人間の中に眠っている創造的才能を呼び覚ますという最初のテーマに立ち返ってみよう。才能にはさまざまな形がある。新しいアイデアを生み出すことだけが才能ではない。交渉の才能、管理の才能、企画立案の才能と、どんな業務でも才能は発揮できるのである。こうした才能は、仕事は一人でするものではないという点に着目した新しい討論用ツールによって引き出されるだろう。このように見ると、次世代の会議や会話で使うシームレスなツールが、次世代の組織を形づくるのかもしれない。

注釈

Ｃｏｌａｂプロジェクトは、共同作業支援環境、チームワークルーム、を作りグループ作業をサポートする実験だった。開始当初から、ゼロックスＰＡＲＣを訪れる人々の注目を集めた。この実験の雰囲気に、会議とはどうあるべきか、を具体的に感じさせるような何かがあったのだろう。プロジェクトリーダーでもあった筆者は、本書の原稿を準備しているとき、第一部で紹介したリックライダーの『未来の図書館』に共同作業について述べた次のようなくだりを見つけ、驚きを覚えた。

> 現在の技術では、人間のグループとコンピュータの対話を実現するアプローチが大きく分けて二つある。一つは、広く受け入れられているアプローチで、グループの各メンバーに一台ずつコンソールを与え、コンピュータと通信機器によって、メンバーどうしの対話やメンバーとコンピュータおよび記憶装置との対話を媒介するというものである。もう一つのアプローチは、一部の軍事施設で採用されているが、「壁かけ式」の大型ディスプレイをグループのメンバーが見られる場所に設置し、チームの決定や行動に関して共同した枠組みを提供する。
>
> （中略）
>
> グループディスプレイを用いた情報システム（第二のアプローチ）では、すでに議論して個人用のディスプレイと同じような大型ディスプレイを使うことになるだろう。大型ディスプレイでチームのメンバーとコンピュータが対話できるようにするライトペンのようなものも必要になるだろう。

このように、リックライダーは、会議の各メンバーにワークステーションを与え、壁かけ式の大型ディスプレイを使用するというColabのやり方を予見していたのである。時代を隔ててよく似たビジョンが生まれるのを目の当たりにすると、社会の奥底にある夢と共通体験の存在を感じずにはいられない。学校には黒板があり、仕事場ではコンピュータを使っているさまざまなプロジェクトチームに参加する人々には、黒板は大きくて誰もが見えるために親しまれている。同じように、コンピュータで仕事をしている人々は、データの保存、一時的な書き込み、移動などができる媒体としてのコンピュータの柔軟性を高く評価している。Colabも、リックライダーのビジョンも、コンピュータと黒板を一体化したものなのである。

ゼロックスのさまざまなオフィスにＣｏｌａｂが設置されているし、同じような設備は世界中に存在している。この論文を書いた後まもなくしてＣｏｌａｂプロジェクトの活動は終了になり、かわりにライブボードプロジェクトが発足した。このプロジェクトがめざしたのは、Ｃｏｌａｂで中心的な役割を果たしていた対話型ホワイトボードを分散させることだった。この方向転換は、会議は会議室だけで行われるのではないという認識がある以上、当然の帰結だった。ライブボードをオフィスや公共の場所に置くことにより、持ち運び可能な会議を実現し、より効果的なコンピュータの利用を促進しようと考えたのである。

ゼロックスＰＡＲＣのライブボードプロジェクトを率いたのは、リチャード・ブルース（Richard Bruce）とフランク・ハラス（Frank Halasz）だった。このプロジェクトはここ数年のあいだに、研究者用プロトタイプの作成を足がかりとして、他の研究所にライブボードを提供したり、ライブボードを製造、販売するライブワークスという部門を新設したりするまでに発展した。

　Ｃｏｌａｂプロジェクトでのライブボードは、情報を表示する大型コンピュータ画面であり、人間の映像を映し出すことはなかった。Ｃｏｌａｂプロジェクトが活動していたころ、隣りの研究グループが共同作業チームのビデオ会議を実現する「メディアスペース（Media Space）」というシステムをテスト中だった。ライブボードに人間の映像を映し出すべきか、共有情報を表示するべきかをめぐり、激論が沸き起こった。いま思い返すと、まったく無意味な論争だった。現在、いろいろなメーカーがライブボードや類似のディスプレイを販売しているが、どれも情報とビデオ画像の両方を同時に表示することができる。人間の映像がサイバースペースに進出したのである。

　振り返ってみると、ライブボードやビデオディスプレイを開発するうえで、神話に根差したイメージが、意識的あるいは無意識的な役割を果たしているかはわからない。たしかにおとぎ話には、遠く離れた場所を映し出したり、重要な問いかけに答えたりする魔法の鏡が登場する。遠くの場所を見たり、過去や未来を覗いたりできる水晶玉の話もある。ナルキッソスの神話では、若者が水面に映った自分の姿に恋をした。多くの神話において、水は無意識を表す。水の鏡を覗くことで、わたしたちは未知の内面世界と出会うのである。

　ウィリアム・Ａ・ウルフは論文「全米コラボラトリー白書」[*38]で、国家的スケールの共同研究を支援する技術について論じている。この論文では、このような共同研究を「コラボラトリー[*39]（Collaboratory）」と呼んでいる。Colab から Collaboratory へ、というわけである。この技術がめざしているのは、科学研究を支援する共同研究環境の構築である。

---

38 William A. Walf, "The National Collaboratory A White Paper"

39 **コラボラトリー**
コラボラトリー（collanoratory）という語は、コラボレーション（collaboration）とラボラトリー（laboratory＝研究室）を合成した造語。
コラボレーションは共同作業のこと。多くの人々が参加して、共同で実施する作業の総称。四〇三ページ参照。

バーバラ・ヴィグリッツォ

インターネット・ドリームス──オンライン・ドリーム・グループとの出会い

解説

精神分析学の祖、ジークムント・フロイト[*40]は、夢を「無意識への王道」と呼んだ。しかし、ファディマンとフレイジャーは、共著書『自己成長の基礎知識』[*41]の中で、無意識を発見したのはフロイトではないと指摘している。古代ギリシア人がすでに夢の研究をしており、他の古代民族の多くも創造力の源泉を無意識に見いだそうとしていたというのである。

フロイトは個人的無意識を研究したが、カール・ユング[*42]は集合的無意識にまで研究領域を広げた。夢と神話の関係についての研究で知られるユングは、世界各地を旅して夢を収集した。彼が生涯のうちに研究した夢の数は六万を超えるという。そうした研究から得た夢の言語は、原初的、象徴的、前論理的（プレロジカル）なイメージの言語である。ユングは、世界中

Barbara Viglizzo,"Internet Dreams: First Encounters of an On-line Dream Group" より

40　ジークムント・フロイト
(Sigmund Freud)
一八五六―一九三九。精神分析の創始者。ウィーンに在住し、神経症、ヒステリー患者の治療にあたった。晩年はナチスに追われロンドンに亡命して死去。彼の無意識に関する理論は多方面に大きな影響を及ぼした。主著に「精神分析入門」「夢判断」などがある。

41　Fadiman and Frager, *Personality and Personal Growth*

42　カール・ユング
(Carl Gustav Jung)
一八七五―一九六一。スイスの心理学者・精神医学者。一時期フロイトに師事したが、のちに訣別し、その後独自の心理学「分析心理学」を確立した。内向と外向に分類した性格の型、集団的無意識などの概念が有名である。

から収集した夢と神話のあいだに相似性を見いだし、共通する多くの象徴や元型を明らかにした。彼が特に驚嘆したのは、文化が異なるにもかかわらず、人々の見る夢のイメージがあまりにも似ていることだった。

本書に寄稿してくれたヴァネヴァー・ブッシュ、ジェームス・リックライダー、ジョシュア・レーダーバーグ、ヴィントン・サーフ、ロバート・カーンらは、インターネットを作り上げてきた人々であり、その夢は単なる個人的なものではない。メタファーと元型を案内人とするわたしたちのインターネット・ドリームスの旅は、彼らの夢の源が時を超えて古代にあることを教えてくれる。わたしたちは、ユングと同じように、個人的な無意識や夢を超え、今まさに生まれようとしている電子世界のイメージに影響するかもしれない集合的無意識、そして集合的な神話や元型を探し求めてきたのである。

夢の研究で有名なジェレミー・テイラー（Jeremy Taylor）との共同研究をもとにしたこのバーバラ・ヴィグリッツォの論文は、夢とインターネットという新しい関係に目を向けている。テイラーはこれまで、夢や夢解釈に関する本を何冊か執筆しており、夢の分析を通じて、心理学の研究、カウンセリング、地域活動などを進めている。また、何人かが集まって一つの夢を分析するセッションやワークショップ（ドリーム・グループ）も開催している。これまでに一〇万を超える夢を分析してきたテイラーは、著作の中で「夢は無意識の象徴へわれわれを導き、人間は夢に注意を向けることで、情緒的、心理的、精神的な成長、進化を促すことができる」と述べている。また、ドリーム・グループに参加すると、互いの夢から学ぶため、成長の速度が増すのだと力説している。

ところで、ドリーム・グループとインターネットがどうつながるというのだろうか。この論文には、ヴィグリッツォが初めてオンライン・ドリーム・グループを体験したときのことが書かれている。ドリーム・グループのリーダーであるテイラーが、メンバーの夢の中から二つを議論のテーマに選ぶ。それを電子メールでメンバーに配布しておき、後日、アメリカ・オンライン[*43]（AOL）のプライベート・チャット・ルーム[*44]にメンバーが集合する。テイラーは、現実世界でのドリーム・グループと同じことをオンラインでできるかどうか試してみたかったのだという（これこそ文字どおり「インターネット・ドリームス」である）。このオンライン・ドリーム・グループのあり方は、「インターネット・ドリームス」という表現に、これまで紹介してきた論文が想定していた意味とは異なるニュアンスを与える。ヴィグリッツォと「ドリーム・チーム」のメンバーは、インターネットを理解するうえで夢がどう役立つかではなく、インターネットが夢を理解するうえでどう役立つかに着目しているのである。

電子世界というメタファーからみてみると、ヴィグリッツォが述べているドリーム・グループも一種のバーチャル・コミュニティである。それは、リー・スプロウルとサマー・ファラジが論じた電子グループに似ている。このドリーム・グループの参加者は、アメリカ全土に散らばっており、このことは電子会議の長所として必ず挙げられる「移動時間の節約」にほかならない。たとえば、一回目のオンライン・セッションの数時間前に、悪天候のため飛行機が欠航になり、自宅から遠く離れた街で立ち往生した参加者がいた。しかし急いでニューススタンドにいってアメリカ・オンラインのソフトウェアが入ったディスクが付録として付いてくるコンピュータ雑誌を買い、コンピュータを使わせてくれそうなところを電話して探し出し、こ

43　アメリカ・オンライン（AOL）
一五四ページ参照。

44　チャット
チャットとは、おしゃべり、雑談の意味で、コンピュータネットワーク上でリアルタイムに文字を用いて会話をすること。一対一で行うものや、多人数が同時に参加して行うものがある。参加者の誰かが発言（入力）すると画面に発言者の名前と発言内容が表示される形で、会話が進んでいく。

のような困難にもかかわらず、ミーティングに参加できたのだ。しかも、ネットワーク上の「集合場所」についたときにはまだ一五分も残り時間があったのである。

このヴィグリッツォの論文は、夢分析に興味を持ち、それをネットワークという新しい場所でやってみようとした人々の物語である。ヴィグリッツォは、参加者たちに好きなように話しをさせ、夢分析のセッションの一例の記録を示すことで読者がセッションの疑似体験をできる。

ドリーム・グループの参加者は、象徴と意味の共通基盤をもとに自分の内面世界を探りながら、比喩的な意味で同時に電子的にも彼らの想像の中でも、新しい電子世界を創造したのである。ドリーム・グループの議論の内容は夢だったが、その底流にある意味も夢である。テイラーやドリーム・グループの参加者は、個人的な夢と集合的な夢の意味を探っていたと同時に、インターネットが人間どうしの結びつきとコミュニティという大きな夢、そしてまったく新しい電子世界を現実化できる可能性を探っていたことにもなる。

人間は誰でも夢を見る。しかし、夢の内容をいつも覚えているわけではない。スティーブン・ルバージ（Stephen Leberge）などの睡眠研究者は、睡眠中に起こる急速眼球運動（レム）を観測した結果、人間は必ず毎晩、夢を見ると結論づけた。では、何のために夢を見るのだろうか。ユング研究の権威であり、『人間が空を飛び、水が高みへ流れるところ』[*45]と『夢作業』[*46]の著者であるジェレミー・テイラーは、「すべての夢は世界共通語を話し、健康と全体性（人

45　Jeremy Taylor, *Where People Fly and Water Runs Uphill*

46　Jeremy Taylor, *Dream Work*

格のあらゆる側面の可能な限り十全な表現）に寄与する」と述べている。夢は、わたしたちがすでに知っていることを教えるのではない。夢は、新しい境地を拓き、新たな認識へと導くのである。テイラーの言葉を借りれば、夢は無意識を顕在化し、生活の中に息づくメタファーと元型に気づかせ、個々の人生の意味を見抜く力を与えてくれるのである。

アメリカ・オンラインからテイラーにオンライン・ドリーム・グループを開設しないかという話があったとき、わたしはトライアルの実施を勧めた。この論文は、そのトライアルの経過と感想を述べたものである。われわれは当初、アメリカ中の人々をリンクして行うオンライン・ドリーム・グループでも、現実のドリーム・グループと同じくらいの成果は上げられるだろうという程度に考えていた。

この論文は、わたしがジェレミー・テイラーに行ったインタビューから始まる。テイラーは、ドリーム・グループの現状とオンライン・ドリーム・グループへの期待を語ってくれた。このインタビューは、一回目のオンライン・セッションに先だって行ったものである。インタビューに続き、一回目のセッションに参加する「ドリーム・チーム」のメンバーに送信した資料の一部を紹介する。オンライン・セッションについての規則や素材となる夢のテキストなどである。その後に、一回目のオンライン・ドリーム・セッションで交わされた会話の一部を採録している。最後に、二回のオンライン・セッションについての所感を述べる。セッション後に行ったテイラーへのインタビューとドリーム・グループのメンバーから寄せられた電子メールも収録している。

テイラーの夢──ジェレミー・テイラーへのインタビュー

このインタビューは、一九九五年一二月二八日にカリフォルニア州サン・ラファエルにあるテイラーの自宅で行われた。

バーバラ　『人間が空を飛び、水が高みへと流れるところ』で、「夢は、わたしたちがすでに知っていることを教えてくれるのではない。すべての夢は、新しい情報やエネルギーをメタファーや象徴として現出させるのだ」とあなたは書いています。もう少し詳しく説明してくれますか。

ジェレミー　わたしがこの本に書いたことは、すべて自分自身の経験に基づいています。わたしは夢の中で何が起こっているのかまったく知りませんでしたから、とにかく突きとめたいと思っていました。長年にわたって、人々が夢について話すのを聞いて、次のことに大変強い印象を受けました。夢について話してもらうと、夢の意味が明白で、彼らがすでに何度も話したことを繰り返しているように思えるのです。ところが、いったん夢についての解釈をはじめると、もちろんうまく解釈できる場合の話ですが、表面の意味を超え、誰もが最初に夢が告げていると思ったことを超え、われわれが知っていたことを超える意味があることに気づかされるのです。

バーバラ　夢は無意識の表れだというわけですね。

ジェレミー　そうです。ユングは「無意識に関してもっとも重要なことは、それが本当に無意識であることだ」と言っています。気づいていないからこそ無意識なのです。無意識が語りかけていることは、わたしたちにとって未知のことです。そして、無意識は、わたしたちがすでに知っていることに言及します。つまりある枠があり、その網のようなものにつかまりながら、無意識下のものをながめることのできる明るいところまでひっぱりあげることができます。ですから、夢はわたしたちがすでに知っていることに言及しないわけではありません。夢は必ず何か既知のものに言及します。しかし、わたしの経験から言えることですが、夢がなぜ既知のことに言及するかというと、何か新しい未知のものを載せて目に見えるようにする舞台のようなものを作っているのです。一人でする夢分析の難しいところは、すでに知っていることに思い当たり、「なるほど」と思う段階をなかなか超えられないことです。一人で解釈をしている人も、すばらしく満足のいく「なるほど」という経験ができます。しかし、これらの「なるほど」は次第に夢を見る前から知っていたことについての「なるほど」となり、夢解釈は結局（夢をみる前から）彼らが正しいと考えていたことの再確認になってしまいます。けっして彼らが誤まっているというのではありません。このような「なるほど」は、どれも夢が語りかけていることの断片に対する「なるほど」にすぎません。そのとき、夢がもたらす新しい大事なことをつねに見逃しているのです。

バーバラ　一人で夢分析をすると、心の動きが遅い。それに対して、グループで行う夢分析は速く進みます。

ジェレミー　そうです。グループでの夢分析は、進みが速く軽快で、そのうえ深みも生まれます。グループで分析したほうが、大きなエネルギーが生まれ、外に現れた無意識を長いあいだとどめておくことができます。それは、夢を見た本人の意識だけでなく、グループのメンバー全員の意識によって引きとめられるからです。
バーバラ　そもそも夢は、わたしたち自身、あるいはわたしたちを取り巻く世界について何を語りかけているのですか。
ジェレミー　いきなりそうきますか。そのような質問には、いろいろな答え方ができます。たとえば、宗教的な言葉を使えば、どんな夢もわたしたちがみな「神の子」であることを教えていると解釈できます。原理主義者であれば、このような言葉をすぐに理解するでしょう。また、もう少し心理学的に言えば、すべての夢は、象徴化という人間の習性の普遍性を証明していると言えます。夢はすべて象徴表現です。象徴表現でない夢はありません。表面的にはそれほど象徴的に見えなくても、奥に潜む意味を見つけようとエネルギーを集中すると、すぐに見えてきます。このような意味の表れ方からみて、人間の象徴化という習性が文化的なものではなく、普遍的なものであるとわたしは確信しています。象徴化という習性は文化の産物ではありません。象徴化という習性の産物が文化なのです。
バーバラ　夢を解釈する人が覚えておくべきことは何ですか。
ジェレミー　夢は、健康と全体性にとって有益です。夢が表面的には恐ろしかったり、平凡だったり、不快だったとしても、まずはその夢を見た本人の健康と全体性にとって有意義であり、最終的には人類全体にとって有益なのです。
バーバラ　あなた自身の経験から言っているのですか。
ジェレミー　この三〇年間、そうでない夢に出会ったことがありません。これまで、自分自身や他人の夢を約一〇万も分析してきました。これは、サンプルとしては十分な数だと思います。このサンプルには、中流階級のアメリカ人だけでなく、外国人も含まれており、人種も学歴もきわめて多様です。

バーバラ　あなたは、「夢そのものを進化のためのワークショップであると考える十分な理由がある」と言っていますね。

ジェレミー　確かに。夢が進化のためのワークショップであることは、経験によってわかってきました。個人のレベルでは、そのとき本人が次の段階で進化しようとしている人間像が夢の中に現れます。人間の発達期に見られる出来事や個人の成長を示す事件が、まず最初に夢の世界で起こるのだとわたしは考えています。それは現実に起こることを予告しているのだという見方もありますが。

バーバラ　コンピュータでのオンライン・ドリーム・グループにはどのような可能性があると思いますか。

ジェレミー　もちろん、すばらしいと思います。ただ現時点では、想像以上だろうとしか言えません。その可能性がどのようなものか考えられるほど多くの材料がありませんから。個人レベルでは自己意識に、そして社会や文化のレベルでは国際的な相互理解に革命を起こすことは、簡単に想像できます。それはほんの前ぶれにすぎません。そのような可能性があるということは確信しています。それを実現できるかどうかは、また別の話ですが。

バーバラ　その革命が起こるにはどのくらいの時間がかかると思いますか。

ジェレミー　世の中の進み方はどんどん速くなっています。具体的な時間を予測するのは難しいですね。すべてが指数関数的にスピードアップしていますから、四年から五年くらいで実現するかもしれません。この世紀末にあって、わたしたちはこの大きな象徴のエネルギーを手にしようとしています。それは、すべての人に影響を及ぼすでしょう。誰もが古い時代の終わりと新しい時代の到来を意識して考えています。それは、単なる象徴的な意味ではありません。現実に、多くの問題が同時に噴き出してきています。それは今まさに起こっているのです。オンライン・コミュニケーションは、もっとも大きな可能性を秘めるものの一つだと思います。オンラインでの夢分析が、現実世界での夢分析ともっとも異なる点は、意見が平坦なものになることだと思います。

バーバラ　画面には夢分析の会話文だけで、それ以外は何も表示されませんからね。

ジェレミー　感情も表示されないし、抑揚や口調も表示されません。

バーバラ　しかし、抑圧要因がほとんどなくなるため、会話がもっと自由になる可能性があります。

ジェレミー　確かにそうです。オンラインでの夢分析の優れた点は、気が散るようなことが何もなく本質的な姿で人と出会えることです。ですから、この媒体では、すばやく核心にふれることができる可能性があります。これは可能性であって、実現するかどうかは別問題です。しかし、可能性があることはまちがいありません。オンラインでの夢分析は、ある面では現実世界での夢分析より優っているかもしれません。なぜなら、そこには抑圧するものがありませんし、(まったく)同一の率直な態度や表情で誰もが向かい合えるからです。それは平等主義につながり、偏見をなくすことになります。

バーバラ　夢分析に関して言うと、あなたの最大の願望、目標は何ですか。なぜあなたは今の仕事をしているのですか。

ジェレミー　わたしの個人的な一番の願望は、夢が意味することをもっともっと多く知ることです。自分自身そしてすべての人の夢が意味することをです。これはジョークですが、わたしはよく人に決して夢の底にたどり着くことはできないと言います。すると、そこで疑問が生まれます。夢の底に行ったこともないのに、なぜそんなことがわかるのか。仮にたどり着いたとしても、そこが夢の底であると、どうしてわかるのか。わたし自身に対する思考実験からいうと、その答えは一つしか考えられません。もし夢または夢の断片が底まで完全に開け放たれたなら、もしわたしたちが夢の意味するところを余すことなく理解したなら、全体的で深みのある完全な「なるほど」が得られるのではないでしょうか。それは、副産物として、過去、現在、未来の全人類との深遠なる結びつきと一体感に対する絶対的な意識と完全なる理解をもたらすでしょう。これこそ、夢が求めている健康と全体性の極致であり、またそこから夢が湧きだすのです。これは、「神はみなのうちにあり、みなは神のうちにある」という古代の叡智を技巧的な心理学の用語で言い換えたものなのです。

ドリーム・セッションの準備

参加者への案内

一回目のオンライン・ドリーム・セッションに先立ち、ドリーム・チームの参加者に電子メールで参加要項を送った。その中で、アメリカ・オンラインに加入していない参加者のためにサインアップの方法を説明し、都合のよい日時を確認した。また、テイラーが通常の夢分析で使っている「夢分析ツールキット（Toolkit for Dream Work）」も参加者に配った。この「夢分析ツールキット」は、夢分析の理論と方法をまとめたものである。そのうちの六項目を紹介する。

一. 夢はすべて万国共通語を話し、わたしたちの健康と全体性に寄与する。「悪夢」というものは存在しない。ただ、夢がきわめて否定的な形でわたしたちの注意を引こうとすることはある。

二. 夢が意味することについて確信をもって発言できるのは、その夢を見た本人だけである。この確信は、言葉を伴わない「なるほど」という認識によってもたらされる。この「なるほど」は記憶の機能であり、夢分析の過程において唯一の信頼できる指標である。

三. ただ一つの意味しかもたない夢は存在しない。すべての夢とそのイメージは「重複決定的」であり、多層的な意味をもっている。

四. 夢は、すでに知っていることを語るために現れるのではない。すべての夢は、新しい境地を拓き、新たな理解や発見へと導く。

五．他人の夢について意見を述べる場合は、始めに「それがわたしの夢であったなら…」と断り、それに続くコメントをなるべく一人称で書くと、慎重で丁寧な意見となる。このようにすると、夢を見た人は挑戦的で対立的な意見にも耳を傾け、内面化できるようになる。「隣人の草履を借りて一里を歩く」という心理学や精神医学の哲理にもなりうる。

六．ドリーム・グループの参加者は、まず最初に夢分析の議論において匿名性を保持することに同意していただく。秘密保持に対する要求がない場合、誰の夢であるかを明かさないかぎり、ドリーム・グループで見聞きしたことを外部で話しても構わない。ただし、参加者の一人でも秘密保持を要求した場合は、全員がその要求に従わなければならない。

夢の配布

オンライン・ドリーム・セッションの実験を一九九六年一月に二回にわたり実施することが決定した。グループのメンバーに提出してもらった夢の中からテイラーが各セッションで使う夢を選んだ。彼は、最初のセッションで「ジョアンヌ12（Joanne12）」という参加者から送られてきた夢を使うことにした。夢のタイトルは「侵入」である。

始め、わたしはたくさんの部屋とポーチがある大きな家の中にいた。昔ながらの木造家で、網戸は閉めてあるがドアはすべて開けっ放しだった。梯子に乗って物を片づけている男が何人かいた。

八百屋みたいで、そこには父もいた。わたしは、彼がかつて刑務所に入っていて、今は出所して家に帰ってきていることを思い出した。けれども、わたしはそのことについて何も聞かなかった。父が無事でいてくれることを願った。

時間が経ち、みんなは眠っていた。わたしがその家の裏口のほうへ歩いているとき、ライフル銃をもった五人組の男たちが車に乗って近づいてくるのが見えた。両親の部屋へと階段を駆け上がり（このとき、わたしは生まれ故郷のローズモントの家にいる）、拳銃をもった五人の男が裏口から侵入しようとしていると、できるかぎり大きな声で叫んだ。そこには家族全員がいた。わたしの叫び声を聞いて何人かの子供が下へ降りてきた。わたしは台所（ニューヨークにある自宅の台所）へ駆け込み、戸棚から大きなナイフを持ち出すと、リビングに入っていき、背後のダイニングへ子供たちを避難させた。男たちは、黒いトラックごとリビングに突っ込み、車から降りた。運転していたのはブライアントだった。わたしは、彼に自分がしていることをよく考えてみるように言った。わたしが足の骨を折った日、学校でのフットボール試合の後、わたしと母が車で彼を家まで送ってやったことを思い出させようとした。他の男たちはみんな散らばって、ものを取って、トラックに投げ入れた。そして、彼らはトラックに乗り込み、去っていった。ブライアントと話をしているとき、わたしは金切り声で「ちくしょう」と叫んでいた。「出ていきやがれ、ちくしょう」というふうに。

後になって母に会ったので、何がなくなっているか調べたほうがいいと彼女に言った。彼女は、「なぜ」と聞いた。わたしは何があったかを彼女に話した。母は、わたしが彼女や父を呼んだことをまったく憶えていなかった。強盗のことを教えたのは、その日が終わるころだった。それより先に話してないなんて、信じられなかった。

この夢の後半は、あの木造の大きな家に向かって歩いているときのことだ。森の中で、道にそって木が並んでいた。その道の右側は二〇フィートくらいのスロープになっていた。下のほうを覗くと、一頭のシカが見えた。ＡＳＤ会議のパーティーでタロット占いをしていた女性とポールの二人がわたしと一緒にいた。わたしは彼らに、下を見て、と言った。わたしが後ろを振り返ると、そこにはもっと大きな動物がいた。そのときは、その動物が何かわかっていたが、今は思い出せない。わたしはその動物をシカと見間違ったと彼らに思われたくなかった。もう一度、下を見ると、ロバが道の上へと上がってきて、そこに坐った。女性は、わたしがロバをシカと見間違えたのだと言ったが、わたしが見たのは確かにシカだった。

すべてが終わった後、知り合いの何人かの女性とレストランにいた。女性の一人が、強盗の男たちが侵入してきたときに何もしようとしなかったわたしの母をひどい人だと言った。わたしは、母がまったく気づいていなかったことと、知っていたらわたしを助けただろうと、その女性に言った。女性たちは、あなたは叫んで母親に知らせたではないかと言ったが、わたしは母には聞こえなかったのだと言った。

ドリーム・セッション

一回目のオンライン・ドリーム・セッションは、一月一六日の午後七時（太平洋標準時）にアメリカ・オンラインのプライベート・チャット・ルームで行われた。プライベート・チャット・ルームにアクセスするには、アメリカ・オンラインにログインし、「ルーム」アイコンをクリックする。このチームが使用したアメリカ・オンラインのソフトウェアでは、チャット・ルームにテキスト入力用とセッション・ログ用の二つのウィンドウが表示される。下のほうに表示されるテキスト・ウィンドウには、一〇〇文字までのメッセージを入力できる。書き終えたメッセージを読み、手直しをしてから、「送信」ボタンをクリックして送信する。送信されたメッセージは、参加者全員の画面のログ・ウィンドウに表示される。このウィンドウには、送信者の名前とメッセージの内容が表示される。ログ[*47]はスクロール[*48]可能なので、セッション中に前の会話に戻り、誰が何を発言したか確認することができる。

　ドリームMC（DreamMC）ことジェレミー・テイラーを含む九人がセッション[※]に参加した。ログの採録に際しては、参加者の名前を変え、オンラインでの会話につきものの入力ミスを修正し、また句読点を付け加えた。

ドリームMC（DreamMC）　みなさん、ジョアンヌさんの夢には目を通していただけましたか。

（中略）

ドリームMC　何でも言いたいことを言ってください。いつものように、「この目的は、ドリーマーズ・チョイス（夢を見た人の思いどおり）です」

ジョアンヌ12（Joanne12）　ありがとう。わたしの父が生前、警察官だったということは大事だと思うのですが。

ドリームMC　あなたはその夢をいつ見ましたか。

ジョアンヌ12　また、実際にわたしは足の骨を折り、ブライアントを母と一緒に家まで送ってあげました。この部分は現実にあったことです／

47　ログ
時間の経過とともに変化するものを残した記録。データベースの更新記録やパソコン通信の通信記録などを指す。

48　スクロール
表示されたファイル、画像等が画面におさまりきらない場合、巻き物を少しずつ読むように、ディスプレイ表示の内容を少しずつ移動させて表示する行為。上下または左右とも、ブラウザやウィンドウなどでスクロールが必要になったときは、画面の右または下にスクロールバーが表示される。

※訳注　このセッションでは、一度に一〇〇文字までしか入力できないため、一〇〇文字以上の発言をする場合は、複数のメッセージを送ることになる。そのために、一人の参加者が送ったメッセージのあいだに他の人のメッセージが割り込むという現象が多く見られ、会話の順序が前後するようになった。それは、複数の人が同時に話しているのと同じようなものだが、発言者がそれに気づくのは、メッセージを送信した後である。そのため、セッション後に行った話し合いでオンライン・チャットの技術が話題に

ドリーム・セッションでは一般に、夢の中の出来事が実際に起きた出来事と一致しているかどうかを確認する。

ジョアンヌ12　その夢を見たのは一〇月二一日です／
ジョアンヌ12　／
ホエール九九七九五（Whale99795）　ジョアンヌさん、夢の中であなたは現在の年齢でしたか。そうでないとしたら、何歳でしたか。

夢の中での年齢は、夢と関連する現実の出来事が起こったときの年齢を表すことが多い。この質問に対するジョアンヌの答えは数行あとに現れる。

ジョアンヌ12　付け加えたかったことはそれだけです／
ドリームMC　それがわたしの夢であるなら、五人組の強盗は、わたし自身の「五感的生活」を表しているのではないかと思います。

このドリームMCの意見は、ドリーム・チームの多くのメンバーにとって、この夢を解釈するうえで大きなヒントになったようだ。しかしわたしには、この意見は驚きだった。

ジョアンヌ12　はい、現在の年齢でした。

上ったとき、会話文のつながりを見つけにくいことが論点の一つになっている。

発言の順序が入れ替わっても会話の内容がわかるように、メッセージがまだ続くときには最後に「…」を付け、一つのメッセージが終わるときには最後に「／」を付けることを申し合わせていたが、時間が経つにつれ、めんどうなルールであることがわかり始め、まじめにルールを守っていたごくわずかな参加者も結局、守らなくなっている。

ジョアンヌ12　なるほど（こんなに早く）

夢を見た人が言う「なるほど」は、ある種の情緒的共鳴を表している。テイラーによると、夢の象徴つまりテーマの妥当な意味が発見できたことをドリーム・チームのメンバーに知らせることになるのだという。ここで、ジョアンヌ12は、五人組の男たちが人間の五感を表すというドリームMCの意見に対して肯定的な反応を示している。

（中略）

ホエール九九七九五　レストランにいた女性たちについて話してくれませんか。

ホエール九九七九五がレストランについて質問した後、多くのメンバーがそれにまつわる質問や意見を述べた。それらは、ジョアンヌ12が返答する暇もなくいっせいに表示される。みんなが一度に入力するため、発言が入り乱れてしまい、参加者ごとに発言をつなぎ合わせなければ、話の流れが理解できなくなっている。

ジョアンヌ12　その女性たちは何となく知っているという感じでしかありません。彼女らが誰なのかはわかりません。

ジョアンヌ12　／

サイベア2（SciBear2）「彼女たちが誰なのかわからない」ということは何か意味があると思いますか、それとも単なる偶然ですか。

サイベア2　それがわたしの夢であるなら、彼女たちは無条件でわたしを受け入れてくれる友達ではないかと思います。

ドリームMC　わたしの夢では、「レストラン」は、食べ物（そして心の栄養）を与えてくれる場所です。

カルビン97（Calvin97）　わたしの夢では、母を非難している見知らぬ人たちに対して、彼女は「気づかなかったのだ」と言って

サイベア2　また、それは自己の一部を表しているのではないでしょうか。賢い、愛情に満ちた自己であり、案内人でもあるかもしれません。

ホエール九九七九五　それがわたしの夢であるなら、「もし母が気づいていたら」彼女は「何を」してくれただろうかと思います。

カルビン97　母をかばっています。

カルビン97　ですから、わたしの夢では、彼女たちのような見知らぬ人間は、自己の認めたくない部分を表していると思います。

ドリームMC　わたしは実際に母を呼びましたが、彼女は応えてくれませんでした。わたしは怒っています。それは、わたしが感じていることであって、必ずしも考えているのではありません／

ドリームMC　母は、彼女なりにできるだけのことをしました（気づかないように）。わたしは今、

自分の五感（五人の強盗）を甦らせようとしているのです／

サイベア2　それがわたしの夢であるなら、その五人組が強盗であったという事実は、わたしが見たくないものを

ドリームMC　「強盗」ということでは、わたしの中に幸福な肉体に対する権利がないという気持ちがあることを表しています。それは「盗まれる」運命にあるのです。

サイベア2　直視させようとしていたのではないでしょうか。彼らが盗んだのは、わたしの無垢な心です。

ジョアンヌ12は、これらのコメントのどれにも返答していない。カルビン97の質問をきっかけに、話題は夢の前半の部分へと戻る。

カルビン97　ジョアンヌ、失った、または盗まれたものが何か感じますか？

ドリームMC　いい質問ですね。

ジョアンヌ12　母の家にあったものくらいで、特にこれと指定できませんが高価なものでした。

カルビン97　あなたが子供ながらに両親の生活に欠けていると感じたものはありませんでしたか。

サイベア2　それがわたしの夢であるなら、梯子の上で男の人が片づけていたものは

サイベア2　五感である五人の強盗が盗んでいった幸福な思い出や信念ではないでしょうか。

ホエール九九七九五　ジョアンヌさん、夢の中の子供たちは誰ですか。
ジョアンヌ12　幸福な肉体が盗まれるということについて「なるほど」と思います。長いあいだ、わたしの家族は病気に悩まされていました。

ジョアンヌ12の「なるほど」は、ドリーム・チームのメンバーに彼女の夢の本質に迫っているという思いを抱かせる。

（中略）

ドリームMCは、参加者全員に最後のコメントを求める。

ドリームMC　ジョアンヌ、わたしたちにもっと注目してほしかった特定の部分はありませんか。
ドリームMC　？
ホエール九九七九五　ためらいと、わたし自身に対する愛と、内にある神聖なものとのつながりを感じます。
ドリームMC　本当にそうです。
ドリームMC　わたしの夢では、まさにそのとおりです。
ジョアンヌ12　ほとんど出つくしたと思います。

ドリームMC　わたしもそう思います。多くの成果が上がり、感激しています。途切れ途切れの言葉の応酬にもかかわらず…／
カルビン97　なぜ八百屋が夢に出ていたのか、また梯子を使っていたということに関して何か意見が出ましたか。
ホエール九九七九五　わたしは、満面の笑みを浮かべています。あなたの夢を話してくれてありがとう、ジョアンヌさん。多くの「なるほど」を得ることができました。
ドリームMC　ありがとう、みなさん。また明日の夜、一緒にやりましょう。
サイベア2　みなさん、おやすみ。ありがとう、ジョアンヌ。
ホエール九九七九五　ジョアンヌ、最後の一言どうぞ。
ジョアンヌ12　この夢によって、新しい世界が開けました。最初は、わたしの性についての夢だと思っていましたが、今では、
ジョアンヌ12　その全貌が見えてきました。わたしの「感覚」を呼び戻してくれて本当にありがとうございました。:-)

（後略）

テイラーの夢の理論によると、夢は人格の全体性への到達を促す。夢を思い出し、その意味について「なるほど」と感じたとき、それは夢を見た者が、夢の語りかけていることに近づける能力を持っていることを意味する。ということは、このセッションの場合、ジョアンヌ12

は彼女自身の感覚的な面に踏み込むことができるのかもしれない。「:-)」はサイバースマイル*49である。

セッション後の感想

この実験的なオンライン・ドリーム・セッションを行ったのは、夢分析をオンラインで行うという構想が実現可能なのかどうかを見きわめるためだった。ドリーム・チームのメンバーたちは、顔を合わせなくても、対話ができたのだろうか。セッションが終わってから、わたしは電子メールで感想を送ってほしいと呼びかけ、また電話でのインタビューも行った。ここでは、まず参加者から寄せられた感想の要点を述べ、次にジェレミー・テイラーとのインタビューを紹介する。

参加者からの意見

まず、夢分析そのものについての意見があった。初めて夢分析を経験したある参加者は、夢分析という取り組み自体に疑問を抱いているようだった。

実のところ、わたしは会話にほとんどついていけませんでした。夢分析は、実際的にも理論的にも、多くの疑わしい前提の上に成り立っています。解釈のプロセスは、大部分が客観的な見解では

49　サイバースマイル
三八二ページのフェイスマーク参照。スマイリー。フェイスマーク。文字テキストベースだと感情等の表現が充分でないために考え出された記号からなる表情をしめしたシンボルマーク。

なく社会的な合意によって進んでいたような気がします。あるとき誰かが「…これが夢のすばらしいところなのです…すべての解釈は正しいのです…」と言ったことには驚きました。もしそれが本当なら、解釈することに何の意味があるのでしょうか。単なるおしゃべりとどこが違うのですか。おしゃべりにどんな意味があるというのでしょうか。

夢分析の主旨は、夢を見た人が自分の心の状態、情動的生活、奥底に潜む心理に気づくことだと聞きました。どんな解釈も等しく正しいのなら、解釈の違いについて論じることができませんから、自分の内面について新しい発見をすることもできません。ブール論理の見地からすると、もしあなたが「この夢はXを意味する」と言い、わたしが「この夢はXではないことを意味する」と言った場合、どちらも正しいのなら、まったくの矛盾ということになります。

これは、このような夢分析の本質に対する唯一の疑問です。本当のところ、夢分析は有益だと思います。ただ、良い夢分析もあれば、そうでないものもあります。解釈の正否を評価しないグループディスカッションによる夢分析が卓越した解釈に到達する手段として有効なのかどうか、わたしにはわかりません。こうしたグループ作業は楽しいもので、おもしろい討論になることもあるでしょう。しかし、夢の意味を見いだす方法としては、それほど優れているとは思えません。

このような意見は、通常のドリーム・グループでもよく聞かれる。つまり、夢分析はすべての人の役に立つわけではなく、すべての参加者が同じ期待感を持って参加しているわけではないということである。テイラーに言わせれば、一つの夢についていくつもの解釈が生まれることは豊かさのしるしであり、「ただ一つの解釈」はもちろん、「このうえなく深い解釈」を見つけることでは、価値のあることとはいえ、まず叶うことのない願望なのである。それは、絵や詩に接して、ただ一つの本当の解釈を見いだそうとするようなものである。とはいえ、この参加者の意見を見ると、夢分析に初めて参加する人には、どんなことか期待できるかを説明してもっと準備をしておく必要があると感じる。

他の参加者は、これとはまったく正反対の好意的な感想を持った。

わたしは、二日目のドリーム・セッションに参加しました。全体的にとても有益でおもしろい経験だったと思います。

きわめて有意義な経験というのが全体を通しての印象です。この夢が何を意味しているのか見当もつかないままセッションに参加しましたので、これほど多くの意味があることを知り、驚きました。このオンライン・ドリーム・セッションでも通常のドリーム・グループがめざす目的を達成できたと思います。参加する機会を与えていただき、感謝しています。これからも、このようなセッションにぜひ参加したいと思っています。

ドリームＭＣさんが五感という解釈を提示したときには、大きな衝撃を受けました。「どうしてこんなことがわかるんだ」と自問しました。この鋭い指摘をきっかけに、全員が夢のさまざまな側面を解き明かしていく様子にも驚きました。その過程は感動的でさえありました。

オンライン・ドリーム・セッションの感想を聞かせてほしいとのことですが、わたしとしては、あのセッションは成功だったと思います。ジェレミー・テイラー氏を囲んだドリーム・セッションだったら、いつでも飛んでいきます。オンラインでの会話は、思っていたほどめんどうではありませんでした。

わたしは、やりやすかったことと、やりにくかったことを参加者に尋ねた。コンピュータネットワークという技術が、どのような面で役に立ち、どのような面で不便だったか、知りたかったのである。返ってきた意見をいくつか紹介する。

自分の言いたいことをできるだけ簡潔にすばやくまとめるというのは、おもしろい経験でした。これは、オンライン・セッションの長所であり短所でもあると思います。自分がそもそも何を言いたいのかを瞬時に把握しなければなりませんでした（とてもいい勉強になりました）。ただ、自分が言おうとしていることを正確に伝える助けになるニュアンスやたとえは省かざるをえませんでした。

このようにペースが速いと、出された意見について、夢を見た本人と他のメンバーがじっくり考えることはできないと思います。

従来の夢分析では、夢を数時間（または数日）前に読むのではなく、その場で聞きます。速く進むのは良いことですが、その一方で、夢を見た人には、すべての意見を理解し、返答するのは難しかったのではないかと思います。そのために、会話が尻切れトンボになることもありました。

技術的な面では、チャット・ルームに特有の理由から、議論が混乱しがちだったと思います。たとえば、意見は不完全な形で提出され、しかも順序どおりには表示されません。話以外の通信手段がないので、発言していいのか、黙っていたほうがいいのかもわかりません。議論が支離滅裂になったこともあった気がします。（たとえば）ずいぶん前に話されたテーマについての意見が突然、出されるようなこともありました。

参加者の中には本名を使っている人もいるが、ほとんどの人は面識がなく、お互いのことをあまりよく知らない。これは、開設された当初のオンライン・グループでは必ず見られる現象である。これが「匿名性」という問題であり、さまざまな議論が交わされている。

わたしにとって唯一の問題は匿名性でした。夢分析を通じて知り合った人が何人もいるので、スクリーン・ネーム[*50]が知っている人ではないだろうかと想像してしまいました。従来の夢分析では、誰と話し合っているのかがわかりますが、オンラインの夢分析では、スクリーン・ネームを使うことで参加者自身の人格を隠すことになります。このことを好都合と考える人もいるのでしょうが、わたしとしては、自分の夢や意見にきちんと責任を持ちたいと思いますし、個人的なことを話すのですから、相手が誰なのか知っておきたいという気持ちもあります。オンライン・グループの匿名性が好ましいと思うときもあれば、嫌だと感じることもあります。わたしは内気なほうですから、チャット・ルームで大勢の人を前に自己紹介をするのは苦手です。でも、チャット・ルームにいきなり入り込み、どんな人がいるのかも、どんなルールがあるのかも知らされずに意見を述べるというのも、奇異な感じがしました。

参加者の顔ぶれについて何も知らず、最初のうちは議論のしかたに違和感を抱きましたが、それでもコミュニティという感じはありました。ただ、基本的にわたしの意見に夢を見た本人が返答するだけだったせいか、他の参加者よりも彼女のほうに親近感を持ちました。夢を誰もが分析するようになると、通常のドリーム・グループと同じように仲間意識が強くなっていくのではないでしょうか。

50　スクリーン・ネーム、サイバーハンドルハンドルネーム。
通信上で、発信者が使うニックネーム。インターネットやパソコン通信などでは、実名を使用することによって弊害等が発生する恐れがあるため、ハンドルネームを使用して情報のやり取りをすることが多い。

何人かは、グループの規模について触れ、もっと大人数ではうまくいかなかっただろうと述べた。

ジェレミー・テイラーのセッション後の感想

セッションが終わった後、もう一度ジェレミー・テイラー（セッションでの名前は「ドリームMC（DreamMC）」）にインタビューを行った。

バーバラ　オンライン・ドリーム・セッションの第一印象を聞かせてください。
ジェレミー　とても良い感触が得られました。文字だけが飛び交う画面で、心理的にとても深いところにまで行きつくことができたのが印象的でした。ドリーム・セッションを評価するときには、「どんな雰囲気でしたか」という質問が一番重要です。オンライン・セッションは、顔の表情や身振りという手がかりがないだけに、一教室に集まって行うセッションに比べて評価しにくいところがあります。しかし、わたしたちが行ったセッションでは、何人かの人がかわいい笑顔のマークを使っていました。わたし個人としては、とても良い雰囲気だったと思います。
バーバラ　このセッションでうまくいったことは何ですか。また、うまくいかなかったことはありますか。
ジェレミー　うまくいかなかったことですか。特に目についたのは、人の発言の最中に割り込んでしまい、話の流れが乱れたことです。これは、コンピュータを媒介にした会話にはつきもののようです。しかし、この現象が起きる状況や原因がすぐにわかったので、あまり気にならなくなりました。

バーバラ　普段のドリーム・グループと比べてオンラインのドリーム・グループはどうでしたか。

ジェレミー　平等主義の傾向が強くなりました。オンラインでは、参加者のあいだに暗黙の序列ができたり、一人の人だけに注目が集まったりすることがないように思えます。何でしたっけ、あの省略形は。そうそう、実生活はRL（Real Life）でしたよね。RLでは、身振りや顔の表情があります。オンラインでは、ニュアンスが伝わらないだけに、親密さや深みが失われるのではないかと思っていましたが、二回のセッションを見るかぎり、そんなことはなかったようです。一つ驚きだったのは時間です。通常のセッションよりも長くなったのです。あの夢を分析するのに二時間あまりを費やしました。

バーバラ　普段のセッションでは、初めに一人一人、名前を確認しますよね。オンライン・セッションでは、それを省いていたようですが。

ジェレミー　そうです。夢の分析のほうに時間をかけたかったからです。セッションはふつうのセッションよりもゆったりと進みました。それが、文字のやりとりだけで深みのある議論ができた理由の一つかもしれません。

バーバラ　その他に何か注目すべき点はありますか。

ジェレミー　問題視するようなことはありません。ただ、気がついたことが一つあります。それは、「語調の誇張効果」と名付けようと思っているものです。電話での会話で同じようなことが起こることには気づいていましたが、書かれた言葉のほうが顕著に現れます。このセッションで「それがわたしの夢であるなら」という決まり文句を省き、二人称を使うと、口で言った場合よりも詰問調になります。逆に、文字で「それがわたしの夢であるなら」と書くと、口で言ったときより率直で穏健な感じになります。オンラインという媒体が語調を誇張するのです。

バーバラ　匿名性についてはどうですか。

ジェレミー　どんなサイバーハンドル（オンライン・グループで使う偽名）にも一定の匿名性があります。このセッションに参加した人々は、自分で参加するかどうかを決めました。それはよいことだったと思います。どこかのオンライン・グループで、匿名性を利用しなければできないような悪意に満ちた行為を見たことがあります。このセッションでは、そのような雰囲気はまったくありませんでした。このセッションには、健全なコミュニティという雰囲気があふれていました。

バーバラ　ネットワーク上でこのようなセッションをもっとオープンな形で大規模に行うことはできると思いますか。

ジェレミー　その場合、自分で参加するかどうかを決めるのではうまくいかないと思います。夢分析に本当に興味があり、意欲もある人の中に、スリルを味わうことだけが目的の人が入り込んでくるからです。このようなセッションでは、その辺をコントロールできるソフトウェアを使いたいですね。リズムを感じ取り、統御できるようなソフトウェアをです。

バーバラ　あなたは、オンライン・ドリーム・グループをより多くの人に体験してもらいたいと言っていました。グループというものの性質から言って、参加者が七～九人を超えることはできませんが、発言をしない傍聴者であれば大勢、受け入れられるのではないでしょうか。

ジェレミー　できると思います。通常のドリーム・グループでも同じことが言えます。ただし、ワークショップでは、少し違ったやり方をします。参加者にはU字形に並んでもらい、その開いた端にわたしと夢を見た人が坐ります。そこからは全体が見渡せますから、しばらく発言していない人がいないかどうか確認することができます。オンライン・セッションのソフトウエアが完成したとしても、同じようなことをすることになるでしょう。このようにして、議論の進行を統括するのです。

バーバラ　それをオンラインでするとなると、どのような形になりますか。

ジェレミー　これは、わたしが数年をかけて作り上げたアプローチです。オンラインになった場合に異なる点は、参加者の顔ではなく、サイバーハンドルを憶えなければならないことです。サイベア2やサイベア4などといったサイバーハンドルを憶えるのは容易ではないでしょう。今回のドリーム・グループで、デンバーやニューヨークやフロリダなどから意見が送られてきたのは、本当に感動的でした。

バーバラ　いくつかのドリーム・グループを並行して行うというのはどうでしょうか。各グループにそれぞれのドリームMCがいるわけです。

ジェレミー　それがオンラインで可能かどうかは何とも言えません。通常のドリーム・セッションでは、自前のドリームMCが育ったグループはとてもうまくいっています。そのグループに独自のスタイルが生まれ、成熟していきます。オンラインでのドリーム・グループについて望んでいることは、わたしのグループから新しいグループが次々に生まれることです。

バーバラ　ドリームMCを育てるには、どうすればいいのですか。独自のドリームMCを育てられるようなグループ活動はどのくらいうまくいくのでしょう。

ジェレミー　いい質問です。ドリームMCは、参加者の発言が二人称になったとき、気づくことができなければなりません。「それがわたしの夢なら」という決まり文句を言い忘れていると注意してあげます。もう一つ、誰に対しても愛情のこもった関心を持てるようにならなければなりません。マザー・テレサのような人が相手であれば簡単ですが、アドルフ・ヒトラーのような人に同じように接しなくてはなりません。これは忍耐を必要とします。オンラインになれば、なおさらそうかもしれません。「それがわたしの夢であるなら」という言葉は、誰もが愛情と関心を受けるに値する存在であるという考え方の反映でもあるのです。

バーバラ　夢を分析するうえで必要な訓練は他にありますか。

ジェレミー　わたしが思うに、夢分析の理論で重要なことは、「なるほど」を見いだすことです。これは、神話や象徴が持つ意味についての知識を増やすことより大切なくらいです。わたし自身は知識ももっていたほうがいいとは思いますが。意味のある象徴は何度も現れます。象徴はいずれ必ず発見できるのです。

バーバラ　どうして五人組の強盗が人間の五感を表していると見抜けたのですか。

ジェレミー　そうですね、マスクをかぶった五人の男たちというのがヒントになりました。五つのものが組になって現れたときには、必ず感覚を表している可能性を疑ってみることです。

これは、わたしが授業で示す事例の一つです。仮に、わたしが教えなかったとしても、参加者の誰かがきっと同じことを言ったでしょう。大事なのは象徴であると気づくことです。それは、統計などに頼ってできることではありません。わたしが指摘する象徴は、これまでに出会った夢の内容を深く突き詰めたすえに見いだしたものです。経験を多く積むうちに、どこに象徴が隠れているか、すぐにわかるようになります。

バーバラ　最後に、オンライン・ドリーム・セッションの体験について何か言っておきたいことはありますか。

ジェレミー　はい。夢分析をオンラインで行っても、その人間的な側面が失われないということを確信しました。逆に、人間的な側面が強まったとさえ思います。太っている、若い、黒人、男、女といった理由で、軽視されたり無視されたりするようなことは、まったく見られませんでした。参加者たちは、純粋な人間存在として語り合えたと思います。

注釈

ジェレミー・テイラーは、ドリーム・グループをオンラインで実施できるかどうか知りたいと考えた。その答えは、まったく淀みのない「イエス」であった。オンライン・ドリーム・チームはすぐさま順調に滑り出した。そこで行われていることは、顔を合わせて行うドリーム・セッションとほとんど変わらないように見える。

コンピュータ技術は、コミュニケーション上の問題を起こしただろうか。その答えも「イエス」である。このセッションで浮かび上がった問題は、他のチャット・ルームでもよく見られる。参加者の発言が入り乱れるために、会話があちこちに飛んでしまうのである。しかし、ログが絶えず画面に表示されているので、前の発言へ戻って内容を確認できることから、問題はある程度、解消できた。

コンピュータ技術をドリーム・セッションに適した形に改良することはできるだろうか。その答えもまた、確信に満ちた「イエス」である。ここ数年、会議のコンピュータ支援に興味を持っている研究者たちが、ビデオとサウンドをやりとりできる双方向通信のほか、共有作業スペース、メッセージ通信路などを提供できる革新的なユーザー・インターフェイスの実験に取り組んでいる。マーク・ステフィックとジョン・シーリー・ブラウンの論文にも、こうしたインターフェイスについての論考があった。

このオンライン・ドリーム・チームが用いたソフトウェアは、どちらかというと原始的なものであったが、コンピュータの機種が違っていても使用できるという利点があった。また、参加者は、利用可能な機能をすべて使いこなしていたわけではなかった。たとえば、セッション後の感想として、会話チャンネルがもう一つあれば便利だろうという要望を出した参加者がいたが、その機能は「インスタント・メール」という形でアメリカ・オンラインがすでに提供しているのである。

テイラーは、初のオンライン・ドリーム・グループの経験を踏まえ、もっと大きなグループの可能性にも興味を示している。ただし、電子グループだろうと何だろうと、グループであれば必ず多くの理由で発言できる参加者の数を制限しなければならない。参加者が七〜九人を超えると、グループの性格に変化をもたらすことが多い。小さいグループにいるときのようには、全員が参加しなくなる。参加したくてもできないのである。それでも、発言できる参加者を七〜九人に制限し、大勢の人が会話を傍聴できるようにすれば、オンライン・ドリーム・グループをもっと多くの人に経験してもらうことができるかもしれない。また、いくつかのセッションを並行して行うこともできる。また独自のドリーム・グループをつくってみるように人々にすすめることも可能だろう。テイラーは、リーダが積極的に司会の役割を果たすという少し趣の異なるドリーム・グループも提案している。このようなグループの形態は、彼がこれまで大小さまざまなワークショップで使い、成功を収めたものである。

これ以外にも、大きなグループでの会議に関するさまざまなアイデアがインターネット上で模索されている。ワールド・ワイド・ウェブ会議（World Wide Web Conference）は、そうした会議の実験結果について報告し、コミュニティや共同研究のための技術に関する情報を提供している。一九九五年のワールド・ワイド・ウェブ会議の議事録は、http://www.w3.org/WWW4/で公開されている。

この会議をもとに書かれた論文に、ナショナル・パフォーマンス・レビュー（National Performance Review）という組織が開設したオンライン会議について述べたものがある。このオンライン会議には、さまざまな省庁に属す四〇〇〇人以上の政府関係者が参加した。そこでは、公共事業の問題や政策について議論し、オンラインで発表されている膨大な数の記事について意見を言ったり、他の意見にさらに発言したりできる。この会議を行うにあたり、参加者には記事を他の記事にリンクするためのソフトウェア・ツールを配布した。記事を投稿するときに、賛成、反対、質問、回答、代案のいずれかとしてリンクできる。その結果、グループ・リーダーの統括のもと、参加者によって関連付けられた文書のツリー構造ができあがるのである。このような構造的なディスカッションというアイデアは、数年前からハイパーテキスト研究者のあいだで模索されていたが、主として一〇～二〇人の作業グループにしか適用されていない。インターネットの登場で、このアイデアを大人数のグループでリアルタイムに試すことが可能になったのである。

これまで見てきた論文が追究していたさまざまなメタファーを振り返ったとき、電子図書館、電子メール、電子市場、電子世界といったメタファーは、オンライン・ドリーム・グループにどのような意味を与えるのだろうか。電子図書館というメタファーに目を向けると、テーマをキーワードとして検索できる夢と夢分析の巨大なデータベースが思い浮かぶ。先週、ニューヨークの人々はどんな夢を見ていたのだろうか。先週の世界を驚かせたニュースのせいで、いつもより多くの人が夢を見ただろうか。夢に熊が出てくるとき、どんなイメージだろうか。どんな疑問にもこのデータベースが答えてくれる。テイラーにとって夢は、最近の癒しや自己統一をめざす運動の一翼を担うものである。夢が人間どうしの結びつきを促すのだと彼は言う。宗教家たちは、人間に連帯への欲求があるからこそ、共同体を築き、クラブに加入し、恋愛をするのだと言う。今、ネットワークは通信手段の主役へと一気に駈け昇ろうとしている。ヴィグリッツォが描いたオンライン・ドリーム・セッションの様子を見ると、インターネットがまるで社会の神経系統のように思えてくる。インターネットがばらばらの個人の意識を統合し、集合的無意識から生まれる夢の意味を解き明かしていくのである。

謝意

バーバラ・ヴィグリッツォは、「夢分析ツールキット（Toolkit for Dream Work）」からの引用を快く承諾してくれたジェレミー・テイラーに対し、謝意を表している。

注

一、この論文が書かれた三カ月後、ジェレミー・テイラーは、アメリカ・オンラインで毎日開かれるドリーム・ショーのホストをつとめるることになった。このショーは、テイラーがステージに上り、サイバースペース会場の観客とともに夢を分析するというものである。テイラーは、いつも二、三人のアシスタントを引き連れている。ほとんど毎朝、このステージでテイラーとともにバーバラ・ヴィグリッツォの姿も見ることができる。

エピローグ——選択と夢

情報技術も、その利用法も、今世紀中にとても重要な方向へ飛躍的に進歩する可能性があることだけはまちがいない。ただし、その可能性が現実になるかどうかは、社会と国家がどのような目標を掲げるかに大きく左右される。

——J・C・R・リックライダー『未来の図書館』[*1]より

原始的な社会で原形をとどめている神話は、単なる物語ではない。実際の体験と何ら変わりはしない。

——ブラニスラーフ・マリノフスキー[*2]

希望へと続く戻り道、場所の新しい意味へと至る道は、わたしたちが共有する夢の空間を通っている。

——テレサ・ハインツ、一九九四年一〇月二七日[*3]

---

1 J.C.R.Licklider, *Libraries of the Future*

2 Bronislaw Malinowski

3 Teresa Heinz, October 27,1994

そもそもわたしが本書を書こうと思いついたのは、人々のイマジネーションを喚起し、創造性と先見性を備えた多くの人から意見を引き出すためだった。草稿を書き上げ、何人かの人に読んでもらったところ、情報インフラを構築するうえでの選択肢について具体的に論じてほしいという要望が寄せられた。彼らによると、現在アメリカで情報インフラに投資を行っている最大手は、ケーブルテレビと電話会社で、投資額は、他に比べると一〇〇倍以上の規模である。彼らは、その投資が本書で述べたような夢の実現には必ずしもつながらないのではないかというのである。

選択

本書が追究してきたことを一言でいうと次のようになる。インターネットの発展に方向性を与えてきた夢とは、電子図書館、電子メール、電子市場、そして電子世界である。これらの夢は、人間が日々の出来事について考えるときに用いるメタファーと結びついており、わたしたちの針路と将来像についての深遠で重要なメッセージを発している。メタファーの底流にある元型――知識の守護者、通信者、交易者、冒険者――は、実はわたしたち自身の個性の奥底に潜んでいるのである。

こうした夢やメタファーに導かれて何かを生み出すとき、わたしたちは古代から現代にいたる夢想家たちが踏みならした道をたどる。しかし、率直に言って、カウチ・ポテト[*4]の夢と冒

4 カウチ・ポテト
カウチは、枕付き寝椅子や長椅子のこと。カウチ・ポテトは、ソファーに寝そべり、ポテトチップスなどジャンクフードを食べながら、TVを観て過ごす生活を送る人々のこと。

険者の夢には違いがある。情報インフラの種類が違えば、それを支える夢もまた異なるのである。わたしたちは選択する。ときには賢く、ときには愚かに。

本書の冒頭で、NII（全米情報インフラ）はテレビより少しましなものにしかならないのかと問いかけた。テレビは、大きな期待をもって迎えられた技術の一つである。そして、ビデオ・オン・デマンドは、現在多くの企業が次なる家庭向け娯楽産業の目玉の一つとして期待を寄せている。しかし、テレビをカウチ・ポテトの陳腐な夢だと見下すのは的を射ていない。テレビは、それなりに役割を果たし、社会に浸透しているからこそ、激しい批判の的になっているのである。テレビは、娯楽とニュースを届けるという仕事を、立派に、そして効率的にやり遂げているのである。

もちろん、テレビには、電子図書館、電子メール、電子市場、電子世界といった夢を実現する力はない。重要なのは、この点である。インターネットの誕生と爆発的な拡大の原動力となったこれらの夢は、ビデオ・オン・デマンドとは異なるインフラを必要とする。ここでは、テレビを足がかりとしながら、四つのメタファーを振り返り、NIIの基本条件を示す具体例を見出してみたい。

電子図書館

コンピュータとネットワークは、人類の知識を保存するという伝統的な図書館の仕事を拡大する。誰もが時間や場所を選ばずデジタル出版物にアクセスできるユニバーサルサービスを実現できる。また、ネットワークを利用すれば、地理的な距離の意味は減り、デジタル財産権が確立されれば、デジタル出版物の貸し出しと返却を自動化することもできる。

このようなデジタル出版物はインタラクティブ性（双方向性）を備え、音楽、ビデオ、コンピュータゲーム、コンピュータプログラムなどと一体化することも考えられる。索引作成プログラムと検索プログラムを使えば、電子図書館から読みたい作品を探し出すこともできる。

ただし、こうしたサービスを実現するためには、情報インフラの特別なタイプの支援が欠かせない。どのような支援が必要なのかを探るために、テレビに必要な条件について比較のために考えてみよう。ケーブルテレビ[*5]であっても、テレビ番組を制作し放映するには莫大な費用がかかる。一人の人間だけが喜ぶようなチャンネルを作ったのでは、採算がとれない。テレビチャンネルが利益を上げるには、放送する市場のかなりのシェアを獲得しなければならない。アメリカの人口は約三億人である。ケーブル研究所（Cable Labs）が最近行った調査によると、チャンネル数が三〇に満たないケーブルネットワークは二二パーセントで、三〇～五三チャンネルが六四パーセント、五四チャンネル以上が一四パーセントだという。テレビの経済学から言うと、一つのチャンネルが生き残るためには数万人の視聴者を獲得しなければならない。一〇〇〇人足らずの視聴者では立ちいかないのである。地方の図書館がこのような経済原理にさらされれば、貸し出し用に二〇～三〇冊しかもっていないことになろう。

一方、コンピュータネットワークがあれば、電子図書館の基礎となる流通経済が実現できる。ただし、そのためには、ある特定の条件を満たしていなければならない。まず、電子図書館が多様な作品を多くの人々に届けられるようにする能力が必要である。これを「アドレッサビリティ（addressability）」という。また、情報は安い費用で伝送できなければならない。さら

5　ケーブルテレビ　一四ページ参照。

に、コピーを防止し、出版業の存続を保証するデジタル財産権のようなものも必要となる。デジタル・ブックを図書館で借りてコピーを無料でできるなら、誰がお金を出して買うだろうか。事実、現在でも多くの人がテレビ番組をビデオに録画しているのである。電子図書館の存立は、健全な出版業界が、さまざまな種類の作品を供給してくれることにかかっているといえるだろう。

電子メール

わたしたちは、電子メールを、郵便と同じように、人との関係を保つ目的に使っている。電子コミュニティで興味のあるテーマについて議論するときにも使う。こうしたネットワーク上のディスカッション・グループは、ある小学四年生のクラスで起きた問題について話し合うために地域レベルで作られることもあるだろうし、環境問題について議論するために国際レベルで組織されることもある。電子メールを利用すると、通信者は大勢の人々と交流する市民になれるのである。

テレビとは異なり、電子メールには事実上無限に近い配信範囲が必要となる。インターネットの利用者はみな電子メールのアドレスを持っており、個人宛またはグループ宛にメールを送ることができる。電子メールの基礎にあるのは、無数ともいえるアドレスなのである。このことは、テレビのチャンネル数が有限であるのと対照的である（チャンネルが五〇〇あろうと一〇〇〇あろうと有限であることに変わりはない）。通常の郵便や電子メールがテレビと同じようなものだとしたら、二〇か三〇のアドレスに送信することしかできない。メッセージを受け取るためには、チャンネルの一つを見て、自分宛のメッセージが届いているかどうか確認しなければならないだろう。このアドレス数の違いは決定的である。アドレス数が無限だということは、すべての人がメッセージを送信できるということでもある。

テレビは基本的に単方向の媒体であり、少数の放送者と多数の視聴者で成り立っている。この形態は、双方向テレビの登場で変わるかもしれないが、それでも大きな変化はないだろう。双方向テレビの構想には、視聴者がテレビで投票できたり、与えられたそれほど多くない選択肢から選んだりできるというものが多い。たとえば、テレビの音楽賞で最優秀グループを投票したり、ホーム・ショッピングの番組で買いたい商品を選択したりするといったものである。この程度の双方向性は、誰もが自宅からテレビ番組、あるいは何でもいいが、を発信できるような時代のほんの予兆にすぎない。一方、電子メールのインフラは、双方向性で、実質的に無限のアドレッサビリティを提供し、しかも送信コストは安くなければならない。テレビは、今のテレビの提供するものには充分であるが、しかし明らかに、電子メールを支えるには力不足なのである。

電子市場

電子市場にも特有の性質と必要な条件がある。電子市場の広告は、買いたい商品を手がかりに販売店を見つけるイエローページのようなものにできる。原理的には、ホームページという形で誰でもネットワーク上で「(安い)看板を出す」ことができる。商品に広告を付けることもできて、このような実例として電子雑誌にみられる広告があげられる。ソフトウェアやビデオゲームなどの商品は、インターネットを通して届けることすらもできる。

広告は、対象を絞ることができ、非常に経済的たりえる。地域社会の掲示板であれば、ベビーシッターなどの地域サービスを宣伝することもできるし、遠くの場所に向けて広告を出すこともできる。製造業者や販売店は、きわめて広い地域でビジネスを展開できるようになる。消費者は、コンピュータプログラムを使って広告を見つけることもできるし、条件に合わない広告をふるい落とすこともできる。

ネットワーク上では、商品やサービスの供給方法も特殊である。デジタル出版物の広告、注文、配送は、完全にコンピュータネットワークという世界の中だけで行われる。デジタル出版物の経済原理も、有形の出版物の場合とは異なる。デジタル出版物はかさばらない。制作コスト（つまり複製コスト）が小さい。知的財産権は、デジタル財産権という概念を採用することで保護できる。デジタル出版物は、在庫コストがきわめて安くつき、配送コストもあまりかからない。しかも瞬時に配送できる。このような配送方式は、デジタル財産権が十分に浸透するまでは一般化しないだろうが、いずれはデジタルブックやデジタルビデオからデジタル音楽やデジタル新聞まで、あらゆる種類のデジタル出版物が登場するだろう。

ここで、もう一度テレビに目を向けてみよう。ネットワークと比較した場合、テレビに本当の意味での市場が存在しないことは明らかである。テレビで宣伝されている商品が気に入り、買うことに決めた場合でも、普通はテレビを通して商品を受け取ることはできない。販売店に出向くか、電話で注文しなければならない。一般の人々がテレビに商品やサービスの広告を出すことはまずない。テレビに広告を出すには莫大な費用がかかる。テレビの放送は巨大な市場を必要とするからである。対象とする顧客が半径一〇ブロック以内にしかいない場合には、テレビに広告を出しても意味がない。顧客が一〇万人に一人という割合で、全世界に散らばっているという場合も同様に、テレビに広告を出しても無意味である。

何度も言うように、テレビは、広い層に受ける商品のマーケティングには脅威的ともいえる力を発揮する。しかし、インフラとしては、市場の他の側面を十分に支えることはできない。ここでもまた、アドレッサビリティが問題になる。NIIは、膨大な数の製造業者、流通業者、消費者に対応できなければ、市場を支えることはできない。さらに、利用者がNIIのネットワーク上で商品を売り買いするためには、安全に金銭をやりとりする方法も必要である。デジタル商品を提供するためには、商品を安全に保管し、無断コピーを防止する手段がなければならない。テレビは、これらの条件を何一つ満たすことができないのである。

電子世界

電子世界という言葉は、バーチャル・リアリティに全身で没入するゲームから、ビジネス世界を補助するグループウェアまで、幅広い意味を含んでいる。人と共同で仕事をするためだろうと、仲間と一緒に遊ぶためだろうと、電子世界が社会の形をとったとき、その魅力はもっと大きくなる。

ここでも、テレビにはNIIで電子世界を支えるのに必要な条件が欠けている。テレビには双方向性がないし、社会を形成する能力もない。電子世界のインフラには、その両方が不可欠なのである。アドレッサビリティーと双方向性に欠けるがゆえに、テレビは、人間どうしを結びつけ、社会を作り上げることはできないのである。

結論

四つのメタファーのすべてにおいて、アドレッサビリティ、双方向性、安い情報転送コスト、金銭のやりとり、デジタル財産権の管理を可能にする技術インフラが必要になることがわかった。これらの条件のうちどれか一つでも欠ければ、これらのメタファーをもとに描いたわたしたちの夢は現実化しないのである。

夢

コンピュータ・ネットワークは、わたしたちを互いに結びつける。わたしたちがみな同じ人間であり、世界は一つであることに気づかせてくれるかもしれない。未来への大いなる希望を私に与えてくれる。

——ヴェーダーンタ協会のスワミ・アシタナンダ[*6]

夢想家をきどって目を閉じると、ウェブは中世の大聖堂と同じようなものに思えてくる。文化全体が援助し、参加するところのように。

——MITのハル・エイベルソンからわたし宛に届いた電子メールより[*7]

6 Swami Asitananda of the Vedante Society Retreat

7 Private electronic mail message from Hal Abelson, MIT

地球規模の覚醒を促すうえで最初に果たすべき仕事の一つは、情報の分散である。通信システムはこの日が来るのを待っていた。このときのために生まれたのである。

――ケン・ケアリー『スターシード・トランスミッション』[*8]より

ここで指摘した問題について議論するときには、本書が描いた夢を心に抱き、電子図書館、電子メール、電子市場、電子世界といった具体例を持ち出すことが有益である。どのような議題や問題に取り組む場合でも、わたしたちの選択によって社会的な発明が生まれ、わたしたち自身の将来像が形づくられることを忘れてはならない。

心の社会と社会の心

ＭＩＴの教授であり、人工知能研究の創始者の一人でもあるマーヴィン・ミンスキーは、心の解明に取り組んでいる。彼が探求しているのは、心は何からできているのかという問題である。ミンスキーは、その著作『心の社会』[*9]の中で、人間の心は小さなサブマインドからなり、それらが作用しあって行動を作り出しているのだと述べている。ある瞬間において、あるサブマインドは空腹について考え、別のサブマインドは車の運転について考え、また別のサブマインドはちょっとした仕事をどう片づけようかと考えている。それぞれのサブマインドは、さらに小さな心から作られていて、ハンドルを握ること、ギアを変えること、道路を見わたすことなどを考えている。このように心の階層を下へ下へとたどっていくと、心の要素はまるで自動システムのようになり、いわゆる心とは似て非なるものとなる。このようなサブマインド

8 Ken Carey, *The Starseed Transmissions*

9 Marvin Minsky, *Society of Mind*

が集まってできているのが社会である。サブマインドは、連携もすれば、ときに競争もし、衝突を起こしたときには、交渉によって協調を図る。精神活動と意識は、とるべき行動を選択するときに起こるサブマインドの相互作用なのである。

ミンスキーの理論は、言ってみれば顕微鏡で心の内側を覗きこむようなものである。では、その顕微鏡を望遠鏡に持ちかえ、この理論の向きを逆向きにして心の外側へ向けてみるとどうなるだろうか。目を外に向け、こう尋ねてみる。「社会は何からできているのか」。互いに作用しあう人々の心でできていると答えることもできるだろう。社会は、その行動をどのように決定しているだろうか。望遠鏡を覗くと、「社会の心」を構成する個々の心が、互いに競争し合い、衝突し、交渉によって協調を図ることがわかる。組織という見地に立つと、組織の心の「意識」は、そのサブマインドの交流から生まれる。サブマインドどうしが交わすメッセージ、つまりわたしたちが話したり書いたりする言葉こそ、人間のコミュニケーションの実体である。

社会の神経系統という情報ネットワークのメタファーは、古くから多くの人々に影響を与えてきた。一九九四年三月の国際電気通信連合の会議において、アル・ゴア副大統領は、ナサニエル・ホーソーン (Nathaniel Hawthorne) が電信に感動して言った次のような言葉を引用した。「電気という手段によって、物質世界は一瞬のうちに何千マイルの彼方に信号を伝える偉大な神経となった。この地球は、知性に満ちあふれた巨大な頭脳である」。ゴアは、次のように付け加えた。

約一五〇年もの間、人間はホーソーンのビジョンを実現せんと努力してきた。通信の神経を地球に張り巡らせ、人間の知識を一つに結び付けようとしてきたのである。そして今わたしたちは、世界中の社会を一つにまとめ上げられるだけの技術革新を遂げ、経済的な手段を手に入れた。わたしたちはついに、大都市から小さな村まで、世界の隅々に光と同じ速さで言葉や画像を転送できる、地球規模の情報ネットワークを築き上げられるようになったのだ。このハイウェイで人々は情報を共有し、結びつき、グローバルコミュニティとして交流できる。こうした結びつきが、堅実で持続的な経済発展、強固な民主主義、世界的な課題の優れた解決策、そしてこの小さな惑星を共同で管理していくという意識の高まりをもたらすのである。

コンピュータネットワークでメッセージを発信することはできる。しかし、コンピュータネットワークの側は、社会のしくみと人間関係の築き方にどのような影響を及ぼすのだろうか。

内に目を向け、外に目を転じる

望遠鏡と顕微鏡というメタファーは、外部の社会生活と内部の精神生活の二つを同時に生きる人間の二重性を暗示している。この二重性を理解する手がかりになるのが、詩人や宗教家の言葉である。チベット仏教の指導者であるソジアル・リンポシュ（Sogyal Rinpoche）は、精神とは花瓶の周りの空気のようなものだと言った。空気は花瓶の内側と外側に存在する。内側の空気は人間の精神で、外側の空気は人間以外の万物の精神である。悟りとは、わたしたちが花瓶を割り、内側の空気が外側の空気と同じであることに気づくことである。宗教家によれば、人が連帯と統一を求めるとき、それは神との再結合を求めているのである。

このテーマは、形こそ違えど、洋の東西を問わず、さまざまな宗教において憐憫と人類は一つなのだと説くときに現れる。他の存在を傷つける者は自分自身を傷つけているのだという教えである。これは聖書の黄金律であり、エコロジー運動の基本思想でもある。

この内側と外側についての話は、人間の夢と選択に対するわたしの考えを締めくくるにふさわしい。人生には深い神秘的な点があるが、その多くは、最終的な解答が存在しない質問のように思える。言ってみれば、禅の教えにある「公案」のようなものかもしれない。公案は、解こうとあくせくしてはいけない。さもないと背景の深淵に迷い込んでしまうだろう。深淵からは、唯一の答えというものは得られない。しかし公案についておりにふれて考えることで、人間が偉大な自然の摂理に組み込まれた存在であることに気づき、畏怖の念と敬虔な気持ちが生まれるのである。

この項の初めに引用した言葉は、情報インフラの構築は巨大な社会事業であるという理解を反映している。ハル・エイベルソンは、中世の大聖堂を建造することの情報版だと言っている。巨大な社会事業は、社会の大きなエネルギーと賢明な選択によってしか成し遂げられない。わたしたちは、電子図書館を選択することもできれば、電子市場を選択することもできるし、電子世界を選択してもいい。こうした可能性の背景には、どの文化にも時代を超えて現れる元型——知識の守護者、通信者、交易者、冒険者——がある。

電子図書館を創造するときには、情報時代の知識の守護者を作り出す。電子図書館はどのような姿になるべきだろうか。社会としてのわれわれにとってどのような役にたつだろうか。蓄積された知識と英知をこれまで以上に活用できるようになり、人間の生活にプラスになるだろうか。

電子メールを使うときには、情報時代のメッセンジャーを作り出す。オンライン・ディスカッション・グループのネチズンと会話するとき、わたしたちは社会を望んでいる方向に導いているだろうか。

電子市場を生み出すときには、情報時代の交易者を作り出す。ネットワーク上の仮想企業[*10]や仮想ビジネスは、意味のある仕事や商取引を実現するのだろうか。

電子世界を創造するときには、情報時代の冒険者を作り出す。わたしたちが生み出す電子世界は、わたしたち自身とその社会を再生させるだろうか。

わたしたちが個人生活の中で行う選択は、内面の成長と統合をもたらす。社会生活で行う選択は、社会の成長と統合をもたらす。わたしたちは、本道から逸れた脇道を選択することもできるし、個人と社会の一体性に至る道を選択することもできる。ジェレミー・テイラーが言っていたように、夢は健康と一体性に寄与するのである。論議の予知はあるが、インターネット・ドリームは、人類の健康と一体性に貢献するといえるだろう。大切なのは、わたしたちの選択と夢につねに目を向けていることである。

10　ネットワーク上の仮想企業
仮想企業体（virtual corporation）バーチャル・コーポレーション。VC。事業全体を1つの企業が行うのではなく、ネットワークを利用し連携をとり、複数の企業や個人が仮想的に1つの企業のように活動を展開する形態。各企業はアウトソーシング（外部資源の活用）を図ることにより、自社がもつ以上の実力を発揮できる。

Nunberg, Geoffrey. The Places of Books in the Age of Electronic Reproduction. *Representations* (Spring 1993):13-37.

Pearson, Carol S. *Awakening the Heroes Within: Twelve Archetypes to Help Us Find Ourselves and Transform Our World.* San Francisco: Harper, 1991.

Pool, I. de Sola, ed., *The Social Impact of the Telephone.* Cambridge: MIT Press, 1977.

Raymond, Eric S., ed. *The New Hacker's Dictionary.* Cambridge: MIT Press.

Michael Schrage, *Shared Minds: The New Technologies of Collaboration.* New York, Random House,1990.

Salus, Peter H. *Casting the Net: From ARPANET to INTERNET and beyond...*Reading,Mass.:Addison-Wesley,1995.

Stephenson, Neal. *Snow Crash.* New York: Bantam Books, 1992.

Stefik, Mark. The Next Knowledge Medium. *AI Magazine* 7, no.1 (Spring 1986):34-46. Reprinted in *The Ecology of Computation.* B. A. Huberman, ed. Amsterdam, the Netherlands: North Holland Publishing, 1988, pp.315-42.

Stefik, Mark. *Introduction to Knowledge Systems,* San Francisco: Morgan-Kaufmann, 1995.

Weiser, Mark. The Computer for the 21st Century. *Scientific American* 265, no.3 (September 1991).

Winograd, Terry, and Flores, Fernando. *Understanding Computers and Cognition: A New Foundation for Design.* Norwood, N.J.: Ablex Publishing,1986.

参考文献

Chinen, Allan B. *Beyond the Hero. Classic Stories of Men in Search of Soul.* New York: Tarcher/Putnam, 1993.

Collins, Harry M. *Artificial Experts: Social Knowledge and Intelligent Machines.* Cambridge: MIT Press, 1990.

Collins, Harry M. *Changing Order: Replication and Induction in Scientific Practice,* 2nd ed. Chicago: University of Chicago Press, 1992.

Dennett, Daniel. *Where Am I? In The Mind's I: Fantasies and Reflections on Self and Soul,* D. R. Dennett and D. R. Hofstadter, eds. Harmondsworth, Eng.: Penguin, 1982.

Forster, E.M. The Machine Stops. In his *The Eternal Moment and Other Stories.* New York: Harcourt Brace, 1928. Reprinted in Ben Bova, ed. *The Science Fiction Hall of Fame,* vol.2. New York: Avon, 1973.

Hesse, Carla. *Publishing and Cultural Politics in Revolutionary Paris, 1789-1810.* Berkeley: University of California Press, 1991.

Malone, Thomas W., Grant, Kenneth R., Turbak, F.A., Brobst, S.A., and Cohen, M.D. Intelligent information sharing systems. *Communications of the ACM* 30, no.5 (May 1987):390-402.

Malone, Thomas W. What Makes Computer Games Fun? *Byte Magazine* (December 1981)

McLuhan, Marshall. *Understanding Media.* New York: McGraw-Hill, 1964.

National Collaboratories: Applying Information Technology for Scientific Research. A report by the Computer Science and Telecommunications Board, National Research Council. 1993.(Copies available from National Academy Press, 2101 Constitution Avenue, N.W., Washington, D.C. 20418.)

Nelson, Ted. *Literary Machines.* 1981.(Copies available from Ted Nelson, Box128, Swarthmore, Pa.19081.)

“A Rape in Cyberspace: How an Evil Clown, a Haitian Trickster Spirit, Two Wizards, and a Cast of Dozens Turned a Database into a Society” by Julian Dibbell. Originally published in The Village Voice, December 21, 1993, pp.36-42. Reprinted by permission of the author and *The Village Voice.*

“Interaction without Society?: What Avatars Can't Do” by Harry M. Collins. Written for this book.

Excerpt from “Toward Portable Ideas” by Mark Stefik and John Seely Brown. Originally published in M. H. Olson, *Technological Support for Work Group Collaboration* (Hillsdale, N.J.: Lawrence Erlbaum Associates,1989), pp.147-165.

“The National Collaboratory——A White Paper,” by William A. Wulf. Originally published in *Towards a National Collaboratory,* a workshop held at Rockefeller University, March 17-18, 1989.

“Internet Dreams: First Encounter of an On-line Dream Group” by Barbara Viglizzo. Written for this volume.

"Netiquette 101" by Jay Machado. Originally appeared in the online newsletter *Bits and Bytes* Online Edition 3, no.2 (January 9,1995) and 2, no.7 (November 8, 1994)

Excerpt from "The MPC Adventures: Experience with the Generation of VLSI Design and Implementation Methodologies" by Lynn Conway. Transcribed from an invited lecture at the Second Caltech Conference on Very Large Scale Integration, given on January 19,1981. The full text appeared as Xerox Palo Alto Research Center Technical Report, VLSI-81-2, 1981. ©1981 by Lynn Conway. All right reserved.

Excerpt from "Digital Communications and the Conduct of Science: The New Literacy" by Joshua Lederberg. ©1978 IEEE. Reprinted, with permission, from *Proceedings of the IEEE 66,* no.11 (November 1978).

"Electronic Commerce on the Internet." This article is excerpted from the online home page of CommerceNet. Reproduced with permission of CommerceNet. Copyright © 1995 CommerceNet. All rights reserved.

Excerpt from "Electronic Markets and Electronic Hierarchies" by Thomas W. Malone, Joanne Yates, and Robert I. Benjamin. Reprinted *from Communications of the ACM* 30, no.6 (1987): 484-497. © 1987 Association for Computing Machinery. Reprinted by permission.

"Slaves of a New Machine: Exploring the For-Free/For-Pay Conundrum" by Laura Fillmore. From the text of a speech given by Laura Fillmore at the Conference on Organizational Computing, Coordination, and Collaboration: Making Money on the Internet held in May 1994 at the IC2 Institute at the University of Texas at Austin. © 1993 by Laura Fillmore, President OBS (Open Book Systems, formerly Online Bookstore), Laura@obs-us-com. Reprinted with permisson. All rights reserved.

Excerpt from "Mudding: Social Phenomena in Text-Based Virtual Realities" by Pavel Curtis. Originally published in the proceedings of the 1992 conference on Directions and Implications of Advanced Computing organized by Computer Professionals for Social Responsibility, P.O. Box 717, Palo Alto, CA 94302. Phone (415)322-3778, Fax: (415)322-4748; Email cpsr@cpsr.org. © 1992 Xerox Corporation. All rights reserved.

原典

Excerpt from *As We May Think* by Vannevar Bush. Originally published in the July 1945 issue of *The Atlantic Monthly.*

Excerpt from *Libraries of the Future* by J. C. R. Licklider. Originally published by the MIT Press, 1965. The excerpt is drawn from pages 4-6, pages 14-15, pages 33-39.

Excerpt from *The Digital Library Project,* Volume 1: *The World of Knowbots* by Robert E. Kahn and Vinton G. Cerf. A technical report by the Corporation for National Research Initiatives, March 1988.

Excerpt from "Communication as the Root of Scientific Progress" by Joshua Lederberg. Originally published in *The Scientist* 7, no.3 (February 8, 1993): 10. ©1993, *The Scientist.* All right reserved. Reprinted by permission.

Excerpt from "What Is the Role of Libraries in the Information Economy?" by John Browning. Originally published in *Wired,* 1993.Reprinted by permission.

"Technological Revolutions and the Gutenberg Myth" by Scott D.N. Cook. Written for this book, based on "The Structure of Technological Revolutions and the Gutenberg Myth," in *New Directions in the Philosophy of Technology,* edited by Joseph C. Pitt (Dordrecht: Kluwer, 1995).

Excerpt from "Libraries Are More than Information: Situational Aspects of Electronic Libraries" by Vicky Reich and Mark Weiser. Published in *Serials Review* 20, no.3 (1994). This article also appeared as Xerox Palo Alto Research Center Technical Report, CSL-93-21, December 1993.

Excerpt from "The Electronic Capture and Dissemination of the Cultural Practice of Tibetan Thangka Painting," by Ranjit Makkuni. Originally published in *World Archaeology* 21 (1992).

"Some Consequences of Electronic Groups" by Lee Sproull and Samer Faraj. This articles is excerpted from "Atheism, Sex, and Databases: The Net as a Social Technology" in *Public Access to the Internet,* edited by Brian Kahin and Jim Keller (Cambridge: The MIT Press, 1995).

ヴィッキー・リーチ (Vicky Reich)
スタンフォード大学で電子図書館に関するさまざまな計画を分析、統括し、図書館での著作権および知的財産権をめぐる問題の専門家。
電子メール・アドレス：vicky.reich@forsythe.stanford.edu

リー・スプロウル (Lee Sproull)
ボストン大学の経営学教授。現在、マークル財団の援助を受けて電子グループについて研究を進めている。
電子メール・アドレス：lsproull@bu.edu

マーク・ステフィック (Mark Stefik)
米ゼロックス社パロアルト研究所の主任研究者。プログラミング言語の作成からエキスパートシステムやコンピュータ支援の共同研究まで、幅広い研究分野に関心を寄せている。その根底にあるテーマは、創造性、共同研究、表現力を技術によって向上させることである。
電子メール・アドレス：stefik@parc.xerox.com

バーバラ・ヴィグリッツォ (Barbara Viglizzo)
トランスパーソナル心理学研究所の大学院生。サンフランシスコ州立大学で臨床心理学の学士号を取得。サンフランシスコの自殺防止計画に参加し、老人と一緒に活動した。自身の息子および思春期前の5人の少年とその家族による通過儀礼に参加し、その運営に協力したこともある。こうした経験がもとになり、個人および社会の成長と両者の相互関係に対する関心を強めていった。
電子メール・アドレス：Viglizzo@parc.xerox.com

マーク・ワイザー (Mark Weiser)
米ゼロックス社パロアルト研究所のコンピュータ科学研究所長。ユビキタス・コンピューティングの研究を指揮したことで知られている。パロ・アルト研究所に招かれる前は、メリーランド大学でコンピュータ科学の教授を務めていた。
電子メール・アドレス：wiser@parc.xerox.com

ジョアンヌ・イェーツ (Joanne Yates)
MITのスローンスクールで経営意思伝達の上級講師およびコーディネーターを務める。
電子メール・アドレス：jyates@mit.edu

1978年から1990年まで、ロックフェラー大学の学長を務めていた。1958年には、E・L・テータムとG・W・ビードルとともに、細菌遺伝学の基礎研究でノーベル生理学医学賞を受賞している。1995年には、コンピュータ科学研究での功績が認められ、米国コンピュータ学会のアレン・ニューウェル賞を受賞した。
電子メール・アドレス：jsl@rocky2.rockefeller.edu

J・C・R・リックライダー（J.C.R. Licklider）
本書に収めた論文を書いたときには、マサチューセッツ州ケンブリッジのBolt Beranek and Newman（BBN）社で立体エンジニアリング心理学研究者を務めていた。BBNは、現在では幅広い分野で事業を展開しているが、当時は音響学を専門とするコンサルティング・エンジニアの会社だった。リックライダーは、米国音響学会の会長を務めていたこともある。MITでは、人間のコミュニケーションや情報の処理および表示について研究していた。その後、高等研究計画局の情報処理技術局（Information Processing Techniques Office）の局長も務めた。同局の情報処理およびコンピュータ科学に関する先駆的な研究プログラムの創始者として名高い。

ジェイ・マチャード（Jay Machado）
ニュースレター『*Bits and Bytes: Online Edition*』の編集者。
電子メール・アドレス：jmacnado@omnil.uoicenet.com

ランジット・マックーニ（Ranjit Makkuni）
ニュー・デリーのインディラ・ガンディー・ナショナル・センターとゼロックス社パロ・アルト研究所の共同プロジェクト「ギータ・ゴヴィンダ（Gita-Govinda）」のリーダー。ギータ・ゴヴィンダ・プロジェクトは、12世紀の恋愛詩「ギータ・ゴヴィンダ」をもとに、先端的な美術展示と教材を作ろうという試みである。彼の論文にあるタンカのプロジェクトは、サンフランシスコのアジア・アート・ミュージアム、ゼロックス社パロ・アルト研究所、チベット仏教界のメンバーが共同で進めている。
電子メール・アドレス：IGNCA@DOE.ERNET.IN（インド）、
makkuni@parc.xerox.com（アメリカ）

トーマス・W・マローン（Thomas W. Malone）
マサチューセッツ工科大学スローンスクール（経営大学院）で経営情報システムを教えるパトリック・J・マクガバン教授であり、MITコーディネーション・サイエンス・センターの創設者であり部長でもある。コンピュータおよび通信の技術が共同作業の方法に及ぼす変化と、情報技術を採り入れた組織の構築について研究している。
電子メール・アドレス：Malone@mit.edu

スコット・D・N・クック（Scott D. N. Cook）
サンフランシスコ州立大学とMITで哲学と社会科学を学ぶ。シリコン・バレーに住み、サンノゼ州立大学で哲学の教鞭を執るかたわら、ゼロックス社パロ・アルト研究所の研究者兼コンサルタントとしても活躍している。ここ15年ほどは、ノウハウと専門知識、技術と社会の変化、専門家とビジネスにおける価値の役割といったテーマに取り組んでいる。彼が初めてネット・サーフィン（ARPANET）を体験したのは1973年だった。
電子メール・アドレス：cook@parc.xerox.com

パベル・カーティス（Pavel Curtis）
米ゼロックス社パロアルト研究所の研究者。一時、研究から離れ、実験的なネットワーク社会システム（LambdaMOO）の運営を始めた。LambdaMOOは、現在ではインターネットでもっとも人気の高い出会いの場の1つとなっている。あまりにもおもしろかったためにパベルは、MUDを始めとするバーチャル・リアリティを研究の中心テーマとしている。彼は現在、バーチャル・コミュニティの方向性を探るゼロックスでの社会的バーチャル・リアリティ・プロジェクトのリーダーを務める。
電子メール・アドレス：pavel@parc.xerox.com

サマー・ファラジ（Samer Faraj）
ボストン大学で経営情報科学を学ぶ大学院生。ネットワークにおける仕事や社交の新しい形態に関心を寄せている。
電子メール・アドレス：samer@acs.bu.edu

ローラ・フィルモア（Laura Fillmore）
マサチューセッツ州ロックポートのオンライン・ブックストア（OBS）の社長（OBSのアドレスはobs@editorial.com）。1976年にハーバード大学の『*The American Journal of Ancient History*』に加わり、出版界に入る。マサチューセッツ州ケンブリッジのSchoenhof' s Foreign Books社とLittle, Brown, and Company社のトレード・エディトリアル部門でも経験を積んだ。1992年、OBSは初めてのインターネットに関する本を出版した（トレイシー・ラクウェイの『インターネット・ビギナーズガイド』：Tracy LaQuey, *The Internet Companion*）。
電子メール・アドレス：laura@editorial.com

ジョシュア・レーダーバーグ（Joshua Lederberg）
遺伝学者であり、生物医学専門の大学院しかない研究機関ロックフェラー大学の教授も務める。研究機器の操作、科学推論のモデリング、科学出版物および資料の管理にコンピュータを導入したことで知られる。1963年以来、引用情報を元にして、重要な文献を見つけることができる「引用索引（Citation Index）」の作成委員を務める。ウィスコンシン大学とスタンフォード大学の医学部で遺伝学の教鞭を執っていたことがある。

執筆者紹介

ロバート・I・ベンジャミン（Robert I. Benjamin）
米ゼロックス社の情報管理部門を退職後、現在はMIT（マサチューセッツ工科大学）の客員教授をつとめるとともに、コンサルタンティング業も営む。
電子メール・アドレス：rbenjamin@sloan.mit.edu

ジョン・シーリー・ブラウン（John Seely Brown）
米ゼロックス社パロアルト研究所の所長であり、ゼロックス社の主任科学者でもある。彼はかねてより、推論における創造的過程と認知の果たす役割に関心を持っていた。本書に収められたマーク・ステフィックとの共著論文は、1986年にテキサス州オースチンで開催されたコンピュータ支援の共同研究に関する会議（The Conference on Computer Supported Cooperative work）で彼が行った基調報告がもとになっている。
電子メール・アドレス：jsbrown@parc.xerox.com

ジョン・ブラウニング（John Browning）
『ワイヤード（*Wired*）』誌ヨーロッパ版の編集者。『エコノミスト（*The Economist*）』誌や『サイエンティフィック・アメリカン（*Scientific American*）』誌などに寄稿するかたわら、大企業を相手にした情報技術戦略のコンサルタントとしても活動している。『エコノミスト』誌に掲載された『情報技術ポケット・ガイド（*Pocket Guide to Information Technology*）』の著者である。歴史学とコンピュータ科学の学位を有する。
電子メール・アドレス：jb@browning.demon.co.uk

ヴァネヴァー・ブッシュ（Vannevar Bush）
故人。生前、連邦科学研究開発局長を務める。第二次世界大戦中、同局は6000人を超える科学者による研究を統括していた。ここに収めた論文は終戦まぢかに書かれたものだが、先見性にあふれ、多方面で引用されている。彼は科学者たちに対し、人類の知識をただ貯めておくだけでなく、広く公開することに目を向けよと訴えていた。

ヴィントン・G・サーフ（Vinton G. Cerf）
現在、インターネット・ソサエティの会長であり、MCIではデータ・アーキテクチャ部門の部長の職にある。インターネットで用いられているネットワーク・プロトコルのTCP/IPを設計する際に中心的な役割を果たした人物として、またMCIメールの考案者として知られる。ロバート・E・カーンとともにCNRIを設立し、数年間、副社長を務めた後、MCIに復帰した。
電子メール・アドレス：Vint_Cerf@mcimail.com

[ら]

[わ]

[な]

[は]

[さ]

索引

電網新世紀
――インターネットの新しい未来――

2000年1月20日　初版1刷発行

編著者 …………Mark Stefik (マーク・ステフィック)
監訳者 …………石川　千秋
訳　者 …………近藤　智幸
発行所 …………パーソナルメディア株式会社
〒142-0051　東京都品川区平塚 1-7-7 MYビル
TEL (03)5702-0502
振替 00140-6-105703

印刷・製本 ……日経印刷株式会社

Printed in Japan
ISBN4-89362-159-9 C3055